臺灣蝴蝶拉丁學名考釋

Veritas Lux Mea

李興漢 著
李興漢◆李思霖 攝影
徐堉峰◆黃行七 專文推薦

大約一年前電子郵件傳來一份意外而讓我驚奇的來信，信的主人是未曾謀面的一位「網路故舊」李興漢先生。令我驚奇的是來信的標題：「《臺灣產蝴蝶拉丁學名考》（暫訂）新書構想與問題請益」。猶記得大學時代的自己和國內大多數蝶友或蟲友一樣，只記得蝴蝶及其他昆蟲的中文俗名，沒去多關心物種真正的「身分證」──學名，雖然當時已經覺得國人最常用來參考鑑定蝴蝶的「臺灣蝴蝶生態大圖鑑」中文版（1987 年牛頓出版社出版）和被譽為臺灣蝴蝶研究里程碑的「原色台灣蝶類大圖鑑」（1960 年日本保育社出版）的學名竟然已經有著不少出入。

1988 年我負笈遠赴太平洋彼岸到美國加州求學，在北美小蛾類研究泰斗傑利．鮑爾（Jerry Powell）教授門下求學並兼任研究助理，負責研究室鱗翅目昆蟲的飼養、管理，並協助加州柏克萊大學埃西格昆蟲標本館（Essig Museum of Entomology）的標本蒐藏管理。在學七年期間接觸成千上萬的標本，不可避免地每天都會接觸許多昆蟲物種的學名，因為館內量以百萬計的標本只能藉由學名進行有效管理。過程中常因明白了一些學名背後的故事而感觸良多，有的故事令人莞爾，有的妙趣橫生，有的教人拍案叫絕。

許多研究分類學的研究者們，在費盡心力鑽研主題對象時，如果發現了新物種，打算給個「身分證」（學名）時，常常希望學名可以表達些什麼，這多少可以反映出研究者們的人格與個性特質。比方說，早期的分類學研究者多半是歐洲的貴族，因為十八世紀分類學萌芽時，除了上層社會的富有階層以外，普羅大衆汲汲於養家活口，少有精力與時間去注意生活在天地間形形色色的動植物。歐洲貴族們雖然經常政治聯姻，卻分屬不同國度與家族，使他們交流、討論各自的發現時，很快就發現用方言來談動植物是行不通的，因為就連語言相同或相近的國度或地區，對動植物都會有不同稱呼。於是，很快地這些貴族學者們有了共識：就用拉丁文來給世界上所有的動植物取名字吧！為什麼用拉丁文？因為用任何一種地方語文都會引起使用其他語文的人們反對，用了英文，法國人第一個會嗤之以鼻，用了法文，德國人絕對不會贊成！而拉丁文是歷史上唯一統一全歐洲的羅馬帝國通用的語文，當羅馬帝國堙沒在歷史洪流千年後早已不是任何民族的日常流通語文，然而，由於拉丁文結構嚴謹與完美，歐洲各國受過高等教育的人莫不以通曉拉丁文為榮。使用拉丁文來當作動植物的學名，沒有一國的貴族及知識分子會反對。因此，在林奈 1758 年著作的「自然體系」確立以拉丁文二名法當作全世界動植物學名的原則後，人們便廣泛接受拉丁學名才是動植物的正式名稱，即便打算用自己母語來充作學名，也必須拉丁化後才合法。歐洲各國的貴族學者們為了表示自己學問淵博、品味高尚，在為動植物制定學名時經常引經據典，有時以各地神話或傳說的神祇或人物取名，有時利用拉丁文文意抒發想像，例如分布在古北區的阿波羅絹蝶 *Parnassius apollo*，便取名自古希臘及羅馬最重要的神祇 Apollō。

後來教育漸漸普及，歐美以外地區也生活大為改善，研究學問便不再是貴族專利，於是世界各地的研究家各顯神通，藉由學名隱晦訴說各人的興趣與生活態度，學名的背後往往藏著許多關於命名者的人生故事，而這些故事往往十分引人入勝，有時還讓人捧腹。我當年修習「昆蟲系統分類學」研究生課程時，授課老師當中有一位著名北美天牛專家約翰．切沙克（John Chemsak）教授，他負責教授國際動物命名規約（ICZN），用了個關於他個人的生動例子。原來他年輕時為了表達對他妻子的熱愛，將一種美麗的南美洲天牛獻名給他的夫人。好景不常，兩人不久後因個性不合離異。後來切沙克教授再婚，他心裡明白情形「不妙」，因此趕快找了另一種漂亮的天牛新種獻名給新夫人，結果無效！他說每當兩人爭吵，他的太座就罵他把最美的甲蟲獻給別的女子，任憑他費盡口舌解釋說現任夫人的甲蟲才最美，他的妻子總是堅持「前妻天牛」比較美。切沙克教授愁眉苦臉地說：我很想取消「前妻天牛」的學名，但是根據國際動物命名規約，學名經規約規定合法發表後，便成為適用名（available name），再也無法作廢。切沙克教授語重心長地對我們說：你們將來要是從事分類學相關研究，如果愛上某人，除非篤定要和對方長相廝守，否則萬萬不可將學名獻給「親愛的」！

李興漢先生的來信令我大為驚奇的緣由是，當國內有些人為了蝴蝶中文俗名作無謂的爭執甚至謾罵時，竟然有人投入研究拉丁學名的意義和背後的故事！想做這件事非常不容易。我自己對這方面的研究也很有興趣，想當初在研究所進行學位論文研究時，鮑爾教授要我以當時北美資料欠缺的日逐蛾科（Heliodinidae）蛾類為主題，分析結果發現並記述 3 個新屬 25 個新種，鮑爾教授要我自己替這些新分類群命名，為了給牠們「好學名」傷透腦筋，花費我好幾個月時光。在整理已知種學名時也發現不少問題和趣事，例如一種學名叫做 *Embola sexpunctella* 的種類，種小名源自翅紋特徵：*sex* 在拉丁文代表數字“6”（不是“性”），*punctus* 指“斑點”，說明翅面上有六個斑點。加州最常見的一種日逐蛾剛好翅面上便常有六個斑點，而且所有外部特徵都符合原始描述，因此所有的研究機構館藏都把這種常見種鑑定成 *sexpunctella*，直到 1994 年我赴大英自然史博物館檢視模式標本後，才赫然發現 *sexpunctella* 的模式標本和加州那種常見日逐蛾完全是風馬牛不相及的物種，連屬的歸屬都不同！加州最常見的那種日逐蛾居然是新種！回頭來看個我們亞洲的有趣學名：*Antigius*（折線灰蝶屬），這個字看起來好像是拉丁文，其實是命名者將日籍著名研究者杉谷岩彥的姓氏 Sugitani 重新排列組合成「擬拉丁文」，藉以表達對這位大師的敬意。

要了解學名背後的命名者巧思與多彩多姿的故事，最大的困難是在於物種的原始記載常包含世界各國文字內容，如非通曉各國語文，往往難以索解。當我進一步了解李興漢先生的個人背景時，更加訝異，因為興漢先生原來並非由生物相關科系出身，而是學理工出身的，更加難得的是，他還解譯多國語文！這樣的一位人物無疑是追溯學名意義的最佳人選，更難能可貴的是，他從浩瀚如海的諸多古今文獻中抽絲剝繭，除了以洗鍊的文字寫成專書訴說學名故事以外，還指出許多謬誤，包括我自己以往文章裡的失誤，真是可敬可佩。

最後想告訴本書讀者的，一是許多人總難理解為何蝴蝶及其他動植物學名經常出現變動？這其實主要是因為我們所使用的學名有效名（valid name）受國際動物命名規約的制約，有時因文獻與模式標本的深入研究而成為無效名，加上系統分類學進展使跨國度、跨地區的比較變得可能，常造成物種界限產生變動。二是學名本身蘊藏的意義，不只在科學領域有價值，在人文與史學上也內涵豐富。我在這裡鄭重向蝶友們推薦，興漢先生的這本書絕對是一本充滿樂趣與知性的好書，希望熱愛蝴蝶的朋友們都能人手一冊，先「讀」為快。

徐堉峰

於臺北

2018 戊戌年新年前夕

推薦序

2016 年同樣是在早春時節，帶了一群社大夥伴到銀河洞拍蝶賞蝶，在找蝶的過程，有位學員帶了一位朋友來與我認識，這是與李興漢先生的初見，告訴我他正在寫一本有關臺灣產蝴蝶學名的書，個人對這樣的書籍非常感興趣，與他聊的非常投入渾然忘了當天是社大的戶外課，也錯失了拍臺灣脈弄蝶的機會。從談話內容中個人覺得受益匪淺，離開前，他提到會將他完成的部分寄給我看，希望個人能提供一些意見，就這樣我癡癡的等待將近兩年～～

今年初從社大學員知道本書即將出版的消息，讓我錯愕了，並向她小小的抱怨，結果作者當天立馬與我聯絡，並約定隔天見面。再次看到他並從談話中才瞭解，這本書撰寫的工作必須非常專注，以致發生這小小疏忽，最後他請我幫他寫本書推薦序。

距上次幫朋友寫推薦序已經四年了，那本書的領域我非常熟悉，但學名對我來說卻是有點深奧。個人觀察熱愛蝴蝶至今已超過四十年，二十幾年前開始在臺灣蝶會當解說志工，近十年更在各社區大學開設蝴蝶課程，探討主題一直局限在蝴蝶的形態和生態，或蝴蝶的寄主和蜜源植物，近年來又加了一些粗淺的分類，但總希望對學名能更深入，這本書終於讓我找到答案，也解決我的難題。

看了原稿，仔細拜讀後，才真正瞭解到作者李興漢先生究竟花了多大的心血才能完成這樣的一本書！曾經想靠個人的能力去解讀這些學名，但只落得一知半解未能知其所以然；也看過別人所寫，有些還是直接翻譯自日本人的著作，但內容感覺就是有問題不能解惑，從本書內容才知道，要去解讀學名除了要學會我們完全不熟悉的拉丁文，並且得充分考量不同國籍的分類學者也會放入該國的元素，所以還要會各國的語言、熟悉各國的地理、考據該國的歷史、甚至是神話故事，所有元素的到位才能完成本書。總之寫本書本身就是一個異常龐大的工程。

非常幸運能看到內容這麼豐富的一本書籍，個人在此強烈推薦，希望喜歡蝴蝶的朋友，大家都能擁有它。

黃行七

於烏尖連峰下

2018.2.28

自序

出書從不是我人生中預料的選項，更遑論與本身專長相去甚遠的蝴蝶學名冷門題材，也自認缺乏易受言語激勵的個性，但本書的誕生的確受到一句善言和一句不善之語的影響，或者更精確地說，這兩句話誘發了我從小對自然科學探索的嚮往和追尋。時至今日，善與不善之言的語意早已像一縷青煙似地飄散，嫋嫋餘音卻逐漸凝結成斑斕的晶體，讓我得以拼湊、理解並欣賞蝴蝶彩翼的符碼。

本書臚列臺灣蝴蝶 315 種（弄蝶 40、灰蝶 100、蛺蝶 115、鳳蝶 30、粉蝶 30），計屬名 160、種小名和亞種名共 451，這 611 個學名富含文化底蘊與分類辨識，涉及古希臘、古羅馬、印度神話、宗教、語言、戲劇、詩歌、字謎、歷史人物、重要戰役與事件、研究學者、生物特徵等。以下幾點的說明與心得，希望有助於讀者理解成書的旨意：

一、臺灣蝴蝶的中文名稱眾多，本書採用中央研究院生物多樣性研究中心編輯之臺灣物種名錄（Catalogue of Life in Taiwan），因其具備系統化與簡明性，可立即瞭解蝴蝶「科、屬、種」的分類。學名部分，主要依據相關文獻和徐堉峰教授 2013 年出版的《臺灣蝴蝶圖鑑》。

二、涉及蝶種特徵的學名，最好能從查詢原始發表文獻著手，除了避免望文生義產生的誤解之外，更能明瞭命名的旨趣，罕眉眼蝶的種小名 *suaveolens* 即是最佳例證。

三、留意命名者的國籍、母語，以及查詢 19 世紀的拉丁字典，對考證學名的本義極具助益，例如小波眼蝶種小名 *baldus*、星黃蝶種小名 *brigitta*、熙灰蝶種小名 *epeus*、黃裙脈粉蝶亞種名 *olga*、圓翅絨弄蝶種小名 *taminatus*。

四、秉持嚴謹態度考證前人誤植、錯解的疑難之處（如墨點灰蝶亞

種名 *morisonensis*），或提供各家之說以資參考（如紅蛺蝶屬名 *Vanessa*）。

五、每個學名以各自獨立的詞條方式撰寫，注明相關年代；若涉及其他學名，特別以紅字標出，以供故事內容的延伸和拓展。

六、有效學名之模式標本若在臺灣採集，依照原始文獻明確標出採集日期、採集地（TL: type locality）與採集人等資訊；採集地以原始文獻記載之地名為主，輔以現今轄區地名。

七、有關國外之人、地、事、物名稱皆以原文或英語呈現，除避免中譯拗口與失準外，亦方便讀者進一步查詢。

八、參考文獻近 140 種，皆是實際閱讀並直接引用之資料，其餘旁證予以省略。

本書付梓之際，欣見徐堉峰教授與其高足黃嘉龍博士、梁家源博士的巨著《臺灣蝶類誌》卷一鳳蝶科和卷二粉蝶科沛然問世，以現代系統分類學嚴謹論述臺灣已知蝶種與近似種的型態和分類，其中與本書所列蝶種相關者：麝鳳蝶種小名由 *alcinous* 調整至 *confusus*（參見 *impediens*）；黃裳鳳蝶亞種名改採替代名 *kaguya*（かぐや，日本古典文學《竹取物語》主角赫映姬之名，赫映姬或作輝夜姬、赫奕姬）；劍鳳蝶與黑尾劍鳳蝶移至青鳳蝶屬 *Graphium*，原劍鳳蝶屬 *Pazala* 降為亞屬；斑鳳蝶與黃星斑鳳蝶移至鳳蝶屬 *Papilio*，原斑鳳蝶屬 *Chilasa* 降為亞屬。本書若有再版機會或俟《臺灣蝶類誌》其餘三卷完竣之時，自當同步更新。

個人不自量力，單憑業餘者的熱忱涉足蝴蝶學名的語源考證與解釋，對於若干語源不明或文獻難尋的學名猶待努力。本書內容不當之處，誠摯企盼先進與同好惠予賜教郢正。

李興漢

Hsing-Han LI

2018 年 3 月 4 日

承蒙徐堉峰教授（Prof. Yu-Feng HSU）在若干關鍵問題上的指點與撥冗撰寫專文導讀、黃行七老師的殷切關懷和賜序鼓勵；感謝日籍蝶友藪本宗士博士（Dr. Sohshi YABUMOTO）對村山修一（Shu-Iti MURAYAMA）〈臺灣產 *Neptis* 屬の蝶類二種について〉（On two Butterflies of the Genus *Neptis* Fabricius from Formosa）乙文的解譯與說明，使得鑲紋環蛺蝶亞種名 *sonani* 的曲折命名過程更加精采。

雖然各國學者命名蝶種時的科學性描述較為直白，閱讀此類文獻仍需克服不同語言（拉丁文、德文、法文、英文和日文）的理解障礙，因此在拉丁文方面，感謝張嘉仁老師（Jia-Ren (James) CHANG）指導 Felder, C. & Felder, R. (1862). *Observationes de Lepidoteris nonullis Chinae centralis et Japoniae.* 文中有關褐翅蔭眼蝶種小名 *muirheadii* 命名原由之陳述。德文方面，感謝次子李陟的協助。日文方面，感謝趙湘玲（Sharleen）女士和藪本宗士博士於句意上的解說。

圖片部分，特別感謝蝶友李思霖（Sam）先生提供許多精美的作品，以及葉斯戴先生的森灰蝶照片，得以彌補個人不足或欠佳之處。此外，誠摯感謝洪翊智先生出借數種蝴蝶以供攝影之用。

書稿完成之際，洽詢數家主流出版社均未獲青睞，幸經輾轉介紹以詩集和設計見長的斑馬線文庫，社長張仰賢先生慨然應允協助獨立出版，總編輯施榮華小姐費心安排各項事宜，在此一併致上十二萬分的敬意與謝忱。

獻給天上的父親

Dedicated to my late father

My Cocoon tightens — Colors tease —	我的繭緊緊裹著梳理斑斕的我
I'm feeling for the Air —	逐漸感受大氣瀰漫著
A dim capacity for Wings	一股針對雙翼的幽暗勢力
Demeans the Dress I wear —	貶抑我穿著的彩衣
A power of Butterfly must be —	蝴蝶應有的權力
The Aptitude to fly	是飛翔的天賦
Meadows of Majesty implies	莊嚴的草地蘊含
And easy Sweeps of Sky —	恣意徜徉的天際
So I must baffle at the Hint	因此我必須困惑於諸般暗示
And cipher at the Sign	思忖任何徵兆
And make much blunder, if at last	承受無數訛錯，或許終能
I take the clue divine —	掌握神聖的線索

本首詩由美國女詩人 Emily Dickinson (1830-1886) 約 1866 年所作，後人編號 1099，詩句版本依據 Johnson, T. H. (Ed.). (1960). *The Complete Poems of Emily Dickinson*. Boston: Little, Brown & Co. (p. 496).。
筆者試譯。

目錄

導讀 3

推薦序 7

自序 9

謝辭 11

科別 23

弄蝶 25

白弄蝶 26

萬大弧弄蝶 29

弧弄蝶 30

小黃星弄蝶 32

黃星弄蝶 34

長翅弄蝶 36

禾弄蝶 37

橙翅傘弄蝶 39

黯弄蝶 41

大流星弄蝶 43

臺灣流星弄蝶 45

綠弄蝶 46

褐翅綠弄蝶 48

玉帶弄蝶 50

蕉弄蝶 52

昏列弄蝶 53

無尾絨弄蝶 54

鐵色絨弄蝶 56

圓翅絨弄蝶 57

白斑弄蝶 58

雙帶弄蝶 60

袖弄蝶 62

菩提赭弄蝶 64

臺灣赭弄蝶 66

稻弄蝶 67

尖翅褐弄蝶 68

碎紋孔弄蝶 69

奇萊孔弄蝶 71

黃紋孔弄蝶 72

長紋孔弄蝶 74

黃斑弄蝶 75

墨子黃斑弄蝶 77

臺灣颯弄蝶 78

臺灣瑟弄蝶 80

黑星弄蝶 82

白裙弄蝶 83

竹橙斑弄蝶 85

寬邊橙斑弄蝶 87

臺灣脈弄蝶 88

薑弄蝶 89

灰蝶 91
白點褐蜆蝶 92
靛色琉灰蝶 94
尖灰蝶 96
鈿灰蝶 98
折線灰蝶 100
墨點灰蝶 102
燕尾紫灰蝶 105
小紫灰蝶 106
蔚青紫灰蝶 107
日本紫灰蝶 108
暗色紫灰蝶 109
綠灰蝶 111
寬邊琉灰蝶 113
三尾灰蝶 116
青珈波灰蝶 118
細邊琉灰蝶 120
大紫琉灰蝶 122
杉谷琉灰蝶 123
綺灰蝶 125
蘇鐵綺灰蝶 127
白芒翠灰蝶 129
小翠灰蝶 132
碧翠灰蝶 134
黃閃翠灰蝶 136
霧社翠灰蝶 138
拉拉山翠灰蝶 139
單線翠灰蝶 140
清金翠灰蝶 141
珂灰蝶 142
銀灰蝶 144
臺灣銀灰蝶 146
玳灰蝶 147
淡黑玳灰蝶 150
茶翅玳灰蝶 151
銀紋尾蜆蝶北臺灣亞種 153
鉈灰蝶 155
奇波灰蝶 157
燕藍灰蝶 159
渡氏烏灰蝶 162
東方晶灰蝶 164
紫日灰蝶 166
小鑽灰蝶 168
鑽灰蝶 170
拉拉山鑽灰蝶 171
蘭灰蝶 172
珠灰蝶 174
淡青雅波灰蝶 176
雅波灰蝶 178
白雅波灰蝶 180
臺灣焰灰蝶 181
豆波灰蝶 183
細灰蝶 184
瓏灰蝶 186
凹翅紫灰蝶 188

黑星灰蝶 190
大娜波灰蝶 192
暗色娜波灰蝶 194
黑點灰蝶 196
臺灣榿翠灰蝶 197
戀大鋸灰蝶 199
青雀斑灰蝶 201
白雀斑灰蝶 203
黑丸灰蝶 204
藍丸灰蝶 206
密紋波灰蝶 207
波灰蝶 209
堇彩燕灰蝶 210
霓彩燕灰蝶 212
高砂燕灰蝶 213
燕灰蝶 215
朗灰蝶 216
南方灑灰蝶 218
秀灑灰蝶 220
臺灣灑灰蝶 221
井上灑灰蝶 222
田中灑灰蝶 223
森灰蝶 224
夸父璀灰蝶 226
閃灰蝶 228
熙灰蝶 230
蓬萊虎灰蝶 232
虎灰蝶 233
三斑虎灰蝶 234
褐翅青灰蝶 235
白腹青灰蝶 236
漣紋青灰蝶 238
蚜灰蝶 239
阿里山鐵灰蝶 241
高山鐵灰蝶 242
臺灣鐵灰蝶 243
密點玄灰蝶 244
臺灣玄灰蝶 246
白斑嫵琉灰蝶 247
嫵琉灰蝶 248
赭灰蝶 249
臺灣線灰蝶 251
莧藍灰蝶 252
藍灰蝶 254
折列藍灰蝶 255
迷你藍灰蝶 256

蛺蝶 257

瑙蛺蝶 258
苧麻珍蝶 260
綠豹蛺蝶 262
斐豹蛺蝶 264
波蛺蝶 266
白圈帶蛺蝶 268
雙色帶蛺蝶 270
幻紫帶蛺蝶 272

寬帶蛺蝶 274
流帶蛺蝶 276
玄珠帶蛺蝶 278
異紋帶蛺蝶 279
絹蛺蝶 280
金鎧蛺蝶 282
武鎧蛺蝶 284
黃襟蛺蝶 286
網絲蛺蝶 287
金斑蝶 289
虎斑蝶 291
流星蛺蝶 292
方環蝶 294
藍紋鋸眼蝶 296
圓翅紫斑蝶 299
異紋紫斑蝶 301
雙標紫斑蝶 303
小紫斑蝶 305
臺灣翠蛺蝶 306
窄帶翠蛺蝶 307
紅玉翠蛺蝶 308
甲仙翠蛺蝶 309
串珠環蝶 310
普氏白蛺蝶 312
白蛺蝶 314
紅斑脈蛺蝶 316
幻蛺蝶 318
雌擬幻蛺蝶 320
大白斑蝶 321
旖斑蝶 323
眼蛺蝶 324
波紋眼蛺蝶 325
黯眼蛺蝶 326
鱗紋眼蛺蝶 328
青眼蛺蝶 329
枯葉蝶 330
琉璃蛺蝶 332
巴氏黛眼蝶 334
曲紋黛眼蝶 336
柯氏黛眼蝶 338
長紋黛眼蝶 339
深山黛眼蝶 340
臺灣黛眼蝶 342
波紋黛眼蝶 343
玉帶黛眼蝶 345
東方喙蝶 346
殘眉線蛺蝶 348
暮眼蝶 350
森林暮眼蝶 351
眉眼蝶 353
稻眉眼蝶 355
曲斑眉眼蝶 357
淺色眉眼蝶 359
罕眉眼蝶 361
切翅眉眼蝶 362
白斑蔭眼蝶 363

布氏蔭眼蝶 365
褐翅蔭眼蝶 367
黃斑蔭眼蝶 369
蓮花環蛺蝶 371
豆環蛺蝶 374
奇環蛺蝶 375
細帶環蛺蝶 377
鑲紋環蛺蝶 379
黑星環蛺蝶 382
無邊環蛺蝶 384
眉紋環蛺蝶 385
小環蛺蝶 387
斷線環蛺蝶 389
深山環蛺蝶 391
蓬萊環蛺蝶 393
緋蛺蝶 394
古眼蝶 396
金環蛺蝶 398
絹斑蝶 400
大絹斑蝶 402
斯氏絹斑蝶 404
紫俳蛺蝶 405
臺灣斑眼蝶 407
琺蛺蝶 409
突尾鉤蛺蝶 411
黃鉤蛺蝶 413
雙尾蛺蝶 414
小雙尾蛺蝶 416
大紫蛺蝶 417
燦蛺蝶 420
臺灣燦蛺蝶 422
箭環蝶 423
花豹盛蛺蝶 425
散紋盛蛺蝶 427
散紋盛蛺蝶華南亞種 428
白裳貓蛺蝶 429
淡紋青斑蝶 431
小紋青斑蝶 433
小紅蛺蝶 434
大紅蛺蝶 436
白帶波眼蝶 437
狹翅波眼蝶 439
小波眼蝶 440
江崎波眼蝶 442
寶島波眼蝶 443
密紋波眼蝶 444
巨波眼蝶北臺灣亞種 445
達邦波眼蝶 446
大幽眼蝶 447
玉山幽眼蝶 449
圓翅幽眼蝶 450
鳳蝶 453
曙鳳蝶 454
麝鳳蝶 455
長尾麝鳳蝶 457

多姿麝鳳蝶 459
斑鳳蝶 461
黃星斑鳳蝶 463
翠斑青鳳蝶 465
寬帶青鳳蝶 466
木蘭青鳳蝶 467
青鳳蝶 469
紅珠鳳蝶 471
翠鳳蝶 473
無尾白紋鳳蝶 475
花鳳蝶 477
穹翠鳳蝶 478
白紋鳳蝶 480
臺灣琉璃翠鳳蝶 481
雙環翠鳳蝶 482
臺灣寬尾鳳蝶 483
大鳳蝶 485
大白紋鳳蝶 487
琉璃翠鳳蝶 489
玉帶鳳蝶 491
黑鳳蝶 492
臺灣鳳蝶 493
柑橘鳳蝶 494
劍鳳蝶 495
黑尾劍鳳蝶 497
黃裳鳳蝶 498
珠光裳鳳蝶 499

粉蝶 501

流星絹粉蝶 502
白絹粉蝶 505
尖粉蝶 507
雲紋尖粉蝶 509
異色尖粉蝶 511
鑲邊尖粉蝶 513
黃尖粉蝶 514
遷粉蝶 516
細波遷粉蝶 518
黃裙脈粉蝶 519
淡褐脈粉蝶 521
黑脈粉蝶 523
紋黃蝶 525
黃裙豔粉蝶 527
白豔粉蝶 529
豔粉蝶 530
淡色黃蝶 531
亮色黃蝶 533
星黃蝶 534
黃蝶 535
角翅黃蝶 536
圓翅鉤粉蝶 537
臺灣鉤粉蝶 539
橙端粉蝶 540
異粉蝶 542
纖粉蝶 545

緣點白粉蝶 547
白粉蝶 549
鋸粉蝶 550
飛龍白粉蝶 553

索引 555

蝶種索引 557
學名索引 569
人名索引 577

參考文獻 589

Spalgis epeus dilama 熙灰蝶 Left ♂ Right ♀

Hesperiidae 弄蝶科

由模式屬 *Hesperia* 刪減字母 a 後加後綴 idae 所組成。拉丁語 hesperia 源自希臘語 espera「西方之地、黃昏」，因聲韻而應用於詩文之中。「西方之地」對古希臘而言為義大利，對古羅馬而言則是 Iberia 半島和西非等地。希臘神話中 Hesperides 係指黃昏之星（金星）Hesperus 的女兒們、一群稱為「日落仙女」或「西方仙女」，有三、四、七人之說（Hesperia 或其變體名概為其中一位），而以三姊妹最為普遍；歌聲優美，負責守護天后 Hera 在聖園中栽種的金蘋果樹。

idae 為 ides「歸屬於、有關於、團體中的一員、後裔的」之複數型，源自希臘語 eidos「出現、顯露、外貌」，咸認由昆蟲學之父、英國昆蟲學家 William Kirby（1759-1850）於 1811 年倡議統一用於動物分類學中學名「科」（Family）之後綴，具簡明與一致性。

Hesperiidae Latreille, 1809 之模式屬 *Hesperia* Fabricius, 1793，模式種 *H. comma* (Linnaeus, 1758)。Pierre André Latreille（1762-1833）為法國動物學家。

Lycaenidae 灰蝶科

由模式屬 *Lycaena* 刪減字尾字母 a 後加後綴 idae 所組成。拉丁語 lycaena 源自希臘語 lykaina（lykaena）「母狼」。另 Lykaina（Lykaena）為希臘神話中月神 Artemis 之別名。Lycaenidae Leach, [1815] 之模式屬 *Lycaena* Fabricius, 1807，模式種 *L. phlaeas* (Linnaeus,

1761)。William Elford Leach（1791-1836）為英國動物學家暨海洋生物學家。

Nymphalidae 蛺蝶科

由模式屬 *Nymphalis*（緋蛺蝶屬）刪減字母 is 後加後綴 idae 所組成。Nymphalidae Swainson, 1827 之模式屬 *Nymphalis* Kluk, 1780，模式種 *N. polychloros* (Linnaeus, 1758)。William John Swainson（1789-1855）為英國鳥類學家、軟體動物學家、貝殼學家暨昆蟲學家。

Papilionidae 鳳蝶科

由新拉丁語 papilion「蝶、蛾」加後綴 idea 所組成。Papilionidae Latreille, 1802 之模式屬 *Papilio* Linnaeus, 1758（鳳蝶屬），模式種 *P. machaon* Linnaeus, 1758。Pierre André Latreille（1762-1833）為法國動物學家。

Pieridae 粉蝶科

由模式屬 *Pieris*（白粉蝶屬）刪減字母 is 後加後綴 idae 所組成。Pieridae Duponchel, 1835 之模式屬 *Pieris* Schrank, 1801，模式種 *P. brassicae* (Linnaeus, 1758)。Philogène Auguste Joseph Duponchel（1774-1846）為法國昆蟲學家。

五科名之命名者與發表年代見解或有不一，本書主要依據 Sohn, J. C., Labandeira, C., Davis, D. & Mitter, C. (2012). An annotated catalog of fossil and subfossil Lepidoptera (Insecta: Holometabola) of the world. *Zootaxa, 3286*, 1-132.

1 弄蝶

白弄蝶

Abraximorpha davidii ermasis

Fruhstorfer, 1914

TL: Alikang

Abraximorpha

改寫自尺蛾科金星尺蛾屬 *Abraxas* Leach, [1815] 與新拉丁語後綴 morpha「具有某種型態」之組合，應是白弄蝶屬斑紋類似金星尺蛾屬而得其名。Abraxas 一字首見於古希臘靈知派（Gnosticism）學說，為一神秘且至高無上之神靈與造物主，是 365 個天界統治者，依據字母數值進位法（Isopsephy），Abraxas 之希臘字母 ΑΒΡΑΞΑΣ 所代表的數字總和即為 365（Α=1、Β=2、Ρ=100、Α=1、Ξ=60、Α=1、Σ=200），其形象多為人身公雞頭，雙蛇為足，一手持盾或花圈，一手持鞭、劍或權杖。或有靈知派學者（Basilideans）認為耶穌基督僅

為 Abraxas 派赴人間之善神。天主教則視 Abraxas 為異端邪說，貶為惡魔。

davidii

本種由法國博物學家 Paul Mabille（1835-1923）於 1876 年命名，文中注記「本篇所述非常漂亮之標本皆由 Armand David 神父採集自 Mou-Pin」（穆坪，今四川省雅安市寶興縣穆坪鎮）。人名以子音字母結尾，字尾加 ii，將主格轉換為屬格（所有格），成為人名之所有格形式，本種小名意為「David 的」。

法國天主教遣使會傳教士、動物學家暨植物學家 Armand David（1826-1900，參見 *armandii*）於 1862 年派遣到北京，取名譚衛道，除傳教外亦協助法國自然史博物館採集標本，遍及動物（哺乳類、兩棲爬蟲類、魚類、鳥類、昆蟲）、植物、地質、古生物化石等領域，1874 年 4 月離華返法。David 廣泛且極具價值的採集品項促進系統動物學與動物地理學的發展，他在中國發現 200 種野生

動物與 807 種鳥類（其中 63 種動物和 65 種鳥類不為當時學界所知）。David 對歐洲而言最大的發現是 1866 年在北京皇家獵苑看到的麋鹿（*Elaphurus davidianus*，古稱「麈、四不像」，別稱「大衛神父鹿」），以及 1869 年在四川省寶興縣鄧池溝巧遇的大熊貓（*Ailuropoda melanoleuca*）；他也採集到第一隻翡翠白楊吉丁蟲（*Agrilus planipennis*）標本。儘管採集工作繁多，David 仍謹守戒律，熱心奉獻傳教任務。

ermasis

語源不詳。本亞種由德國昆蟲學家 Hans Fruhstorfer（1866-1922）於 1914 年命名，模式標本雄蝶 1 隻由德國昆蟲學家、採集者暨標本商 Hans Sauter（1871-1943，參見 *sauteri*）於 1909 年 8 月採集自 Alikang（阿里港，今屏東縣里港鄉）。

萬大弧弄蝶　*Aeromachus bandaishanus*　　李思霖　攝影

萬大弧弄蝶

Aeromachus bandaishanus

Murayama & Shimonoya, 1968

TL: 臺灣

Aeromachus

由拉丁語前綴 aero「空氣、大氣」與 machus「戰士、鬥士、投擲者」所組成。而名詞 machus 源自希臘語 makhetes，動詞為 machomai「戰鬥、吵架、爭論」。

bandaishanus

「萬大社的」，來自泰雅族萬大社之日語發音 Bandaisha 和拉丁語陽性後綴 anus「…的、與…有關的」（通常表達身分、所有權或來源等關係）所組成，並刪減重複字母 a。模式標本產自臺灣。

弧弄蝶

Aeromachus inachus formosana

Matsumura, 1931

TL: Naihompo

inachus

希臘神話大洋神 Oceanus 與海神 Tethys（參見 *tethys*）之子，仙女 Io（參見 *Junonia*）之父，Argos 第一任國王。相傳天神 Zeus 得知 Inachus 未能善待 Io 時非常憤怒，派遣怒火女神狂追 Inachus，國王不得已躲入河中避難，故此河改名同稱 Inachus，國王亦成為河神。另海神 Poseidon 和天后 Hera 爭執誰擁有 Argos 時，Inachus 與兩位河神 Cephissus 和 Asterion 調解仲裁，將國土判歸 Hera，Poseidon 因此遷怒抽光三河河水（一說氾濫成災）作為報復。

formosana

「臺灣的」，由地名 Formosa「福爾摩沙、臺灣」加拉丁語陰性後綴 ana「…的、與…有關的」（通常表達身分、所有權或來源等關係）所組成，並刪減重複字母 a。又拉丁語 formosa 為 formosus「美麗的、英俊的、有美感的」之陰性詞。

本亞種模式標本雄蝶 1 隻由內田登一（Togea Uchida, 1898-1974）、河野廣道（Hiromichi Kôno, 1905-1963）和三輪勇四郎（Yoshiro Miwa, 1903-1999）等人於 1925 年 7 月 15 日採集自玉山附近之 Naihompo（內茅埔，今南投縣信義鄉明德村）。

小黃星弄蝶

Ampittia dioscorides etura

(Mabille, 1891)

Ampittia

語源不詳。本屬由英國昆蟲學家 Frederic Moore（1830-1907，參見 *moorei*）於 1881 年命名，模式種為採集自印度東部之 *A. maro* (Fabricius, 1798)。

dioscorides

古希臘羅馬時期人名。如古羅馬時代希臘醫學家、藥理學家暨植物學家 Pedanius Dioscorides（c. 40-c. 90），著有五巨冊有關藥理與藥用植物之百科全書《藥物論》（De Materia Medica），包含 600 多種

植物，以及若干動物與礦物成分，可製成 1000 多種藥物，部分至今仍在使用，如用鴉片或秋水仙（*Colchicum*）製成之麻藥、有止痛效用之天仙子（*Hyoscyamus*）等，為西方藥理與藥典之重要基石。

etura

語源不詳。本亞種由法國博物學家 Paul Mabille（1835-1923）於 1891 年命名，模式標本雌蝶 1 隻來自 Hong-Kong（香港）。另 Etura 見於人名或地名。

黃星弄蝶　*Ampittia virgata myakei*

黃星弄蝶

Ampittia virgata myakei

Matsumura, 1910

TL: Horisha, Taihok, Arisan

virgata

拉丁語「椏枝的、有斑紋的」。本種由英國昆蟲學家 John Henry Leech（1862-1900）於 1890 年命名，文中描述：「雄蝶前翅有一黃褐色條紋，從基部平行前緣到中間處，其後被亞前緣脈（subcostal nervules）斷節成數枚線斑。……基部與較內側區域之黃褐色鱗片呈條紋狀。……」應是命名原由。模式標本雄雌數隻於（某年）6、7 月採集自 Chang Yang（長陽，今湖北省宜昌市長陽土家族自治縣）和 Ichang（今湖北省宜昌市）。Leech 於 1886 年 4 月在 Foochau（福州，今福建省省會福州市）取走雄雌蝶一對研究。

myakei

本亞種由日本昆蟲學先驅松村松年（Shōnen Matsumura, 1872-1960，參見 *matsumurae*）於 1910 年命名，文中記載：「T. Miyake 先生在其 1907 年 A list of collection of Lepidoptera from Formosa 一文頁 72 中，誤判此蝶為 *Padraona virgata* Leech。」

日本昆蟲學者三宅恒方（Tsunekata Miyake, 1880-1921）在 15 歲初中三年級時發表有關臺灣昆蟲的首篇報告〈有關臺灣床蝨〉，生平著述頗豐。1917、1918 年出版經典之作《昆蟲學泛論》二冊。1903 至 1907 年間撰寫不少臺灣蝶蛾報告，並彙整發表〈A List of a Collection of Lepidoptera from Formosa〉，以照片呈現多田綱輔、永澤定一、粟野傳之丞、志津基太郎等人採集的標本，加上詳細說明，介紹臺灣 118 種蝶類，是當時研究臺灣蝶種的唯一指南，但他本人未曾來過臺灣採集昆蟲。三宅雖然錯失發表黃星弄蝶新種之機會，但松村仍將此蝶學名獻予三宅。然而松村發表時不知何故，將 *miyakei* 疏漏一個字母 i 而成 *myakei*，他察覺有誤於 1919、1929、1931 年後續報告使用 *miyakei*，但從未正式宣示改正，因此依照國際動物命名法規（ICZN），此亞種名雖以三宅命名，「推測為真」的 *miyakei* 仍被視為「不正確的後續拼法」（incorrect subsequent spelling），是個沒有特徵敘述的「裸名」（*nomen nudum*）。另人名以 o、u、e、i、y 母音字母結尾時，字尾加 i，將主格轉換為屬格（所有格），即名詞之所有格。

本亞種模式標本雄蝶 3 隻、雌蝶 1 隻由松村松年採集自 Horisha（今南投縣埔里鎮）、Taihok（即 Taihoku，臺北州，今臺北）、Arisan（阿里山）。

長翅弄蝶

Badamia exclamationis

(Fabricius, 1775)

Badamia

由地名 Badami 和拉丁語物種分類（屬）後綴 ia 所組成，並刪減一個字母 i。模式種即 *B. exclamationis* (Fabricius, 1775)，產自印度。

Badami（原作 Vatapi）鎮位於印度西部 Karnataka 邦 Bagalkot 縣，西元 540-757 年為 Chalukya 王朝國都，當時在 Agastya 湖四周谷地建有許多婆羅門教與耆那教之石窟廟宇。古印度梵文史詩《羅摩衍那》（Ramayana）一段故事中 Ilvala 和 Vatapi 是一對惡魔姐弟，喜用特殊手法戲弄殺害乞丐。Ilvala 先將其弟變成羊肉施捨他人，在對方食用後便呼喊 Vatapi 之名，弟弟聽聞後立刻變回原形破膛而出濫殺無辜。Agastya（投山仙人）得知後不動聲色前來化緣吃肉，在姊姊呼喊弟弟名字之前便迅速消化肚中的 Vatapi，Ilvala 孤掌難鳴亦被收服，兩人化作同名之兩座山丘。

exclamationis

拉丁語名詞 exclamatio 之屬格，「叫喊的、驚呼的、感歎的」。

禾弄蝶

Borbo cinnara

(Wallace, 1866)

TL: Takow

Borbo

源自本屬模式種 *B. borbonica* (Boisduval, 1833) 之採集地、法屬 Réunion 島（非洲 Madagascar 東方 700 公里），法國於 1642 年統治該島時以王室之名 Bourbon 稱之。法語 Maison de Bourbon 即是著名的波旁王朝，其中太陽王路易十四（Louis XIV, 1638-1715）在位 72 年，於宗教、內政、外交、軍事、文學、藝術、科學、時尚等各方面均有長足發展與深遠影響。Bourbon 源自凱爾特語（Celtic）一位以溫泉治病之礦物神祇 Borvo，而 brovo 在原始凱爾特語（Proto-Celtic）中為「泡沫」之意。另說本屬名源自希臘語 borboros「泥濘、汙穢」。

cinnara

由梵語 kim（疑問詞同 what）和 nara「人、男人」組合而成，但將 k 改為 c、im 改為 in，即印度神話中半人半馬歌樂之神 Kinnara（Kimnara），中譯「緊那羅」，佛教護法神天龍八部之一（參見 *Horaga*、*Mahathala*、*asura*、*naganum*）。《華嚴經探玄記》卷二：「緊那羅新云緊捺洛。此云歌神。能唱歌詠。作樂。雜心入畜生道攝。亦名疑神。謂是畜生道攝。形貌似人。面極端正。頂上有一角人見生疑。不知為人為鬼為畜。故云疑也。」《大方廣佛華嚴經疏》卷五：「緊那羅者……是天帝執法樂神。」《一切經音義》（慧琳音義）卷十一：「真陀羅古云緊那羅，音樂天也，有美妙音聲能作歌舞，男則馬首人身能歌，女則端正能舞，次比天女，多與乾闥婆天為妻室也。」

本種由英國著名生物地理學之父與博物學家 Alfred Russel Wallace（1823-1913）命名，模式標本由英國外交官暨博物學家 Robert Swinhoe（1836-1877，參見 *swinhoei*）採集自 Takow（今高雄）。

橙翅傘弄蝶

Burara jaina formosana

(Fruhstorfer, 1911)

TL: Kanshirei, Polisha, Kosempo

Burara

語源不詳，或有二說。其一為 Tagalog 語「粗心、馬虎、不整潔」，Tagalog 語在分類上屬於南島語系的馬來 - 玻里尼西亞語族，主要於菲律賓使用。其二為葡萄牙語「行道樹、鄉間種植可可樹的地方；臨時性雜役」。本屬由英國駐印度上校、博物學家與鱗翅目學家 Charles Swinhoe（1838-1923，Robert Swinhoe 之弟）於 1893 年命名，模式種採集自印度 Darjeeling（大吉嶺）之 *B. vasutana* (Moore, [1866])，是以 Burara 或有可能與梵語有關。

jaina

係指印度耆那教（Jainism）信徒，源自梵語 Jina（參見 *jina*）「征服者、勝利者」，故 Jaina（耆那）亦指「勝者、修行圓滿者」，凡能完成宗教修行之人，即是戰勝一切煩惱敵之勝者。佛教經典稱耆那教派為尼乾或尼犍，「離開束縛」之意。據佛光大辭典：「耆那教基本教義為業報輪迴、靈魂解脫、非暴力及苦行主義等。……若欲脫離輪迴則須嚴守不傷害、不妄語、不偷盜、不淫（純潔行）、無所得（不執著）等五戒之苦行生活。由是，則能令業消失，發揮靈魂之本性，到達止滅，即得解脫，稱為涅槃。靈魂、非靈魂、善業、惡業、漏入、繫縛、制御、止滅、解脫等稱為九諦。」

本種由英國昆蟲學家 Frederic Moore（1830-1907，參見 *moorei*）於 1866 年命名，模式標本雄雌蝶一對採集自印度 Darjeeling（大吉嶺）。

formosana

「臺灣的」，由地名 Formosa「福爾摩沙、臺灣」加拉丁語陰性後綴 ana「…的、與…有關的」（通常表達身分、所有權或來源等關係）所組成，並刪減重複字母 a。又拉丁語 formosa 為 formosus「美麗的、英俊的、有美感的」之陰性詞。

本亞種模式標本於（某年）5 至 8 月採集自 Kanshirei（關子嶺）、Polisha（今南投縣埔里鎮）、Kosempo（甲仙埔，今高雄市甲仙區）等地海拔 4000 英尺處。

黯弄蝶

Caltoris cahira austeni

(Moore, 1883)

Caltoris

本屬由英國駐印度上校、博物學家與鱗翅目學家 Charles Swinhoe（1838-1923，Robert Swinhoe 之弟）於 1893 年命名，主要區別與 *Baoris* Moore, [1881] 屬不同之處在於：雄蝶後翅背面並無附著於中室上方之向下延伸通過中室的長毛束性標。模式種 *C. kumara* (Moore, 1878) 原列 *Hesperia* Fabricius, 1793，曾改列 *Baoris* Moore, [1881]。就二屬名字尾同為拉丁語 oris「口、臉、頭、出現、入口」觀之，或許 *Caltoris* 摹作自 *Baoris*，但 *Baoris* 語源不詳。另臺灣昆蟲學家朱耀沂（1932-2015）認為此屬名改寫自希臘語 kalos「美麗的、優秀的、顯

赫的、高貴的」與 toros「鑽頭、錐子；尖銳的、明顯的、刺穿的」之組合。

cahira

愛爾蘭語「戰士」。本種由英國昆蟲學家 Frederic Moore（1830-1907，參見 *moorei*）於 1877 年命名，模式標本雄雌蝶一對採集自印度 Andaman 群島首府之 Blair 港。

austeni

英國昆蟲學家 Frederic Moore（1830-1907，參見 *moorei*）以此名感謝英國陸軍中校兼測繪學家、地理學家、博物學家、鳥類學家 Henry Haversham Godwin-Austen（1834-1923）提供標本。人名 Austen 字尾加 i，為古典拉丁文變格（declension）處理方式，可成為第二類變格之單數屬格（genitive singular），意為「Austen 的」。

1852 年 Godwin-Austen 調派至緬甸，1856 年加入印度大三角測量計畫，探索和測繪喜瑪拉雅山脈世界第二高峰 K2，此峰以他為名；他亦出版 Birds of Assam（1870-1878）一書，介紹並手繪許多新鳥種；所採集之淡水軟體動物標本，奠定該學科良好基礎。1877 年退伍返國，晚年因經濟困頓，被迫將 Manipur 和 Assam 採集之 3500 隻鳥類標本售予大英博物館。

本亞種模式標本雄雌蝶一對採集自印度 Khasia 丘陵和 Cherra Pungi。

大流星弄蝶

Celaenorrhinus maculosus taiwanus

Matsumura, 1919

TL: 埔里社

Celaenorrhinus

由拉丁語 celaeno（源自希臘語 kelasinos）「黑色的、暗色的、黝黑的」與後綴 rhinus「具有鼻子（喙）的、具有鼻狀（喙狀）的」組成，並增加一個字母 r。德國昆蟲學家 Jacob Hübner（1761-1826）於 1819 年命名時，描述本屬特徵：「翅膀棕黑色，有若干白色斑點」。平嶋義宏（1999）將 rhinus 釋為「皮膚」，引申為翅膀，似有附會之意。另希臘語 rhine 為「刮、擦、銼刀」等義。

maculosus

由拉丁語 macula「斑點、污點」與後綴 osus「充滿的、大量的、具有相當特質的」所組成，並刪減字母 a，意為「有許多斑點的」。本種由奧地利昆蟲學家 Cajetan Felder（1814-1894）與 Rudolf Felder（1842-1871）父子於 1867 年命名，文中描述：「後翅背面翅緣具有斑點……後翅腹面有許多大型星狀斑點。」是為命名原由。

taiwanus

「臺灣的」，由 Taiwan 加拉丁語陽性後綴 anus「…的、與…有關的」（通常表達身分、所有權或來源等關係）所組成，並刪減重複字母 an。本亞種由日本昆蟲學先驅松村松年（Shōnen Matsumura, 1872-1960，參見 *matsumurae*）於 1919 年命名，文中敘述：「本蝶雖在臺灣埔里社捕獲，但很稀有。」模式標本雌蝶 1 隻採集自埔里社（今南投縣埔里鎮）。

臺灣流星弄蝶

Celaenorrhinus major

Hsu, 1990

TL: 宜蘭南山

major

亦作 maior，拉丁語「較大的、更大的」。本種由臺灣昆蟲學家徐堉峰於 1990 年命名，原列入 *C. osculus* (Evans, 1949) 之下為亞種，因 *major* 雄蝶前翅長度平均為 21.1mm，明顯大於 *osculus* 之 19mm，是為命名原由。正模標本（Holotype）雄蝶 1 隻於 1988 年 6 月 24 日採集自宜蘭縣大同鄉南山村，副模標本（Paratype）雄蝶 24 隻、雌蝶 6 隻，分別於 1982 至 1988 年 6、7 月間採集自南山村、臺北縣（今新北市）檜山、桃園縣（今桃園市）拉拉山、大曼至萱源一帶。

綠弄蝶

Choaspes benjaminii formosanus

(Fruhstorfer, 1911)

TL: Chip-Chip

Choaspes

《舊約聖經・創世紀》Eden 園 Euphrates、Gihon、Pishon、Tigris 四條河流中 Gihon 河古名作 Choaspes，發源於今伊朗 Zagros 山區，古時可向西流入 Tigris 河和 Euphrates 河匯流處之南，接近今伊朗與伊拉克交界處。另今阿富汗境內 Hindu Kush 亦有一河名為 Choaspes，向南流入印度河。參見 *Suastus*（黑星弄蝶屬）。

李思霖　攝影

benjaminii

本種由法國昆蟲學家 Félix Édouard Guérin-Méneville（1799-1874）於 1843 年命名，文中述及：「謹以此名獻給 Benjamin Delessert 先生，一位致力擁護科學研究與望重士林的博物學家。」人名以子音字母結尾，字尾加 ii，將主格轉換為屬格（所有格），成為人名之所有格形式，本種小名意為「Benjamin 的」。

Jules Paul Benjamin Delessert（1773-1847）為法國銀行家與博物學家，熱心植物學與貝類學研究，擁有 3 萬冊植物學書籍，收藏植物標本 8 萬 6000 種共 25 萬件、貝類標本 2 萬 3000 種共 15 萬枚，並出版植物學目錄與發表多篇著作。

formosanus

「臺灣的」，由地名 Formosa「福爾摩沙、臺灣」加拉丁語陽性後綴 anus「…的、與…有關的」（通常表達身分、所有權或來源等關係）所組成，並刪減重複字母 a。又拉丁語 formosa 為 formosus「美麗的、英俊的、有美感的」之陰性詞。

本亞種模式標本雄蝶 3 隻於 1908 年 7 月採集自 Chip-Chip（前水沙連原住民部落 Chip Chip 社，今南投縣集集鎮）。

褐翅綠弄蝶

Choaspes xanthopogon chrysopterus

Hsu, 1988

TL: 拉拉山

xanthopogon

由希臘語前綴 xantho「黃色」與 pogon「鬍鬚」組成。本種由奧地利昆蟲學家 Vincenz Kollar（1797-1860）於 1844 年命名，文中描述：「後翅背面肛角具赭色毛鬚（ochraceo fimbrialo）。」是為命名原由。另赭色（ocher）係指黃褐色。

chrysopterus

由希臘語前綴 chryso「金色的、黃色的」與拉丁語後綴 pterus（源

自希臘語 pteron「翅膀、羽毛」）「具有翅膀的、像翅膀一樣的結構」組成，意為「金色翅膀的」。本種由臺灣昆蟲學家徐堉峰於 1998 年發表，正模標本（Holotype）雄蝶 1 隻於 1986 年 10 月 12 日羽化，副模標本雌蝶 1 隻（Paratype）於 1987 年 8 月 12 日羽化，其蟲卵採集自拉拉山海拔 1500-1700 公尺處。本亞種非常類似指名亞種 *Choaspes xanthopogon xanthopogon* (Kollar, [1844])，主要分辨方式有二：本亞種雄蝶翅背面明顯成黑褐色；中脈基部 M_2 明顯靠近 M_1，並非位於 M_1 和 M_3 中央。另本亞種分布狀態可提供證明以支持新生代（Cenozoic）第三紀（Tertiary）時，中國大陸、臺灣、菲律賓之間有陸橋存在之說法。

玉帶弄蝶

Daimio tethys moori

(Mabille, 1876)

Daimio

來自日文 daimyō「大名」，其為 dai「大」和 myōden「名田」之縮寫 myō 所組合，「廣大私有土地」之意。日本封建時代稱呼擁有大片土地之領主為「大名」，相當中國古代之諸侯，地位僅次於幕府將軍（Shogun），是西元 10 世紀到 19 世紀中葉最有權勢的統治者，以招募武士（samurai）保衛家園。本屬由英國牧師、植物學家暨鱗翅目學家 Richard Paget Murray（1842-1908）於 1875 年命名，模式種 *D. tethys* (Ménétriés, 1857) 產自日本。另 *daimio* 為臺灣燦蛺蝶之種小名。

tethys

可能源自希臘語「祖母」。希臘神話中海洋女神 Tethys 是天空之神 Uranus 和大地女神 Gaia 所生 12 位 Titan 神之一，和兄長大洋神 Oceanus 結合，生下 3000 位河神（統稱 Potamoi）和 3000 位清泉、湖水、池塘、河流、海洋、花朵和雲彩等仙女（統稱 Oceanides）。羅馬神話也有類似希臘神話情節：Titan 神族大戰時，Tethys 之妹、時光女神 Rhea 曾將女兒 Juno（參見 *Junonia*）托給 Tethys 扶養。當 Juno 把丈夫 Jove（即希臘神話 Zeus）的情人 Callisto 變成一頭熊之後，又不滿 Jove 把 Callisto 和私生子 Arcas 變成天空的大熊座和小熊座，於是向 Tethys 撒嬌說是 Callisto 破壞了她的婚姻，於是疼愛 Juno 的 Tethys 遂讓兩個星座永遠無法落到海平線之下作為懲罰（參見 *erymanthis*）。

古羅馬詩人 Ovid（43 BC-17/18 AD）《Metamorphoses》（變形記）中描述河神 Cebren 之女 Hesperia 一直閃躲 Troy 王子 Aesacus（參見 *paris*）的追求，在一次奔跑追逐過程中，仙女不慎被躲藏草叢的毒蛇咬到腳踝中毒身亡，Aesacus 隨後而至撫屍痛哭，自認是罪魁禍首，縱身跳下懸崖，海洋女神 Tethys 悲憐他的處境，當 Aesacus 快要墜海時，女神輕輕托住他的身體，又為他覆上一層羽毛，Aesacus 不願如此苟活，多次從天空衝入海裡，卻無法通往死亡的門路，成為一隻能潛水的水鳥。

moori

本亞種由法國博物學家 Paul Mabille（1835-1923）於 1876 年命名，報告中述及：「謹以此美麗物種向知名之鱗翅目學者 F. Moore 致敬。」參見 *moorei*。

---

* 李思霖攝影

蕉弄蝶

Erionota torus

Evans, 1941

Erionota

由希臘語前綴 erio「羊毛、毛線」和源自希臘語 notos 之拉丁語後綴 nota「背部」所組成；nota 另有「符號、標記；明瞭、知悉」等義。本屬由法國博物學家 Paul Mabille（1835-1923）於 1878 年命名，模式種為 *E. thrax* (Linnaeus, 1767)，報告中述明：「腹部背側隆起，附著絨狀（如羊毛般）長毛，雌雄皆然。」是為命名原由。

torus

拉丁語「打結、膨脹、隆起、瘤」。

昏列弄蝶

Halpe gamma

Evans, 1937

TL: Formosa

Halpe

語源不詳。本屬由英國昆蟲學家 Frederic Moore（1830-1907，參見 *moorei*）於 1878 年命名。

gamma

第三個希臘字母，大寫 Γ，小寫 γ。拉丁字母 C、G 皆從 gamma 演變而來。大英博物館典藏採集自 Formosa（臺灣）之本種模式標本雄蝶 1 隻，另收藏標本雄蝶 1 隻採集自 Fukien（福建）、雌蝶 1 隻採集自 Ta Tsien Lou（打箭爐，今四川省甘孜藏族自治州康定市）。

無尾絨弄蝶

Hasora anura taiwana

Hsu, Tsukiyama & Chiba, 2005

TL: Anmashan

Hasora

語源不詳。可能為地名、河谷名，位於 Kashmir 西北方。Kashmir 曾為英屬印度一邦，英人曾至當地廣大區域探險並採集植物。本屬由英國昆蟲學家 Frederic Moore（1830-1907，參見 *moorei*）於 1881 年命名，模式種 *H. badra* (Moore, [1858]) 標本來自 Java。

anura

由拉丁語前綴 an「缺乏、沒有」和後綴 ura「尾巴、具有尾部」所組成。本種由英國昆蟲學家 Lionel de Nicéville（1852-1901）於 1889

年命名，模式標本產自 Sikkim（錫金），描述此蝶：「本種近似 *Hasora badra*，差別在於本種雄雌蝶後翅臀部並無明顯葉狀突」，故得此名。

taiwana

「臺灣的」，由 Taiwan 加拉丁語陰性後綴 ana「…的、與…有關的」（通常表達身分、所有權或來源等關係）所組成，並刪減重複字母 an。本亞種由臺灣昆蟲學家徐堉峰與日本昆蟲學家千葉秀幸（Hideyuki Chiba）、築山洋（Hiroshi Tsukiyama）於 2005 年發表，正模標本雄蝶 1 隻於 2003 年 7 月 28 日採集自 Anmashan（鞍馬山，今台中市和平區境內）海拔 2000 公尺處。副模標本雄蝶 14 隻、雌蝶 9 隻，皆分布於本島中部海拔 700 至 2300 公尺處。

鐵色絨弄蝶　♂　*Hasora badra*

鐵色絨弄蝶

Hasora badra

(Moore, 1858)

badra

可能源自梵語 bhadra「良好的、優秀的、祝福的、愉悅的、吉兆的」，但刪減字母 h。印度神話中狩獵女神 Bhadra 為月神 Chandra 或 Soma 之女，美貌絕倫，嫁給創造之神梵天（Brahma）之孫 Utathya 為妻，海神 Varuna（伐樓拿）貪戀 Bhadra 姿色將之擄去（參見 *chandra*、*soma*、*varuna*），Utathya 悲憤莫名之下以神力飲盡海水，但 Varuna 仍不為所動。Utathya 於是昭告天下與河川，將所有陸地沙漠化，至此世界一片塵土，Varuna 乃釋放 Bhadra 且向 Utathya 請罪，Utathya 歡喜之餘赦免 Varuna 並復原大地。

本種由英國昆蟲學家 Frederic Moore（1830-1907，參見 *moorei*）於 1858 年命名，模式標本雄雌蝶一對採集自 Java（爪哇）。另 *Neope bhadra* (Moore, 1857) 模式標本採集自印度 Darjeeling（大吉嶺）。

♀

圓翅絨弄蝶

Hasora taminatus vairacana

Fruhstorfer, 1911

TL: Chip Chip

taminatus

拉丁語「受污染的、被弄髒的」，源自動詞 tamino「污染、沾染、接觸」。本種由德國昆蟲學家 Jacob Hübner（1761-1826）於 1818 年命名，描述雌蝶：「翅背面中室至緣毛帶有如同污漬般黑色；翅腹面帶有桃紅般藍色，後翅中央有條雪白色斑帶。」是為命名原由。

vairacana

來自梵語 vairocana「太陽的、照耀的、光明遍照」，中譯「毘盧遮那、盧舍那」，亦為釋迦牟尼稱號之一。據佛光大辭典所述：「Vairocana 為佛之報身或法身。……意譯遍一切處、遍照、光明遍照、大日遍照、淨滿、廣博嚴淨。……原為太陽之意，象徵佛智之廣大無邊，乃歷經無量劫海之修習功德而得到之正覺。」本亞種模式標本雄蝶 6 隻、雌蝶 3 隻於 1908 年 6 月採集自 Chip Chip（前水沙連原住民部落 Chip Chip 社，今南投縣集集鎮）。

白斑弄蝶

Isoteinon lamprospilus formosanus

Fruhstorfer, 1910

TL: Polisha, Chip-Chip, Koshun

Isoteinon

本屬由奧地利昆蟲學家 Cajetan Felder（1814-1894）與 Rudolf Felder（1842-1871）父子於 1862 年命名，模式種 *I. lamprospilus* C. & R. Felder, 1862，文中注明：「新屬 Isoteinon，ἴσον，aequale（相等、相似）；τείνω，extendo（延長、伸展）。本屬近似 *Cyclopidi* Hübn. Led.，但觸角較長。幾乎與 *Pterygospideis* 相同：腹部末端不超出後翅，頂多等長。」故 *Isoteinon* 可解釋由拉丁語前綴 iso「相等、均質」和源自希臘語 teino「延長、伸展」之陽性詞 teinon 所組成。

lamprospilus

由拉丁語前綴 lampro「明亮的、光輝的、華麗的、輝煌的」和源自希臘語 spilos「斑點、色斑」之拉丁語 spilus 所組成。

formosanus

「臺灣的」，由地名 Formosa「福爾摩沙、臺灣」加拉丁語陽性後綴 anus「…的、與…有關的」（通常表達身分、所有權或來源等關係）所組成，並刪減重複字母 a。又拉丁語 formosa 為 formosus「美麗的、英俊的、有美感的」之陰性詞。本亞種模式標本於（某年）7 至 8 月採集自 Polisha（今南投縣埔里鎮）、Chip-Chip（今南投縣集集鎮）、4 月於 Koshun（今屏東縣恆春鎮）採集雌蝶 1 隻。文獻注明埔里與集集地區經常可見。

雙帶弄蝶

Lobocla bifasciata kodairai

Sonan, 1936

TL: 埔里

Lobocla

由拉丁語 lobo「殼、外殼、圓形突出部、葉狀、耳垂、裂片」加後綴 cla 所組成。陽性後綴 clus（陰性 cla、中性 clum）為後綴 culus「小的、小型的」之縮寫，置於名詞後形成縮小詞（diminutive）或暱稱。本屬由英國昆蟲學家 Frederic Moore（1830-1907，參見 *moorei*）於 1884 年命名，模式種 *L. liliana* (Atkinson, 1871) 標本雄蝶 1 隻由蘇格蘭解剖學家暨動物學家 John Anderson（1833-1900，參見 *andersoni*）於 1868 年採集自 Yunan（雲南）。Moore 於報告中描述：「前翅……中室接近前端處向外彎曲且內側向後方傾斜……翅室長，超過翅面三分之二……後翅寬短……中室非常苗條纖細幾乎直立……」此翅面中室長橢圓形特徵或許是命名原由。

bifasciata

拉丁語「雙帶、兩捆」，可視為由拉丁語前綴 bi「二、兩次、雙重、具有二個部分」和拉丁語 fasciata「條狀的、帶狀的、附帶的」所組成。本種由俄羅斯建築師暨業餘鱗翅目學家 Otto Vasilievich Bremer（1812-1873，參見 *bremeri*）和美國昆蟲學家 William Grey（1827-1896）於 1853 年命名，文中描述：「前翅：黑色，白色翅緣；前方五枚玻璃質斑點，三枚在翅頂，雙帶。後翅：黑色，灰色雲狀帶斑。」故前翅背面大小各五枚斑點形成兩條白色帶狀，是為命名原由。

kodairai

「古平的」。本亞種模式標本雌蝶 1 隻由日人古平勝三於 1934 年 7 月 27 日採集自埔里。古平勝三為昆蟲標本業者，1930 年間在臺北市兒玉町（今南昌街）開設小平（コタヒラ）製作所，從事昆蟲標本、採集用具、標本製作用品等生意，也承接印製業務，與當時昆蟲界及植物界人士交好。

李思霖　攝影

袖弄蝶

Notocrypta curvifascia

(C. Felder & R. Felder, 1862)

Notocrypta

由希臘語前綴 noto「背部、背面」和源自希臘語 kryptos「隱蔽的、隱藏的、覆蓋的」之拉丁語陰性詞 crypta 所組成。本屬由英國昆蟲學家 Lionel de Nicéville（1852-1901）於 1889 年命名，模式種即 *N. curvifascia*（原列 *Plesioneura*），報告中敘述：「本屬所有蝶種停歇時均合翅，此明顯特性可立即讓我辨識出與 *Celaenorrhinus*（星弄蝶屬）為不同屬。」此段描述應為命名原由。

curvifascia

由拉丁語前綴 curvi「彎曲的」和 fascia「帶狀、繃帶、條紋」所組成。本種由奧地利昆蟲學家 Cajetan Felder（1814-1894）與 Rudolf Felder（1842-1871）父子於 1862 年命名，描述：「前翅中室前後帶狀（白斑）成彎曲狀。」是為命名原由。模式標本雄蝶 1 隻採集自 Ning-po（寧波）。

菩提赭弄蝶

Ochlodes bouddha yuchingkinus

Murayama & Shimonoya, 1963

TL: Mt. Sylvia

Ochlodes

源自希臘語 oklodes「焦躁不安、動盪、吵鬧、騷亂」。美國昆蟲學家暨古生物學家 Samuel Hubbard Scudder（1837-1911）於 1872 年同篇同頁先後命名新屬 *Polites* 和 *Ochlodes*，希臘語 polites 為「市民」，ochlos 為「群衆、暴民」，故 *Ochlodes* 應有對應 *Polites* 之意。另 Emmet（1991）認為屬名係指本屬弄蝶敏捷且不規則之飛行姿態。

bouddha

「佛陀」（Buddha），佛教之創祖，即釋迦牟尼佛，梵語本意為「覺悟者、徹悟的」，Bouddha 為佛陀之法語拼法。法國博物學家 Paul Mabille（1835-1923）於 1876 年 3 月同篇命名 *tibetana*、*davidii*、*latreilliana*、*caerulescens*、*catocyanea*、*bouddha*、*nervulata*、*dalai-lama* 等 8 新種弄蝶，除 *latreilliana* 模式產地為 Brasilia（巴西）、*bouddha* 未注明採集人與產地之外，其餘 6 種皆由法國天主教遣使會傳教士、動物學家暨植物學家 Armand David（1826-1900，參見 *davidii*、*armandii*）採集自 Mou-Pin（穆坪，今四川省雅安市寶興縣穆坪鎮）或 Tibeto（西藏），推測 *bouddha* 亦由 David 所採集。

yuchingkinus

「余清金的」，由人名 Yuchingkin 加拉丁語後綴 inus「關於、與…有關」所組成，並刪減重複字母 in。臺灣昆蟲專家暨資深採集者余清金（1926-2012）生於埔里，自幼隨同父親余木生採集蝴蝶，成年後繼承家業，致力昆蟲採集與保育，除發展蝴蝶加工業外，亦出版多種專書，並與日籍學者發表數篇專業報告及命名新種，如 1968 年與王生鍠共同發表「姬長尾水青蛾」*Actias neidhoeferi*。

本亞種由村山修一（Shu-Iti Murayama）和下野谷豊一（Toyokazu Shimonoya）於 1963 年命名（該文珍貴標本由余清金和陳維壽提供），模式標本雄蝶 1 隻於 1961 年 6 月採集自 Mt. Sylvia（雪山）。

李思霖　攝影

臺灣赭弄蝶

Ochlodes niitakanus

(Sonan, 1936)

TL: 臺北州蘇澳郡水源

niitakanus

「新高山的」，即「玉山的」，由山名 Niitaka 加拉丁語陽性後綴 anus「…的、與…有關的」（通常表達身分、所有權或來源等關係）所組成，並刪減重複字母 a。參見 *niitakana*。本種正模（完模）標本雄蝶 1 隻由楚南仁博（Jinhaku Sonan, 1892-1984，參見 *sonani*）於 1930 年 7 月 20 日採集自臺北州蘇澳郡水源（今宜蘭縣南澳鄉境內）之海拔 1500 公尺處，配模（別模）標本雌蝶 1 隻由日本昆蟲學家素木得一（Tokuichi Shiraki, 1882-1970，參見 *shirakiana*）和楚南仁博於 1924 年 9 月 11 日採集自新高山大觀（今花蓮縣萬榮鄉明利村）之海拔 3000 公尺處。

稻弄蝶

Parnara guttata

(Bremer & Grey, 1853)

Parnara

本屬由英國昆蟲學家 Frederic Moore（1830-1907，參見 *moorei*）於 1881 年命名，模式種即 *P. guttata*，模式標本來自 Beijing（北京）。Spuler（1908）認為屬名可能來自今印度東部西孟加拉省之古城名或古王國 Parna 之名，又梵語 parna 具「翅膀、葉、綠意、羽毛、森林之火」等多義。

guttata

拉丁語「斑點的、沾上斑點的」。本種由俄羅斯建築師暨業餘鱗翅目學家 Otto Vasilievich Bremer（1812-1873，參見 *bremeri*）和美國昆蟲學家 William Grey（1827-1896）於 1853 年命名，描述：「前翅中室有 2 枚玻璃質斑點，翅端環列 6 枚玻璃質斑點，後翅中央 4 枚玻璃質斑點排成一列。」是為命名原由。

尖翅褐弄蝶

Pelopidas agna

(Moore, 1866)

Pelopidas

古希臘 Thebes 政治家與將領 Pelopidas（c. 410 BC-364 BC），出身貴族世家，樂於助貧幾近散盡家財，為民衆爭取民主自由權利。西元前 375 年，Pelopidas 僅帶領 300 人「神聖戰隊」（The Sacred Band）與少許騎兵，在 Tegyra 一地擊潰數倍優勢的 Sparta 兵力；4 年後於 Leuctra 會戰（371 BC）中領導希臘聯軍，粉碎了 Sparta 自 Peloponnese 戰爭（431 BC-404 BC）以來在希臘半島建立的絕對優勢。西元前 368 年至 Macedon 調解紛爭，並帶回國王之弟 Philip（382 BC-336 BC，即 Alexander 大帝之父）與 30 名貴族子弟作為人質。西元前 364 年，應 Thessaly 之求助，帶兵討伐 Pherae 僭主 Alexander，於一次日食之後不顧占卜官勸告，僅率少數兵力接敵，終未能佔有制高點先機而壯烈殉國。Pelopidas 政治上善於外交謀略，軍事上勇於以寡敵衆，古羅馬時代希臘作家 Plutarch（c. 46-c. 120）曾為之立傳，給予極高評價。

agna

拉丁語「母羔羊」，源自希臘語 hagnos「純淨的、純潔的、神聖的」。

碎紋孔弄蝶

Polytremis eltola tappana

(Matsumura, 1919)

TL: 達邦社

Polytremis

由拉丁語前綴 poly「多數的、許多的」和希臘語 trema「孔、洞」所組成。本屬由法國博物學家 Paul Mabille（1835-1923）於 1904 年命名，模式種為 *Gegenes contigua* Mabille, 1877，即 *P. lubricans* (Herrich-Schäffer, 1869) 之同物異名（synonym），其翅面有許多大小不一之黃白色斑點，應是命名原由。

李思霖　攝影

eltola

語源不詳。本種由英國博物學家 William Chapman Hewitson（1806-1878）於 1869 年命名，模式標本由英國鱗翅目學家 William Stephen Atkinson（1820-1876，參見 *bambusae*）採集自印度 Darjeeling（大吉嶺）。

tappana

「達邦的」，由地名 Tappan 加拉丁語陰性後綴 ana「…的、與…有關的」（通常表達身分、所有權或來源等關係）所組成，並刪減重複字母 an。本亞種由日本昆蟲學先驅松村松年（Shōnen Matsumura, 1872-1960，參見 *matsumurae*）於 1919 年命名，模式標本雄蝶 1 隻（圖版記為雌蝶）由松村採集自達邦社（今嘉義縣阿里山鄉達邦村境內），文中注明：「僅在臺灣達邦社捕獲一隻，非常稀有之珍貴蝶種。」

李思霖　攝影

奇萊孔弄蝶

Polytremis kiraizana

(Sonan, 1938)

TL: 蒡萊山

kiraizana

「奇萊山的」，由 Kiraizan「奇萊山」加拉丁語陰性後綴 ana「…的、與…有關的」（通常表達身分、所有權或來源等關係）所組成，並刪減重複字母 an。臺灣原住民撒奇萊雅族（Sakizaya，意為「真正的人」）原分布在奇萊平原（範圍相當於現今花蓮市區），花蓮舊稱「奇萊」，即是外族擷取 kiray 之音而來。日本人類學家暨民俗學家伊能嘉矩（Kanori Ino, 1867-1925）與助手粟野傳之丞於 1900 年合著《臺灣蕃人事情》中，將阿美族分為：恆春阿美、卑南阿美、海岸阿美、秀姑巒阿美、奇萊阿美（南勢阿美），為首次記錄 Kiray 一詞。

本種模式標本雄蝶 1 隻由山中正夫於 1934 年 8 月 10 日採集自花蓮港廳能高越之蒡萊山（奇萊山）海拔 7500 尺（日尺）處。

黃紋孔弄蝶

Polytremis lubricans kuyaniana

(Matsumura, 1919)

TL: Kuyania, Horisha

lubricans

拉丁語動詞 lubrico「潤滑、使光滑」之現在分詞，意謂「光滑的、潤滑的」。本種由德國醫生暨昆蟲學家 Gottlieb August Wilhelm Herrich-Schäffer（1799-1874）於 1869 年進行眾多近似種分類時予以命名，文中描述：「……後翅腹面具玻璃質斑點。」此特徵或為命名原由。

kuyaniana

由地名 Kuyania（くやにや，嘉義縣阿里山鄉達邦村附近）加拉丁語陰性後綴 ana「…的、與…有關的」（通常表達身分、所有權或來源等關係）所組成，並刪減重複字母 a，意為「Kuyania 的」。本亞種由日本昆蟲學先驅松村松年（Shōnen Matsumura, 1872-1960，參見 *matsumurae*）於 1919 年命名，模式標本雄蝶 1 隻、雌蝶 2 隻由松村採集自達邦社（今嘉義縣阿里山鄉達邦村境內）附近之くやにや（Kuyania）一地和埔里社（今南投縣埔里鎮），文中注明「此蝶稀少」。

黃紋孔弄蝶 *Polytremis lubricans kuyaniana*

長紋孔弄蝶 *Polytremis zina taiwana*

長紋孔弄蝶

Polytremis zina taiwana

Murayama, 1981

TL: Taiwan

zina

或有二說，其一：Zina 為女子名 Zinaida 之暱稱，俄羅斯語 Zinaida 為希臘語 Zenaida 之變體，Zenaida 源自希臘語 Zenais「天神 Zeus 的、天神 Zeus 的生活」。其二：女子名 Zina（Zena）為希臘語 Xenia「款待、親切、殷勤」之簡稱，Xenia 源自希臘語 xenos「外地人、客人、陌生人」。本種由英國鱗翅目學家 William Harry Evans（1876-1956）於 1932 年命名，模式標本來自 Omeishan（峨眉山）。

taiwana

「臺灣的」，由 Taiwan 加拉丁語陰性後綴 ana「…的、與…有關的」（通常表達身分、所有權或來源等關係）所組成，並刪減重複字母 an。本亞種由村山修一（Shu-Iti Murayama）於 1981 年命名，模式標本採集自臺灣。

黃斑弄蝶

Potanthus confucius angustatus

(Matsumura, 1910)

TL: Formosa

Potanthus

由拉丁語前綴 pot「力量、強度、能力」和後綴 anthus「花、開花的、有花的」所組成，「綻放的花朵」之意。

confucius

即紀念春秋末期魯國教育家與哲學家孔丘，後世尊稱為大成至聖先師、孔子、孔夫子，Confucius 為 Kong Fuzi 之拉丁語化，最早可能由天主教耶穌會來華傳教士利瑪竇（Matteo Ricci, 1552-1610）定名。本種由奧地利昆蟲學家 Cajetan Felder（1814-1894）與 Rudolf Felder（1842-1871）父子於 1862 年命名，模式標本雌蝶 1 隻採集自 Ning Po（寧波）。

angustatus

拉丁語「狹窄的」。本亞種由日本昆蟲學家松村松年（Shōnen Matsumura, 1872-1960，參見 *matsumurae*）於 1910 年發表，描述此蝶「淡黃色斑帶非常狹窄」，故得此名。

黃斑弄蝶　*Potanthus confucius angustatus*

墨子黃斑弄蝶　*Potanthus motzui*

墨子黃斑弄蝶

Potanthus motzui

Hsu, Li, & Li, 1990

TL: 臺北縣烏來鄉

motzui

春秋末期戰國初期著名思想家、政治家、教育家、科學家、軍事家墨子（Wade-Giles 拼音 Mo Tzu），主張「兼愛非攻」，創立墨家學說，顯學於當世。人名以 o、u、e、i、y 母音字母結尾時，字尾加 i，將主格轉換為屬格（所有格），即名詞之所有格，故本種小名意為「墨子的」。

本種由臺灣昆蟲學家徐堉峰、李春霖與李東旭等人於 1990 年發表，正模標本（Holotype）雄蝶 1 隻於 1986 年 10 月 16 日採集自臺北縣烏來鄉（今新北市烏來區），配模標本（Allotype）雌蝶 1 隻於 1988 年 2 月 6 日採集自臺東縣延平鄉紅葉村，副模標本（Paratype）雄蝶 8 隻、雌蝶 5 隻，分別於 1986 至 1988 年 2、3、5、6、7、10 月間採集自臺東縣延平鄉桃源村、屏東墾丁、高雄扇平至南鳳山一帶。

臺灣颯弄蝶

Satarupa formosibia

Strand, 1927

TL: Formosa

Satarupa

古印度 Pali 語 sata「100」和 rupa「形式、形狀、美人」之組合，梵語稱為 Shatarupa，「100 種美麗的形式」之意；根據印度古代經典《魚往世書》（Matsya Purana），Shatarupa 又稱為 Satarupa、Sandhya 或 Brahmi。《梵天往世書》（Brahma Purana）印度教創造之神梵天（Brahma）自身分成兩人：世上第一位男人 Swayambhuva Manu（Svayambhuva Manu，人類先祖）和第一位女人 Satarupa，然而梵天竟然迷戀 Satarupa 的美貌，開始追求自己的女兒。Satarupa 為了躲避父親的視線不停變換方向，梵天因此接連長出四個面孔，像羅

盤方位一樣朝向東西南北，Satarupa 無奈只得飛向天空，梵天卻朝天生出第五個頭，毀滅之神 Shiva（濕婆）及時出現砍除此頭，施予魔咒使得梵天無法得到人類敬奉，終結此不當事件，並告誡梵天「男女因性靈平等而無所別，性靈則無性別之分，僅是外在軀殼不同而已。」梵天只能不斷敬誦四部吠陀（Veda）經典以贖罪。

formosibia

由拉丁語 formosi「美麗的、英俊的、形式完善的」和後綴 bia「某種特定的生活方式」之組合。本種模式標本採集自臺灣，故 *formosibia* 引申為「生活在臺灣的」。又 formosi 為 formosus 之陽性與陰性單數屬格（genitive）、陽性複數主格（nominative）與呼格（vocative）。

1909 年 10 月，德國昆蟲學家 Hans Fruhstorfer（1866-1922）發表 *Satarupa formosana*，即臺灣瑟弄蝶，英國鱗翅目學家 William Harry Evans（1876-1956）於 1949 年改列 *Seseria* 屬。

1910 年 1 月，日本昆蟲學先驅松村松年（Shōnen Matsumura, 1872-1960，參見 *matsumurae*）命名本種（臺灣颯弄蝶）為 *Satarupa formosana*。

1927 年，挪威蜘蛛學家暨昆蟲學家 Embrik Strand（1876-1947）對本種提出替代名為 *Satarupa formosibia*，以避免異物同名（homonym）之虞。

松村松年亦察覺 Fruhstorfer 已先用此名，於 1929 年以 *formosicola* 替代，並將本種改列亞種 *Satarupa gopala formosicola*（書中誤刊為 *gapala*）。然而松村提出時間較 Strand 為晚，因此 *formosicola* 只能視為「次主觀異名」（junior subjective synonym）。

臺灣瑟弄蝶

Seseria formosana

(Fruhstorfer, 1909)

TL: Chip-Chip

Seseria

日語稱弄蝶為セセリチョウ，漢字寫作「挵蝶」，發音 seserichou，是以 *Seseria* 由日語 seseri「挵（セセリ）」與拉丁語物種分類（屬）後綴 ia 所組成，並刪減一個字母 i，即「弄蝶屬」之意。本屬由日本昆蟲學先驅松村松年（Shōnen Matsumura, 1872-1960，參見 *matsumurae*）1919 年命名。模式種 *Suastus nigroguttatus* Matsumura, 1910 模式標本雄蝶 1 隻採集自 Horisha（今南投縣埔里鎮），其為 *Seseria formosana* (Fruhstorfer, 1909) 之同物異名（synonym）。換言之，臺灣瑟弄蝶為 *Seseria* 屬之模式種。

formosana

「臺灣的」。本種模式標本採集自 Chip-Chip（今南投縣集集鎮）。文獻注明：「7、8 月份本蝶常見於 Polisha（今南投縣埔里鎮）和 Lehiku 湖（鄰日月潭）等地海拔 4000 至 5000 英尺處。」

李思霖　攝影

臺灣瑟弄蝶　*Seseria formosana*

黑星弄蝶　*Suastus gremius*

黑星弄蝶

Suastus gremius

(Fabricius, 1798)

Suastus

古河名。法國地理學家 Jean Baptiste Bourguignon d'Anville（1697-1782）認為 Suastus 河於今巴基斯坦 Attock 市附近流入印度河，並稱之為 Suvat 河，古希臘馬其頓 Alexander 大帝遠征印度時曾攻陷此河附近被認為是牢不可破的 Aornos。普魯士地理學與歷史學家 Konrad Mannert（1756-1834）推測此河即古羅馬時代希臘歷史學暨地理學家 Strabo（64/63 BC-c. AD 24）與西元 1 世紀古羅馬歷史學家 Quintus Curtius Rufus 所稱、位於今阿富汗之 Choaspes 河。又 suastus（suastos）源自梵語 suvastu「如水晶般清澈湛藍的河水」。本屬由英國昆蟲學家 Frederic Moore（1830-1907，參見 *moorei*）於 1881 年命名，模式種 *S. gremius* (Fabricius, 1798) 產自印度。

gremius

源自拉丁語 gremium「胸部、大腿前側、腰部、中央、擁抱」。

白裙弄蝶

Tagiades cohaerens

Mabille, 1914

TL: Karapin

Tagiades

希臘神話人名 Tages 改寫為 Tagi 加希臘語後綴 ades「源自於、有關於、群組」組合而成。另 Fernández-Rubio 等人（2001c）認為 *Tagiades* 改寫自希臘語 tageia「權威、領導」和 eidos「相似」之組合。

古羅馬帝國時期之拉丁學者認為 Tages 是 Etruria 古文明（Etruscan）中的宗教先知，相傳農夫 Tarchon 犁田時，Tages 以男孩形象突然出現在一條深深的犁溝當中，自稱是天神 Jove（即 Zeus）之孫，農夫驚駭大叫，附近居民應聲前來團團圍住 Tages，於是 Tages 開口傳授人們神性的宇宙觀並教導占卜之術後旋即死去，民眾

仔細聆聽記錄成書計 12 冊，稱為《Etrusca Disciplina》。是以 Etruria 人深信必須與神祇保持親密關係，尚未得到神祇指示或徵兆之前絕不輕舉妄動，此信念深深影響古羅馬人。

cohaerens

拉丁語動詞 cohaereo「附著、黏著、凝聚、癒合」之現在分詞。本種由法國博物學家 Paul Mabille（1835-1923）於 1914 年命名，文中敘述：「本篇所列相當有趣之弄蝶標本由 Hans Sauter 先生於 1909-1910 年間採集自臺灣。……如此非凡之標本（指 *cohaerens*）係唯一具有 “karapin, japan” 標籤者，此蝶並非來自臺灣。」然而 Karapin 即今嘉義縣竹崎鎮交力坪。另推測 *cohaerens* 之名來自標籤（黏著）之趣。參見 *sauteri*。

寬邊橙斑弄蝶 *Telicota ohara formosana* 李思霖 攝影

竹橙斑弄蝶

Telicota bambusae horisha

Evans, 1934

TL: Horisha

Telicota

源自希臘語 telikoutos「高齡、大尺寸、崇高的、大量的」。

bambusae

由新拉丁語 bambusa「竹」加字母 e 依第一類變格法成為屬格（所有格），「竹的」之意，又 bambusa 來自馬來語 bambu「竹」，更可溯自印度南部之 Kannada 語。本種由英國昆蟲學家 Frederic Moore（1830-1907，參見 *moorei*）於 1878 年命名，寫道：「幼蟲以竹為食。Atkinson 手寫注記。」是為命名原由。

英國鱗翅目學家 William Stephen Atkinson（1820-1876）就學時熱愛採集蝶蛾，1854 年前往印度 Calcutta（加爾各答）擔任 Martiniere 學院院長，對孟加拉當地鱗翅目產生濃厚興趣開始飼養和研究，曾至 Darjeeling（大吉嶺）與 Sikkim（錫金）進行廣泛採集。Atkinson 與 Moore 經常通信聯繫，Moore 發表許多新種得力於 Atkinson 提供之大量標本。Atkinson 過世遺留之藏品由英國博物學家 William Chapman Hewitson（1806-1878）收購並保存於倫敦自然史博物館（Natural History Museum）。

horisha

「埔裏社」，即本亞種模式標本採集地。「埔裏社」為原住民部落名，首見於清乾隆 6 年（1741 年）代理福建分巡臺灣道劉良璧《重修福建臺灣府志》卷五〈城池〉（附）番社：「彰化縣……埔裏社……（自夬裏社至此二十四社，在水沙連山內；為歸化生番）……」清光緒元年（1875 年）置「埔裏社廳」，隸屬臺灣府；日治初期於 1896 年改設「埔裏社支廳」，臺灣光復後於 1949 年改制為南投縣埔里鎮。

寬邊橙斑弄蝶

Telicota ohara formosana

Fruhstorfer, 1911

TL: Chip Chip

ohara

來自愛爾蘭姓氏 Ó hEaghra，意為「Eaghra 之孫子」。又 eaghra 原意為「苦澀的、鋒利的」。

formosana

「臺灣的」，由地名 Formosa「福爾摩沙、臺灣」加拉丁語陰性後綴 ana「…的、與…有關的」（通常表達身分、所有權或來源等關係）所組成，並刪減重複字母 a。又拉丁語 formosa 為 formosus「美麗的、英俊的、有美感的」之陰性詞。本亞種雄雌蝶數隻於 1908 年 7 月採集自 Chip Chip（前水沙連原住民部落 Chip Chip 社，今南投縣集集鎮）。

臺灣脈弄蝶

Thoressa horishana

(Matsumura, 1910)

TL: Horisha

Thoressa

可能由北歐神話戰爭與農業之神 Thor 和拉丁語後綴 essa 所組成。essa 本義為「女性、陰性」，係將陽性名詞轉成陰性名詞，有時帶有「小型的」意味。平嶋義宏（1999）認為源自希臘語 thoresso「武裝、護胸甲」。

horishana

「埔裏社的」，由地名 Horisha「埔裏社」加拉丁語陰性後綴 ana「…的、與…有關的」（通常表達身分、所有權或來源等關係）所組成，並刪減重複字母 a。參見 *horisha*。本種模式標本雄雌蝶多隻採集自 Horisha。

薑弄蝶

Udaspes folus

(Cramer, 1775)

Udaspes

語源不詳。本屬由英國昆蟲學家 Frederic Moore（1830-1907，參見 *moorei*）於 1881 年命名，模式種即為 *U. folus* (Cramer, [1775])，產自南美洲之 Suriname（蘇利南）。本屬僅有兩種，分布廣泛但無亞種分化，幼蟲以薑科植物（Zingiberaceae）為食。

folus

原為 Sabine 語，即拉丁語 holus（olus）「蔬菜、綠色葉菜」。和拉丁人一起創立古羅馬文明的 Sabine 人將希臘語轉譯成 Sabine 語

時，帶有 f 字母開頭的字詞，如 faedus、fariolus、fedus、fircus、folus、fordeum、fostia、fostis，逐漸轉寫成 h 並成為古拉丁語中的 haedus、hariolus、hedus、hircus、holus、hordeum、hostia、hostis。然而這些轉換發音之字詞對原希臘語而言皆是外來語，如 folus（holus、olus）與梵語字根 hari「綠色」有關。

2 灰蝶

白點褐蜆蝶

Abisara burnii etymander

(Fruhstorfer, 1908)

TL: Kanshirei

Abisara

源自梵語 abhisara「同伴、攻擊、約會」。Abhisara（古希臘作家寫作 Abisares、Abissares）為古印度 Abhira 部落 Kashmir 國王，西元前 326 年 Alexander 大帝東征時，Abhisara 曾二度遣使議和，Alexander 大帝不僅同意 Abhisara 保有王位，更加以擁護，次年國王駕崩後大帝指定王子繼位。

burnii

本種由英國昆蟲學家 Lionel de Nicéville（1852-1901）於 1895 年

命名，文中注明：「非常高興以此名感謝 James M. Burn 中尉慷慨相贈於上緬甸 Katha 縣 Loi Maw 境內 5000 英尺山區採集之唯一雌蝶標本。」另人名以子音字母結尾，字尾加 ii，將主格轉換為屬格（所有格），成為人名之所有格形式，本種小名意為「Burn 的」。

李思霖　攝影

etymander

古河流名，古希臘歷史學家 Polybius（c. 200 BC-c. 118 BC）稱作 Erymanthus，古羅馬哲學家暨博物學家 Gaius Plinius Secundus（23-79，參見 *plinius*）稱作 Erymandus，古羅馬歷史學家暨哲學家 Arrian（c. 86/89-c. after 146/160）稱作 Etymandros，祆教（Zoroastrianism）《波斯古經》（Avesta）記為 Haetumat，今稱 Helmand，為阿富汗第一大河，全長 1150 公里，起源於 Kabul 西方 80 公里處向西南流經大半國土至伊朗境內 Sistan 沼澤。除提供水力發電外，幾乎無鹽分的河水亦是作物灌溉重要來源，其河谷地為祆教早期信仰中心之一。

本亞種模式標本雄蝶 1 隻於 1907 年 10 月 5 日採集自 Kanshirei（關子嶺）。

靛色琉灰蝶

Acytolepis puspa myla

(Fruhstorfer, 1909)

TL: Polisha

Acytolepis

由拉丁語前綴 a「缺乏、沒有」和前綴 cyto「容器、小室」（源自希臘語 kytos）與後綴 lepis「薄片、鱗片」所組成。本屬由荷蘭籍鱗翅目學家 Lambertus Johannes Toxopeus（1894-1951）於 1927 年命名，模式種 *A. puspa* (Horsfield, [1828])，文中特別強調本屬雄蝶因缺乏發香鱗（Androconia）而取此名。故 *Acytolepis* 係指鱗片缺乏容納性費洛蒙之微小囊室而言。英國鱗翅目學家 Arthur Francis Hemming（1893-1964）於 1967 年不明原因記為 *Acytolepsis*，然而拉丁語後綴 lepsis 為「取得、捕獲、接受」之意。

puspa

或作 pushpa，梵語多重含義，主要指「花朵」，另有「綻放、某種香水、愛情告白、彬彬有禮、指甲或牙齒上的斑點、黃玉」等義。本種由美國醫生暨博物學家 Thomas Horsfield（1773-1859）於 1828 年命名，模式標本雄雌

蝶共約 20 隻採集自 Java（爪哇）。

myla

可能源自拉丁語人名 Milo「溫和的、仁慈的」。又 Myla（Mylae）為義大利西西里島北部沿海古城名（今名 Milazzo）、古河流名（今名 Marcellino），亦作女子名。本亞種模式標本於某年 7 月採集自 Polisha（今南投縣埔里鎮）。

第一次 Punic 戰爭（264 BC-241 BC，參見 *epijarbas*、*lutatia*、*panormus*）初期，西元前 260 年，古羅馬與古迦太基在 Mylae 海域進行首次海戰，古羅馬初次使用設於船頭之接舷吊橋（corvus），前端有一形如鳥喙之巨釘，能嵌牢敵艦甲板，形成固定通道以利步兵襲擊，古羅馬藉此以寡敵眾，獲得首次海戰捷報。

文學上，Homer 史詩《Odyssey》描述 Odysseus 於 Troy 戰爭結束返鄉途中登陸 Mylae，誤入獨眼巨人 Polyphemus 居住之洞穴，憑藉機智自稱 Nobody 並藏在羊腹之下躲過劫難。

尖灰蝶

Amblopala avidiena y-fasciata

(Sonan, 1929)

TL: 竹東郡

Amblopala

本屬由英國昆蟲學家 John Henry Leech（1862-1900）於 1893 年命名，模式種為原先列於 *Amblypodia* Horsfield, [1829] 之 *A. avidiena* (Hewitson, 1877)。*Amblypodia* 係由希臘語前綴 ambly「鈍的、堅硬的」和後綴 pod「足」加拉丁語物種分類（屬）後綴 ia 所組成。Leech 於《Butterflies from China, Japan, and Corea》專書中描述本屬：「觸角長度為前翅長度之半，末端之錘部（clubs，或稱端感棒）造型良好。觸角整體而言比 *Amblypodia* 和 *Arhopala* 兩屬更為健壯。」故 *Amblopala* 應由 *Amblypodia* 之字首 Ambl 和 *Arhopala*（燕灰蝶屬）之字尾 opala 組合而成，意為「鈍狀的觸角」。平嶋義宏（1999）認為 *Amblopala* 由希臘語前綴 amblo「墮胎、流產、失敗」和 pale「摔角、格鬥、戰鬥」所組成，意為「失去戰鬥能力」。

avidiena

人名 Avidienus 之陰性詞。古羅馬奧古斯都大帝（Augustus, 63 BC-14 AD）時期著名詩人 Quintus Horatius Flaccus（65 BC-8 BC，簡稱 Horace）所著《Sermones》（諷刺集）中（2.2.55-64），描述一位外號「小狗」的守財奴 Avidienus：「家財萬貫卻吃著野莓和放了五年的橄欖，酒變酸了才依依不捨的倒掉，只有在節慶或生日才會穿著白袍，親自舉著能裝二磅橄欖油的獸角容器，一點一點把油滴在甘藍菜上，但那陳年味道令人不敢領教，這種用法比起他那老醋而言，卻又顯得奢侈許多。」作者以此告誡世人，吝嗇與糜費都是貪婪的惡行，無助於追求高貴的情操。Horace 詩作修辭精緻，音律優美，諷刺風格婉轉儒雅，與 Virgil（70 BC-19 BC）和 Ovid（43 BC-17/18 AD）同為古羅馬文學黃金時代三大詩人。

y-fasciata

由字母 y 和拉丁語 fasciata「條狀的、帶狀的、附帶的」所組成，「Y 字形條狀紋路的」之意。本亞種由楚南仁博（Jinhaku Sonan, 1892-1984，參見 *sonani*）於 1929 年命名，文中描述：「後翅紅褐色，中央橫跨一白色大 Y 字型條紋。」是為命名原由。模式標本雌蝶 1 隻於 1928 年 8 月採集自新竹州竹東郡（轄域即今竹東鎮、芎林鄉、橫山鄉、北埔鄉、峨眉鄉、寶山鄉、五峰鄉、尖石鄉等地）。

鈿灰蝶

Ancema ctesia cakravasti

(Fruhstorfer, 1909)

TL: Chip-Chip

Ancema

英國鱗翅目學家暨陸軍中校 John Nevill Eliot（?-2003）以 *Camena ctesia* Hewitson, 1865 為模式種，於 1973 年採易位構詞（anagram）方式命名新屬，即重新排列 *Camena* 之字母以構成新詞 *Ancema*。而 Camena 為羅馬神話中生育與泉水仙女之通稱，具有預言能力，共有四位：Carmenta、Egeria、Antevorta 和 Postverta，合稱 Camenae，古羅馬文學家 Livius Andronicus（c. 284 BC-c. 204 BC）列為 Muse 女神。

ctesia

拉丁語 ctesius「財產保護者、保護家庭之神祇」之陰性詞。希臘神話中 Ctesius 是天神 Zeus 與信使 Hermes 之別稱。Homer 史詩《Odyssey》中 Ctesius 為 Syria 國王 Ormenus 之子，牧人 Eumaeus（參見 *eumeus*）之父。

cakravasti

德國昆蟲學家 Hans Fruhstorfer（1866-1922）於 1909 年 5 月發表新種 *Camena ctesia cakravasti*，模式標本於 1908 年 7 月 3 至 15 日採集自 Chip-Chip（前水沙連原住民部落 Chip Chip 社，今南投縣集集鎮），可能發現亞種名誤拼而於 1909 年 9 月將本種再度發表為新種 *Camena ctesia cakravarti*，模式標本雄蝶 2 隻於（1908 年）7 月採集

自 Polisha 附近海拔 4000 英尺山區。然而依照命名原則，拼字正確之亞種名發表較晚，只能視為同物異名（synonym）。

cakravasti 應拼為 cakravarti，來自梵語 cakravartin「轉輪王」，該字由 cakra「輪、盤」和 vartin「旋轉、移動」所組成。學者康樂（1950-2007）〈轉輪王觀念與中國中古的佛教政治〉：古印度的政治傳統裡本來即有轉輪王的觀念。傳說中，誰能統治全印度，「金輪寶」即會出現，它能無堅不摧，無敵不克，擁有「輪寶」的統治者便被稱為轉輪聖王，用中國人的觀念來說，就是真命天子。這裡所說的「金輪」，乃戰爭時所用的輪狀武器…到了原始佛教經典裡，「輪寶」（或「寶輪」）已轉變成一種具有象徵性意義的信物。《長阿含．轉輪聖王修行經》提到，君主若能奉行「正法」（Dharma，當然是佛法），則「輪寶」自會顯現空中，以證明其統治之正當性，四方有不服者，「輪寶」即會旋轉而去，君主只要隨之而行即可平定天下。「輪寶」既被古印度人視為具有至高神聖權威的信物，後世佛教徒即將佛陀在菩提伽耶（Buddhagaya）的悟道比喻為掌握「輪寶」—「法輪」，他之入世傳道則被稱為「轉法輪」。

李思霖　攝影

折線灰蝶

Antigius attilia obsoletus

(Takeuchi, 1929)

TL: 霧社

Antigius

本屬由日本生物學家柴谷篤弘（Atuhiro Sibatani, 1920-2011）和伊藤修四郎（Syusiro Ito）於 1942 年命名，係以日本數學教授暨業餘鱗翅目學家杉谷岩彥（Iwahiko Sugitani, 1888-1971）之姓氏，採易位構詞（anagram）方式將字母 Sugitani 重新排列組合而成 *Antigius*。

attilia

古羅馬著名氏族名（nomen），亦作 Atilia，遍及貴族與平民，諸如 Bulbus、Calatinus、Longus、Regulus 和 Serranus 等家族，個人名

則偏好使用 Lucius、Marcus、Gaius、Aulus 和 Sextus，如多人稱作 Marcus Atilius Regulus 並擔任執政官。另古羅馬人通常採用三名法：第一名為個人名（praenomen），第二名為氏族名，第三名為家族名（cognomen），此外可能有第四名之附加名（綽號，agnomen），表示特徵、運道、功勳或德性。

obsoletus

拉丁語「老舊的、磨損的、扔掉的」。本亞種由日本葉蜂研究專家竹內吉藏（Kichizo Takeuchi, 1892-1968）於 1929 年命名，模式標本雄蝶 1 隻由竹內於 1922 年 5 月 9 日採集自霧社與ホウゴウ社（荷戈社，今南投縣仁愛鄉春陽部落）間之林道，文中描述：「前翅腹面中室外側線紋與稍外之黑帶甚為狹窄，亞外緣黑色斑列甚小，翅端缺乏兩黑點；後翅腹面中室缺乏黑帶。簡言之，此新亞種與 *Zephyrus attilia* ab. *neoattilia* Sugitani 相較，翅腹面黑色斑紋狹小。」是為命名原由。換言之，臺灣的亞種是世界上所有折線灰蝶族群中，黑色條紋與斑點減退程度最明顯者。又 *neoattilia* Sugitani, 1919 為 *Antigius attilia* (Bremer, 1861) 之同物異名（synonym）。

墨點灰蝶

Araragi enthea morisonensis

(M. Inoue, 1942)

TL: 新高山

Araragi

日本醍醐天皇（885-930）於延喜 5 年（905 年）命人編纂《延喜式》，詳細規定各項官制與儀禮，其中卷五〈齋宮〉明定祭祀神明之齋宮避諱用語「外七言」與佛教禁忌用語「內七言」，「內七言」中稱「塔」（佛塔）為阿良良伎（あららぎ），而 Araragi 為其音譯。本屬由日本生物學家柴谷篤弘（Atuhiro Sibatani, 1920-2011）和伊藤修四郎（Syusiro Ito）於 1942 年命名，模式種 *A. enthea* (Janson, 1877)，模式標本 2 隻於 1896 年 7 月由英國雪茄商暨業餘昆蟲學者 Frederick Maurice Jonas（1851-1924）採集自 Yedo（江戶，今東京）西北方 140 英里之 Yokawa 河。

enthea

拉丁語「使人振奮的、靈感的、神靈啓發的、福至心靈的」。

morisonensis

英國皇家海軍 Plover 號測量艦艦長 Richard Collinson（1811-1883）與上尉 David MacDougal Gordon（？-1848）繪製〈Formosa Island,（China Seas,）〉地圖於 1845 年出版，首次將玉山標示為 Morrison。

英國皇家地理學會（Royal Geographical Society）於 1863 年 12 月 14 日集會討論 Robert Swinhoe（1836-1877，參見 *swinhoei*）〈Notes on the Island of Formosa〉一文時，主席 Strangford（Percy Sydney-Smythe, 8th Viscount Strangford, 1825-1869）表示：「海軍將領 Collinson 曾說，某種程度上他將 Formosa 視若自己的愛子一般。在勘查 Pescadores（澎湖）途中，他偶然一瞥遙遠的島嶼時，立刻掌握修正主要山脈位置的良機，他命名這座超過 10000 英尺的最高峰為 Morrison 山，在華人熟悉且有淵源的所有外人中，他相信此名應能得到認同而流芳百世。」

William Campbell（甘為霖，1841-1921，參見 *insignis*）於 1895 年投書《The Chinese Recorder and Missionary Journal》（教務雜誌），引用 1863 年 Strangford 上述之言，以及節錄怡和洋行（Jardine Matheson & Co.）創辦人之一 James Matheson（1796-1878）於 1866 年出版之《Our Mission in China》：「山脈最高峰海拔 12800 英尺，名為 Morrison，係表達對基督教傳教士之摯愛……」，Campbell 嚴正且明確指出：「……已故海軍將領 Collinson……當時進行測量工作，仍在悼念過世的摯友、傳教士 Robert Morrison……Morrison 山實非以稍早與臺灣府通商之船長為名，而是紀念這位遠赴中國的傳教士……。」

來臺傳教牧師 Edward Band（萬榮華，1886-1971）在其《Working His purpose out》（英國長老教會海外傳教百年史）一書中，錄有一則勘誤：「頁 89，Morrison 山誤植由 Campbell 博士命名，應是海軍將領 Collinson 於 1844 年為英國政府勘察測量 Formosan Channel（臺灣海峽）時命名，他與第一位到中國的新教傳教士 Robert Morrison 結為好友，Morrison 逝於 1834 年。」

西方第一位來華的基督教新教傳教士 Robert Morrison（馬禮遜，1782-1834）於 1807 年 9 月 7 日抵達廣州，1818 年創立英華書院，1823 年 12 月按立第一位華人牧師梁發（1789-1855），1815 至 1823 年逐步完成中國第一部漢英對照字典巨著《華英字典》共三部六冊。1813 年譯畢《新約聖經》，1819 年與傳教士 William Milne（米憐，1785-1822）共同完成《舊約聖經》翻譯，1823 年合併出版，稱為《神天聖書》，1834 年逝於廣州。Morrison 獻身中國宣教前後共 27 年，興建學校、翻譯聖經、編纂字典、出版書刊、協辦雜誌、開設診所，誠為基督教在中國之先驅與重要奠基人士。

亞種名 *morisonensis* 應是 Morrison 漏記一個字母 r，加拉丁語後綴 ensis「起源於、原產於、有關於」所組成，意為「來自玉山的」。本亞種模式標本雌蝶 1 隻於 1942 年 7 月 27 日採集自新高山（玉山），由命名者、日本蝶類愛好者暨攝影師井上正亮（Masasuke Inoue）偶然機運獲得並珍藏。

燕尾紫灰蝶

Arhopala bazalus turbata

(Butler, 1881)

Arhopala

由希臘語前綴 a「不是、沒有」和 rhopalon「棍棒」之陰性詞 rhopala 組合而成。應指其觸角末端並無明顯之錘部（clubs，或稱端感棒）而言。本屬由法國鱗翅目學家、植物學家暨醫生 Jean Baptiste Boisduval（1799-1879）於 1832 年命名，模式種 *A. phryxus* 採集自 Nouvelle-Guinée（新幾內亞）。又 *A. phryxus* Boisduval, 1832 為 *A. thamyras* (Linnaeus, 1758) 之同物異名（synonym）。

bazalus

語源不詳。本種由英國博物學家 William Chapman Hewitson（1806-1878）於 1862 年命名，模式標本雄蝶 1 隻採集自 Sylhet（位於孟加拉東北部，英屬印度時期劃入 Assam 邦），雌蝶 1 隻採集自 Java（爪哇）。

turbata

拉丁語「擾亂的、心煩的、不安定的」。

小紫灰蝶

Arhopala birmana asakurae

(Matsumura, 1910)

TL: Horisha

birmana

「緬甸的」，由 Birma「緬甸」加拉丁語陰性後綴 ana「…的、與…有關的」（通常表達身分、所有權或來源等關係）所組成，並刪減重複字母 a。本種模式標本採集自緬甸 Toungu（今 Taungoo），是為命名原由。

asakurae

「朝倉的」，人名字母結尾為母音 a 時，加字母 e 成為名詞所有格。本亞種模式標本雄蝶 1 隻，由朝倉喜代松（Kiyomatsu Asakura，參見 *asakurai*）採集自 Horisha（今南投縣埔里鎮）。

李思霖　攝影

蔚青紫灰蝶

Arhopala ganesa formosana

Kato, 1930

TL: 太平山

ganesa

改寫自梵語 gana「群、群衆」和 isa「統治者」之組成，意為「群主」，原指一群具有一半神格並追隨毀滅之神濕婆（Shiva）之物種。印度教中智慧之神 Ganesa 為濕婆與雪山神女（Parvati）之子，象頭人身，能破除障礙，甚受信徒敬重，佛教稱之為「大聖歡喜自在天」。本種由英國昆蟲學家 Frederic Moore（1830-1907，參見 *moorei*）於 1858 年命名，模式標本採集自印度北部。

formosana

「臺灣的」。本亞種模式標本雌蝶 1 隻由命名者、日本昆蟲學家加藤正世（Masayo Kato, 1898-1967）於 1926 年 6 月 27 日採集自太平山（Mt. Taihei），為臺灣蝶類發現史之太平山第一筆新種紀錄。

日本紫灰蝶
Arhopala japonica
(Murray, 1875)

japonica

由 Japon「日本」和拉丁語陰性後綴 ica「歸屬於、關聯於、與…有關、具有某種特徵或本質」所組成，「日本的」。本種由英國牧師、植物學家暨鱗翅目學家 Richard Paget Murray（1842-1908）於 1875 年命名，模式標本由英國昆蟲學家 Henry James Stovin Pryer（1850-1888）採集自日本 Yokohama（橫濱）。另 *Japonica* 為焰灰蝶屬。

無尾型
Non-tailed

有尾型
Tailed

暗色紫灰蝶

Arhopala paramuta horishana

Matsumura, 1910

TL: Horisha

paramuta

由拉丁語前綴或希臘語 para「平行、並排」與種小名 *muta* 所組成。拉丁語 muta「無聲的、沉默的、寂靜的」。羅馬神話河流仙女 Larunda（Lara，源自希臘語 lalein「喋喋不休、嘮叨」）以貌美與聒噪聞名，但不能保守秘密，她將好友 Juturna（泉水仙女）與天神 Jupiter 之間的戀情透漏給天后 Juno，Jupiter 得知後割去她的舌頭作為懲罰，Lara 自此改稱 Muta，並且命令信使 Mercurius（即 Mercury）將 Muta 遞解至冥府監禁，半途中 Mercury 愛上 Muta，Muta 則為信使生下雙胞男孩，成人後化為家庭保護神（Lar，複數

Lares）。

Arhopala 屬外型相近之蝶種衆多，帶有 Muta 之種小名者計有：*perimuta* (Moore, [1858])、*epimuta* (Moore, [1858])、*muta* (Hewitson, 1862)、*hypomuta* (Hewitson, 1862)、*metamuta* (Hewitson, 1863)、*amphimuta* (C. & R. Felder, 1860)、*antimuta* C. & R. Felder, [1865]、*paramuta* (de Nicéville, [1884])、*pseudomuta* (Staudinger, 1889)、*anamuta* Semper, 1890。

horishana

「埔裏社的」，由地名 Horisha「埔裏社」加拉丁語陰性後綴 ana「…的、與…有關的」（通常表達身分、所有權或來源等關係）所組成，並刪減重複字母 a。參見 *horisha*。本亞種由日本昆蟲學先驅松村松年（Shōnen Matsumura, 1872-1960，參見 *matsumurae*）於 1910 年命名，模式標本雌蝶 1 隻採集自 Horisha，文中注明：「並非罕見」。

綠灰蝶 ♀ *Artipe eryx horiella*

綠灰蝶

Artipe eryx horiella

(Matsumura, 1929)

TL: Hori

Artipe

語源不詳。本屬由法國鱗翅目學家、植物學家暨醫生 Jean Baptiste Boisduval（1799-1879）於 1870 年命名，可能源自希臘語 artipus「快腿」或 artipous「敏捷的腳」，Artipus 為古希臘詩人 Homer 對戰神 Ares（羅馬神話 Mars）之別稱。模式種 *Papilio amyntor* Herbst 1804，即 *A. eryx* (Linnaeus, 1771) 之同物異名（synonym）。另鞘翅目象鼻蟲科有 *Artipus* 一屬。

eryx

希臘神話人名、義大利 Sicily 島西部古山名與古城名。希臘神話中

♂

愛神 Aphrodite 為了想讓情人 Adonis 吃醋，就和 Butes（尋找金羊毛 Argo 號英雄之一）春宵幾晚，結果生下兒子 Eryx，Eryx 在 Sicily 建立 Eryx 城並自立為王。也是搏擊好手的 Eryx 趁著 Heracles 趕牛路過 Sicily，為了挑戰大力士，故意偷走最好的一頭公牛；Heracles 急忙來尋，發現公牛在國王的牛群裡，Eryx 言明除非 Heracles 能戰勝，否則拒絕歸還。結果國王不幸敗北身亡，大力士則取回公牛。古羅馬詩人 Ovid（43 BC-17/18 AD）《Metamorphoses》（變形記）提及 Aeneas 離開 Carthage 女王 Dido 的返鄉途中再次登上 Sicily 島整補，並向先父 Anchises 與亡兄 Eryx 祭拜（參見 *epijarbas*）。

horiella

由地名 Hori「埔裏」（參見 *horisha* 或 *horishana*）加拉丁語後綴 ella「小型、小巧、屬於（來自）…之小型」所組成，意謂「來自埔里之小巧的」，ella 加於名詞之後成為一種暱稱。本亞種模式標本雌蝶 1 隻於 1917 年 5 月 10 日由朝倉喜代松（Kiyomatsu Asakura，參見 *asakurae* 或 *asakurai*）採集自 Hori（埔里）。

♀

寬邊琉灰蝶

Callenya melaena shonen

(Esaki, 1932)

TL: Kanko, Baibara

Callenya

語源不詳。本屬由英國鱗翅目學家暨陸軍中校 John Nevill Eliot（？- 2003）和日本鱗翅目學者川副昭人（Akito Kawazoé, 1927-2014）於 1983 年命名。模式種為採集自 Burma（緬甸）之 *C. melaena* (Doherty, 1889)。

melaena

源自希臘語 melas「黑色的、深色的」。希臘神話 Melaena（Melaina）為希臘中部 Phocis 境內 Delphi 之泉水仙女，亦是太

陽神 Apollon 的情人，生有一子 Delphos；取名 Melaena 意為「黑色」，暗喻其為冥界仙女之首。本種由美國鱗翅目學家暨鳥類蒐集家 William Doherty（1857-1901）於 1889 年命名，原列 *Cyaniris* 屬，模式標本雄蝶 1 隻（2 月）採集自 Burma（緬甸）Tenasserim 山谷，文中描述：「翅背面深藍色，略帶光澤……本種是已知 *Cyaniris* 屬中顏色最深者。」是為命名原由。

shonen

松村松年（Shōnen Matsumura, 1872-1960，參見 *matsumurae*）於 1929 年命名一新種 *Cyaniris latimargo*，*latimargo* 由拉丁語前綴 lati「寬廣的、廣闊的」和 margo「邊緣」所組成，並注明：「有點類似 *C. transpectus* Moore。」但 *Cyaniris latimargo* 恰巧已由英國昆蟲學家 Frederic Moore（1830-1907，參見 *moorei*）於 1884 年發表，文中亦注明：「類似 *C. transpectus*」。江崎悌三（Teiso Esaki, 1899-1957，參見 *esakii*）審視後判定兩者為同名異物（homonym），又 *Cyaniris latimargo* Moore [1884] 為 *Lestranicus transpectus* (Moore, 1879) 之同物異名（synonym），故另賦予松村新種替代名 *shonen*，應是將發現新種的成就歸於松村。

shonen 亦為日語漢字「少年」之平文式羅馬字，通常指中學時期的男孩而言。江崎 10 歲時即加入名和昆蟲研究所「少年昆蟲學會」，次年於《昆蟲世界》發表個人第一篇報告。北野中學三年級時（1915 年）設立「大阪昆蟲學周報社」，發行《昆蟲學周報》；當年亦與同好設立「大日本昆蟲學會」，發行《昆蟲學雜誌》，於第壹卷第壹號中發表首篇新種報告（*Paraplea formosana* 鄰固蝽，臺灣特有種）。1929 年創立「蝶類同好會」，並發行以刊載蝶類報告及相關記事為主的刊物《Zephyrus》，諸此可見其對昆蟲的熱愛和天分。由此觀之，*shonen* 此名兼具「松年」與「少年」一語雙關之趣味。

本亞種模式標本雄蝶 1 隻由內田登一（Togea Uchida, 1898-1974）、河野廣道（Hiromichi Kôno, 1905-1963）和三輪勇四郎（Yoshiro Miwa, 1903-1999）等人於 1925 年 7 月 12 日採集自 Kanko（觀高，今南投縣信義鄉境內），雄蝶 1 隻由杉谷岩彥（Iwahiko Sugitani, 1888-1971，參見 *sugitanii*）於 1928 年 8 月 2 日採集自 Baibara（眉原，約今南投縣仁愛鄉境內）。

三尾灰蝶

Catapaecilma major moltrechti

(Wileman, 1908)

TL: Koshun, Kagi

Catapaecilma

由拉丁語前綴 cata（源自希臘語前綴 kata）「下面的」與源自希臘語 poikilos 之 poecilma（paecilma）「斑點的、斑駁的、富於變化的」所組成。拉丁語合字（ligature）Œ 之小寫 œ 於手抄謄寫時極似 Æ 之小寫 æ，後人拆解 œ 時，或有寫成 ae 情事。英國昆蟲學家、蜘蛛學家暨鳥類學家 Arthur Gardiner Butler（1844-1925，參見 *butleri*）於 1879 年命名此屬時（印刷字體為 *CATAPÆCILMA*），描述模式種 *C. elegans* (Druce, 1873)：「類同 *Lampides* 和 *Miletus* 屬，但後翅有三尾…後翅閃亮的銀色斑點與 *Miletus* (*Hypochrysops*, part, Felder) 屬一樣多。」或許是命名緣由。

major

亦作 maior，拉丁語「較大的、更大的」。

moltrechti

俄國眼科醫師暨業餘昆蟲學家 Arnold Moltrecht（1873-1952）於 1908 年 2 到 8 月從海參崴來臺旅行並採集包括昆蟲在內的各種動物，足跡遍布 Koshun（恆春）周遭、日月潭、阿里山、巒大山等地。人名以 o、u、e、i、y 母音字母結尾時，字尾加 i，將主格轉換為屬格（所有格），即名詞之所有格，故本亞種名意為「Moltrecht 的」。

本亞種標本雄蝶 2 隻、雌蝶 1 隻由 Moltrecht 於 1908 年 2 月 22 日採集自 Koshun（恆春）Kuraro 植物園，另同年 4 月在 Kagi（嘉義）附近採集 2 隻。英國外交官暨業餘昆蟲學家 Alfred Ernest Wileman（1860-1929，參見 *wilemani*）於報告中提及：「兩隻雄蝶中一隻破損嚴重、另一隻身體被螞蟻啃蝕但蝶翼完好，雌蝶一隻相當完整，因雄雌同型，故以雌蝶作為模式標本。」

青珈波灰蝶

Catochrysops panormus exiguus
(Distant, 1886)

Catochrysops

由希臘語前綴 cato（kato）「下面的、較低的」和前綴 chrys「金色的、黃色的」與 ops「眼、臉」所組成，意為「下方的金色眼紋」。本屬由法國鱗翅目學家、植物學家暨醫生 Jean Baptiste Boisduval（1799-1879）於 1832 年命名，文中描述模式種 *C. strabo* (Fabricius, 1793)：「……後翅腹面肛角處有兩枚一大一小金色眼紋。」是為命名原由。

李思霖　攝影

panormus

古希臘羅馬時代多處地名、海港名，主要指 Sicily 北方城市 Panormus，今名 Palermo。西元前 734 年腓尼基人在此建城，稱作 Ziz「花朵」；因港灣寬廣水深利於錨泊，希臘人稱作 Panormos，意謂「完整的港口」。第一次 Punic 戰爭（264 BC-241 BC，參見 *epijarbas*、*lutatia*、*myla*）期間成為古羅馬與古迦太基必爭之地，西元前 251 年，古羅馬以三倍於古迦太基之優勢兵力佔領此城，但傷亡人數不到古迦太基的四分之一。直到戰爭結束，Panormus 始終是古羅馬艦隊的戰略要地。

exiguus

拉丁語「小的、短的、缺乏的；詳盡的、確切的、精確的」。本亞種由英國昆蟲學家 William Lucas Distant（1845-1922）於 1886 年命名，原列為 *Everes exiguus*，模式標本雌蝶 1 隻採集自馬來半島，文中詳細描述本蝶翅面斑紋與顏色特徵，但未與其他蝶種比較。

李思霖　攝影

細邊琉灰蝶

Celastrina lavendularis himilcon

(Fruhstorfer, 1909)

TL: Taihanroku, Chip-Chip

Celastrina

植物學之父、古希臘哲學家 Theophrastus（c. 371-c. 287 BC）稱歐洲冬青（聖誕樹）*Ilex aquifolium* Linnaeus 1753 為 Kelastros，即本屬模式種 *C. argiolus* (Linnaeus, 1758) 之食草，英國昆蟲學家 James William Tutt（1858-1911）於 1906 年命名此屬時，曾描述其食草並不常見，另在冬青（Holly）花上採集二隻雌蝶標本，是以本屬名係將字首 kelastr 拉丁語化並加拉丁語分類名稱陰性後綴 ina「屬於、相關於、類似於、具…特徵」而成。

lavendularis

由中世紀拉丁語（Medieval Latin）lavendula「薰衣草、淡紫色」加後綴 aris「…的、歸屬於、有關於」而成，並刪減重複字母 a。本種由英國昆蟲學家 Frederic Moore（1830-1907，參見 *moorei*）於 1877 年命名，文中描述：「雄蝶翅背面有如薰衣草之深藍色……雌蝶為較明亮之淡藍色。」是為命名原由。

himilcon

或作 Himilco，源自 Carthage（迦太基）常見人名 Chimilkât，意為「我的兄弟是 milkât」，但不知 milkât 為何。西元前 5 世紀迦太基航海家暨探險家 Himilco，是歷史上從地中海（西班牙 Gades）沿大西洋海岸，經葡萄牙、英國到法國西北部的第一人，可能因貴金屬貿易至少連續航行 4 個月，曾記錄自己精采探險旅程，惜已佚失，其事蹟僅見於古羅馬作家 Gaius Plinius Secundus（23-79，參見 *plinius*）之《Naturalis Historia》（博物志）與 Avienus（4th C.）之《Ora Maritima》（海洋時代）。另西元前 5 世紀迦太基將領 Himilco（？-396 BC），以在 Sicily 島戰勝 Syracuse 僭主 Dionysius 一世而聞名。

本亞種模式標本於（某年）7 月 1 日在 Taihanroku（大板埒，今屏東縣恆春鎮南灣里）、7 月底在 Chip-Chip（前水沙連原住民部落 Chip Chip 社，今南投縣集集鎮）共採集雄蝶 4 隻。

大紫琉灰蝶

Celastrina oreas arisana

(Matsumura, 1910)

TL: Arisan

oreas

拉丁語「山上的、山丘的、山中仙女」，為常見學名；希臘神話中 Oreas 為 Heracles 和 Chryseis 之子。本種由英國昆蟲學家 John Henry Leech（1862-1900）於 1893 年命名，模式標本雄雌蝶採集自 Ta-chien-lu（打箭爐，今四川省甘孜藏族自治州康定市）和 How-kow（文獻注明在西藏，可能是今四川省甘孜藏族自治州雅江縣河口鎮）之 1 萬英尺山區。

arisana

「阿里山的」，由 Arisan「阿里山」加拉丁語陰性後綴 ana「…的、與…有關的」（通常表達身分、所有權或來源等關係）所組成，並刪減重複字母 an。本亞種模式標本雌蝶 1 隻由命名者、日本昆蟲學先驅松村松年（Shōnen Matsumura, 1872-1960，參見 *matsumurae*）於某年 10 月 13 日採集自臺灣（阿里山），1910 年命名時原列 *Cyaniris* 屬（陽性詞）而採陽性詞 *arisanus*，後因歸於 *Celastrina* 屬（陰性詞）改為陰性詞 *arisana*。

杉谷琉灰蝶

Celastrina sugitanii shirozui

Hsu, 1987

TL: 巴陵、池端

sugitanii

日本數學教授暨業餘鱗翅目學家杉谷岩彥（Iwahiko Sugitani, 1888-1971）於 1918 年 4 月在日本京都貴船採集疑似新種雄蝶 3 隻、雌蝶 1 隻，1919 年 4 月於同地採集雄蝶 12 隻、雌蝶 3 隻，送請松村松年（Shōnen Matsumura, 1872-1960，參見 *matsumurae*）鑑定，確認為新種，松村於 1919 年 6 月發表並以此種小名感謝之。人名以 o、u、e、i、y 母音字母結尾時，字尾加 i，將主格轉換為屬格（所有格），即名詞之所有格，本種小名意謂「杉谷的」。

杉谷岩彥熱衷蝶類研究，1928 至 1937 年間，曾赴朝鮮東北部 9

次、臺灣 2 次、北海道 2 次、樺太（今庫頁島）1 次採集，擁有衆多標本並具備專業知識，因此能撰寫不少研究報告。有關臺灣產蝶類部分，例如曾於 1935 年發表一篇於 1933 年 7 月 15 日在竹東附近山地採集一隻略為破損的臺灣寬尾鳳蝶雌蝶。

李思霖　攝影

shirozui

本亞種由臺灣昆蟲學家徐堉峰於 1987 年發表，文中注明：「此新亞種之名獻給 SHIRÔZU 博士，他曾教導我許多鱗翅目學識。」人名以 o、u、e、i、y 母音字母結尾時，字尾加 i，將主格轉換為屬格（所有格），即名詞之所有格，*shirozui* 意謂「白水的」。正模標本（Holotype）雄蝶 1 隻、副模標本（Paratype）雄蝶 3 隻，由徐堉峰於 1984 年 2 月 24 日採集自桃園市復興區巴陵至宜蘭縣大同鄉池端（明池）一帶。

白水隆（Takashi Shirôzu, 1917-2004）受業於江崎悌三（Teiso Esaki, 1899-1957，參見 *esakii*）門下，後任教九州大學，曾三次來臺進行訪問、昆蟲採集與調查工作，1960 年出版《原色台灣蝶類大圖鑑》，再度掀起臺灣蝴蝶熱潮；著書 12 冊，對東亞地區蝶類分類、形態與生態進行大量研究，發表約 250 篇論文，其中 30 多篇有關臺灣產蝶類。白水隆畢生致力於鱗翅目範疇，為日本蝴蝶學界靈魂人物。

綺灰蝶

Chilades laius koshunensis

Matsumura, 1919

TL: Koshun

Chilades

由人名 Chilon 之字首 Chil 加希臘語後綴 ades「源自於、有關於、群組」所組成，意為「Chilon 的後裔們」。古希臘 Sparta 人 Chilon 是第一位建議設立 5 位 Ephor（監管官）制度，以輔佐國王統治，並於西元前 556 年經遴選出任此一職務，曾主導成立 Peloponnese 聯盟。Chilon 以智慧聞名，流傳衆多名言，尊為希臘七賢（Seven Sages of Greece）之一，後裔曾有一位嫁給國王 Anaxandridas 二世為妃，生皇長子（繼位為 Cleomenes 一世）。而國王第三子 Leonidas 一世（承繼長兄 Cleomenes

乾季型　Dry-season form

雨季型　Wet-season form

一世王位），率領 300 壯士於第二次波希戰爭（480 BC-479 BC）Thermopylae（溫泉關）一役中壯烈犧牲。

laius

古希臘劇作家 Sophocles（c. 497/6 BC-406/5 BC）著名悲劇《Oedipus the King》中主人翁之父。Thebes 國王 Labdacus 之子 Laius 年幼時因 Amphion 和 Zethus 兄弟二人弒君篡位，逃至 Peloponnese 地區，受到 Pisa 國王 Pelops（參見 *niobe*）歡迎與收留，Laius 成年後擔任小王子 Chrysippus 導師，傳授駕馭之術；當師生前往比賽途中，詎料 Laius 綁架 Chrysippus 走避至 Thebes，衆神憤怒。Laius 成為國王後某日在 Delphi 神廟獲得神諭：「終生無子，或其子弒父娶母」。不久王后 Jocasta 生下一子，Laius 為避免禍延己身，旋即命人捆綁並刺穿嬰兒腳踝遺棄山上；僕人於心不忍，將嬰兒交付牧人，牧人取名 Oedipus（源自希臘語 oedema「腳踝腫脹」），因無力撫養而將嬰兒帶回 Corinth，被國王 Polybus 收養。Oedipus 成年後赴 Delphi 神廟祭祀，神諭：「弒父娶母」，因已認定 Polybus 為父，為免憾事發生，轉而流浪他處，在 Thebes 附近道路上與一輛朝向 Delphi 神廟的馬車因路權發生爭執，乘客之一的國王 Laius 欲以權杖教訓青年，卻被擒獲摔下馬車致死，Oedipus 失手錯殺生父，應驗神諭。參見 *nesimachus*。

koshunensis

由地名 Koshun「恆春」加拉丁語後綴 ensis「起源於、原產於、有關於」，意為「來自恆春的」。本亞種由日本昆蟲學先驅松村松年（Shōnen Matsumura, 1872-1960，參見 *matsumurae*）於 1919 年命名，模式標本採集自 Koshun，文中注明：「作者採集許多標本，但雌蝶稀少。」

灰蝶

蘇鐵綺灰蝶

Chilades pandava peripatria

Hsu, 1989

TL: 臺東縣延平鄉桃源村、紅葉村

pandava

意為「Pandu 的後裔」。古印度兩大著名梵文史詩之一《摩訶婆羅多》（Mahabharata），敘述 Hastinapur 國王 Pandu（本意「蒼白」，中譯「般度」，因皮膚白皙，故名）在森林中狩獵時，誤殺由仙人 Kindama 和其妻化身正在交媾的野鹿，仙人臨死前詛咒國王不能與王后行房，否則一死。般度遂將王位讓與兄長 Dhritarashtra（持國），和兩位妻子 Kunti 和 Madri 歸隱山林。因 Kunti 在少女時曾細心招待過仙人 Durvasa，仙人十分滿意並傳授咒語，可讓 Kunti 召喚任何天神前來交合。Kunti 為使般度有後，便用咒語召來五位大神，於是兩位王后為般度生育五子：Yudhisthira（堅戰或監陣）、Bhima（怖軍）、Arjuna（阿周那或有修）、Nakula（無種）、Sahadeva（偕天），合稱 Pandava，視為正義的一方，持國百子則是邪惡的一方，彼此為爭奪王權激戰 18 天傷亡慘重，般度五子最終獲得勝利。

peripatria

由拉丁語前綴 peri「圍繞、周圍、接近、與…有關」與 patria「家園的、家鄉的、祖國的、世襲的、遺傳的」組合而成。本亞種由臺灣昆蟲學家徐堉峰於 1989 年命名，正模標本（Holotype）雄蝶 1 隻於 1988 年 2 月 26 日羽化，其蛹採集自臺東縣延平鄉桃源村；副模標本（Paratype）雄蝶 59 隻、雌蝶 81 隻，於 1988 年 1、2、3、5、6 月間採集或羽化，棲地在臺東縣延平鄉桃源村、紅葉村一帶。論文發表之中文摘要略以：「本蝶與分布大陸東南亞地區之近緣種 *Chilades pandava* Horsfield 在發香鱗及交尾器 Valva 長寬比上有顯著而穩定之差異，且幼蟲以寄主之柔軟組織為食，世代甚短……因臺灣蘇鐵每年僅在春夏之際有一回開芽期，本蝶可迅速增殖成一大族羣，而在其他季節則僅有少許不定芽可供其維持一小族羣。此現象致使此蟲易在小族期『流失』基因，符合 Mayr（1963）所提出之種分化易在族羣邊緣發生之說法。此新種之種名即用以表示上述之特性。」簡言之，*peripatria* 意為「在 *C. pandava* 族羣邊緣的。」

白芒翠灰蝶

Chrysozephyrus ataxus lingi

Okano & Okura, 1969

Chrysozephyrus

由拉丁語前綴 chryso「金色的、黃色的」和屬名 *Zephyrus* 所組成。*Zephyrus* Dalman, 1816 為 *Thecla* Fabricius, 1807 之同物異名（synonym）。希臘神話「西風之神」Zephuros（拉丁語 Zephyrus，等同羅馬神話 Favonius）為掌理植物與花朵之神，主管春夏之間輕柔的西風，是春天的使者，帶來濕潤大地的雨水，讓植物長出嫩葉、開花與結果。本屬由日本昆蟲學家白水隆（Takashi Shirôzu, 1917-2004，參見 *shirozui*）與山本英穗（Hideho Yamamoto）於 1956 年命名，模式種 *C. smaragdinus* (Bremer, 1861)（原列 *Thecla* 屬）。除本屬外，臺灣產蝴蝶屬名字尾帶有 *zephyrus* 者尚有：*Neozephyrus* 榿翠

♀

灰蝶屬、*Sibataniozephyrus* 璀灰蝶屬、*Teratozephyrus* 鐵灰蝶屬。

ataxus

可能誤植或改寫自拉丁語 atavus「祖先、祖宗、天祖（高祖之父）」。

lingi

語源不詳，可能是紀念或感謝某人。本亞種由日本昆蟲學家岡野磨瑳郎（Masao Okano, 1923-1999）和大藏丈三郎（Jôzaburô Ôkura）於 1969 年命名。

♂

小翠灰蝶

Chrysozephyrus disparatus pseudotaiwanus

(Howarth, 1957)

TL: Mareppa, Sankakuho, Hakku

disparatus

拉丁語動詞 disparo 之過去分詞，「分開的、分離的、已區分的」之意。本種由英國昆蟲學家 Thomas Graham Howarth（1916-2015）於 1957 年命名，描述：「本種翅背面近似 *tatsienluensis*，但後翅背面翅緣黑邊較寬，另可由（本種）翅腹面中室端不明顯的短條予以區分。」是為命名原由。正模標本（Holotype）雄蝶 1 隻採集自 Yunnan（雲南）。另 *tatsienluensis* 以模式標本採集地 Ta-tsien-lu（打箭爐，今四川省甘孜藏族自治州康定市）加拉丁語後綴 ensis「起源於、原產於、有關於」所組成。

pseudotaiwanus

由拉丁語前綴 pseudo「錯誤的、虛偽的、造假的」和種小名 taiwanus「臺灣的」所組成。英國昆蟲學家 Thomas Graham Howarth（1916-2015）於 1957 年發表，注明：「之所以如此命名，是因為本亞種易與 *mushaellus*（霧社翠灰蝶）[nec *taiwanus* Wile.]（並非臺灣榿翠灰蝶）相混淆，在此之前英國缺乏本屬（指 *Neozephyrus*）來自臺灣的相關資料，以及沒有 *taiwanus* 的配模標本可供比對，經 S. Murayama 博士和日本同仁熱心提供標本與資訊，終能與本地藏品詳加比對，釐清若干問題。」由於 pseudo 另有「型態相似足以蒙蔽」含意，故 *pseudotaiwanus* 可釋為「與霧社翠灰蝶極其相似，但非臺灣榿翠灰蝶」之意。Howarth 命名時原列 *Neozephyrus* 屬，後人改列 *Chrysozephyrus* 屬，可見分類鑑定之不易。

正模標本（Holotype）雄蝶 1 隻於 1942 年 5 月 17 日採集自 Mareppa（馬力巴，今南投縣仁愛鄉力行村），原為村山修一（Shu-Iti Murayama）所有，典藏於大英博物館。配模標本（Allotype）雌蝶 1 隻於 1942 年 5 月 20 日採集自 Sankakuho（三角峯，今南投縣仁愛鄉梅峰附近），村山珍藏。副模標本（Paratype）雄蝶 3 隻：2 隻分別於 1942 年 5 月 20、28 日採集自 Sankakuho，村山珍藏；1 隻於 1942 年 5 月 23 日採集自 Hakku（白狗，今南投縣仁愛鄉發祥村），原為村山所有，典藏於大英博物館。

碧翠灰蝶

Chrysozephyrus esakii

(Sonan, 1940)

TL: ララ山

esakii

「江崎的」。人名以子音字母結尾，字尾加 ii，將主格轉換為屬格（所有格），成為人名之所有格形式。本種正模標本（Holotype）雄蝶 1 隻由有賀醇孝於 1934 年 7 月 28 日採集自臺北州文山郡ララ山（拉拉山），配模標本（Allotype）雌蝶 1 隻由古平勝三於 1937 年 7 月採集自ララ山，副模標本（Cotype）雄蝶 1 隻由野村健一（Kenichi Nomura, 1914-1993）於 1932 年 8 月 16 日採集自太平山。

日本昆蟲學家江崎悌三（Teiso Esaki, 1899-1957）於 1937 年發表〈日本產 Zephyrus 綜說 (5)〉一文與彩色圖版，楚南仁博（Jinhaku Sonan, 1892-1984，參見 *sonani*）檢視上述標本與既有文獻，發現江

♂

崎所附 *Zephyrus scintillans taiwanus* Wileman 該蝶之彩圖：「後翅腹面亞前緣室（第 7 室）有白色橫條，但 Wileman 本人並未記載此橫條，且 Leech 在 Butterflies from China, Japan, and Coreae 一書中所附 *scintillans* 之圖亦無此橫條，我認為是新種，茲命名為 *esakii*……」是以楚南將此新種之名獻給江崎。

江崎悌三年少早慧，熱愛昆蟲，1923 至 1957 年任教於日本九州帝國大學農業部，為國際知名水棲異翅亞目昆蟲專家，亦以愛蝶人士自居，曾於 1921、1932 年兩次來臺採集旅行，在自創刊物《Zephyrus》發表多篇有關臺灣產鱗翅目報告（參見 *shonen*）。江崎不僅在昆蟲分類學上卓然有成，也鑽研昆蟲學史，對書誌學、生物學史、動物地理學多所涉獵，並極具語言天分，熟諳德文、英文、匈牙利文、義大利文和法文，自 1953 年起接續素木得一（Tokuichi Shiraki, 1882-1970，參見 *shirakiana*）擔任「動物命名國際委員會」委員。野村健一、白水隆（Takashi Shirôzu, 1917-2004，參見 *shirozui*）皆其門生。

♀

黃閃翠灰蝶

Chrysozephyrus kabrua niitakanus

(Kano, 1928)

TL: Niitaka

kabrua

由地名 Kabru 和拉丁語形容詞後綴 a 所組成，「Kabru 的」。本種由時任英國駐印陸軍中校暨業餘博物學家 Harry Christopher Tytler（1867-1939，1920 年 9 月晉升少將）於 1915 年命名，模式標本雄蝶多隻於 6、7 月採集自印度 Manipur 邦 Kabru 山之海拔 8400 英尺處，7、8 月採集自英屬印度 Assam 省 Naga Hills 之 Phesima 村海拔 7000 英尺處；雌蝶 1 隻於 8 月採集自 Naga Hills 之 Takahama 海拔 7000 英尺處。

niitakanus

「新高山的」，即「玉山的」，由山名 Niitaka 加拉丁語陽性後綴 anus「…的、與…有關的」（通常表達身分、所有權或來源等關係）所組成，並刪減重複字母 a。參見 *niitakana*。本亞種模式標本由鹿野忠雄（Tadao Kano, 1906-1945，參見 *kanoi*）於 1927 年 7 月 14、15 日採集自新高山（玉山）。

霧社翠灰蝶

Chrysozephyrus mushaellus

(Matsumura, 1938)

TL: Mamesha, Musha

mushaellus

由地名 Musha（霧社，今南投縣仁愛鄉鄉治）加拉丁語後綴 ellus「小型的、小巧的」所組成，ellus 加於名詞之後成為一種暱稱。本種正模標本（Holotype）雄蝶 1 隻由平山修次郎（Shūjiro Hirayama, 1887-1954，參見 *hirayamai*）於 1938 年 6 月 15 日採集自 Mamesha（馬美社），配模標本（Allotype）雌蝶 1 隻亦由平山於 1937 年 6 月 20 日採集自 Musha。

拉拉山翠灰蝶

Chrysozephyrus rarasanus

(Matsumura, 1939)

TL: Mt. Rara

rarasanus

「拉拉山的」，由地名 Rarasan 加拉丁語陽性後綴 anus「…的、與…有關的」（通常表達身分、所有權或來源等關係）所組成，並刪減重複字母 an。模式標本雄蝶 1 隻由平山修次郎（Shūjiro Hirayama, 1887-1954，參見 *hirayamai*）於 1938 年 6 月 20 日採集自 Mt. Rara（即桃園市復興區拉拉山）。

單線翠灰蝶

Chrysozephyrus splendidulus

Murayama & Shimonoya, 1965

TL: Mt. Rara

splendidulus

由拉丁語 splendidus「明亮的、華麗的、卓越的、燦爛的」刪除字尾 us 加後綴 ulus「小型的、年輕的」，意為「小巧亮麗的」。本種由村山修一（Shu-Iti Murayama）和下野谷豐一（Toyokazu Shimonoya）於 1965 年命名，模式標本採集自 Rara 山（即桃園市復興區拉拉山）。

清金翠灰蝶

Chrysozephyrus yuchingkinus

Murayama & Shimonoya, 1960

TL: 埔里

yuchingkinus

「余清金的」，由人名 Yuchingkin 加拉丁語後綴 inus「關於、與…有關」所組成，並刪減重複字母 in。本種由村山修一（Shu-Iti Murayama）和下野谷豊一（Toyokazu Shimonoya）於 1960 年命名，模式標本雄蝶 1 隻於 1958 年 8 月由 Yu Ching Kin（余清金）採集自埔里。

臺灣昆蟲專家暨資深採集者余清金（1926-2012）生於埔里，自幼隨同父親余木生採集蝴蝶，成年後繼承家業，致力昆蟲採集與保育，除發展蝴蝶加工業外，亦出版多種專書，並與日籍學者發表數篇專業報告及命名新種，如 1968 年與王生鏗共同發表「姬長尾水青蛾」*Actias neidhoeferi*。

珂灰蝶

Cordelia comes wilemaniella

(Matsumura, 1929)

TL: Musha

Cordelia

以傳說中 Britons 國王 Leir 之么女、羅馬人統治 Britain（不列顛）前第二位女王 Cordelia 為名。William Shakespeare（1564-1616）劇作《King Lear》（李爾王）以此為藍本，描述李爾王最寵愛的么女 Cordelia 因不願像兩位姊姊一樣阿諛奉承，不僅未能分得國土，甚至被盛怒的父親逐出家門，只得隨同新婚夫婿法蘭西王子回到法國。兩位姊姊得到一切財產後卻不願奉養父親，李爾王雖然憤怒卻也無能為力，以致瘋癲。Cordelia 聞訊後便與夫婿率軍前來救援，父女二人於軍營中短暫相會，旋即法軍敗陣而 Cordelia 被俘處決，李爾王撫屍極盡悔恨，悲傷以終。

comes

拉丁語「同伴、同志、夥伴、隨從、僕人」。本種由英國昆蟲學家 John Henry Leech（1862-1900）於 1890 年命名，原列 *Dipsas*（拉丁語「毒蛇」），文中敘述：「本種近似 *D. minerva*……」，Minerva 為羅馬神話智慧女神，等同希臘神話 Athena。Leech 於同篇報告先後發表 *minerva* 與 *comes* 兩新種，是以推測 *comes* 意為「智慧女神 Minerva 之友」。本種模式標本雌蝶 1 隻由英國探險家暨標本採集者 Antwerp Edgar Pratt（1852-1924）於 1888 年 7 月採集自 Chang Yang（長陽，今湖北省宜昌市長陽土家族自治縣）。

wilemaniella

由 wilemani「Wileman 的」和拉丁語後綴 ella「小型的、小巧的」所組成。本亞種由日本昆蟲學先驅松村松年（Shōnen Matsumura, 1872-1960，參見 *matsumurae*）於 1929 年命名，模式標本雌蝶 1 隻由大國督（Tadashi Okuni, c. 1884-1957）和楚南仁博（Jinhaku Sonan, 1892-1984，參見 *sonani*）於 1917 年 5 月採集自 Musha（霧社，今南投縣仁愛鄉鄉治），文中注記英國外交官暨業餘昆蟲學家 Alfred Ernest Wileman（1860-1929，參見 *wilemani*）曾於 1909 年發表臺灣新紀錄種 *Zephyrus comes* Leech（即 *Cordelia comes* (Leech, 1890)），其模式標本雌蝶 1 隻於 1908 年 6 月採集自 Heishanna（阿里山區）海拔 6000 英尺處，或許是松村設想 Wileman 因鑑定為新紀錄種而非新種或新亞種，以致錯失發表新種的機會，而把亞種名 *wilemaniella*「如此嬌小可愛屬於 Wileman 的」獻給 Wileman。

銀灰蝶

Curetis acuta formosana

Fruhstorfer, 1908

TL: Kanshire

Curetis

同 Curetes，地中海著名島嶼 Crete 之古名，亦指最早定居在 Crete 島上之人民。Homer 史詩《Iliad》中，Curetes 部落曾參與獵殺 Calydon 野豬一役。希臘神話中 Curetes 是一群鄉野精靈，被 Titan 神 Rhea 派到 Crete 島上 Ida 山保護仍是嬰兒的 Zeus，他們圍在搖籃四周瘋狂地跳舞著，用刀劍盾牌製造聲響遮掩嬰兒的哭聲，避免被 Zeus 的父親 Titan 神 Cronus 聽到而吞噬，嗣後 Curetes 成為 Zeus 之護衛和祭師，也是山林的保護神，更發明金屬加工、牧羊、狩獵、養蜂等技能。另古希臘 Aetolia 山區、位於 Pleuron 和 Trichonis 湖之間的 Curium 山，當地居民亦稱之為 Curetes。

雨季型　Wet-season form

acuta

拉丁語「尖銳的、頂端成銳角狀的」。本種由英國昆蟲學家 Frederic Moore（1830-1907，參見 *moorei*）於 1877 年命名，報告中描述：「近似 *C. bulis*，但雄雌蝶前翅頂角尖而長。」是為命名原由。

formosana

「臺灣的」，由地名 Formosa「福爾摩沙、臺灣」加拉丁語陰性後綴 ana「…的、與…有關的」（通常表達身分、所有權或來源等關係）所組成，並刪減重複字母 a。又拉丁語 formosa 為 formosus「美麗的、英俊的、有美感的」之陰性詞。本亞種模式標本雄蝶 1 隻於 1907 年 6 月 15 日採集自 Kanshire（原文誤值，應為 Kanshirei，關子嶺）。

乾季型　Dry-season form　　李思霖　攝影

臺灣銀灰蝶

Curetis brunnea

Wileman, 1909

TL: Horisha

brunnea

拉丁語「棕色的」。本種由英國外交官暨業餘昆蟲學家 Alfred Ernest Wileman（1860-1929，參見 *wilemani*）於 1909 年命名，模式標本雄蝶 5 隻於 1908 年 6 月 18 日採集自 Horisha（今南投縣埔里鎮）之 Jūippun（十一份？今埔里鎮水頭里），報告中描述：「這些標本（翅背面）幾乎全為單一棕色，*C. acuta* 明顯可見的紅色區域在本種前翅完全消失，僅後翅依稀可見。」是為命名原由。

玳灰蝶

Deudorix epijarbas menesicles

Fruhstorfer, [1912]

TL: Formosa

Deudorix

由希臘神話天神 Deus 之字首 Deu 與海洋仙女 Doris 所組成（字尾 s 通 x）。古希臘方言（Aeolic Greek）稱 Zeus 為 Deus（拉丁語 deus 為神、神性），Zeus 是 Titans 神 Cronus 和 Rhea 的小兒子。Doris 是 Titans 神 Oceanus 和 Tethys（參見 *tethys*）的 3000 位女兒之一、Nereus 之妻、Atlas 之姨母、Thetis 的母親、大英雄 Achilles 的外祖母。又 doris 源自希臘語 doron「禮物」。

epijarbas

由拉丁語前綴 epi「在…之上、接近於、除…之外」和 Jarbas 所組成。本種由英國昆蟲學家 Frederic Moore（1830-1907，參見 *moorei*）於 1857 年命名，描述：「本種較 *D. jarbas* 為大。」是為命名原由。

羅馬神話中北非 Gaetulia 國王 Jarbas（Iarbas）為天神 Jupiter Ammon（天神 Jupiter 與古埃及主神 Amun 之合體）之子，古羅馬詩人 Virgil（70 BC-19 BC）《Aeneid》中描述 Jarbas 追求 Carthage 女王 Dido，然而 Dido 正和 Aeneas 繾綣難捨，使得 Aeneas 淡忘歸鄉之路，謠言女神 Fama 到處渲染兩人熱戀情事，Jarbas 得知後憤怒地跑到 Jupiter 神殿告狀，天神始派遣信使 Mercurius（即 Mercury）前去命令 Aeneas 必須即刻啓程返鄉，Aeneas 只得遵從天命向 Dido 告別。Dido 傷痛萬分，在柴堆搭成的高臺上目睹艦隊離港，悲憤發誓 Carthage 骨肉後代必將復仇，遂拔劍自戕，自此埋下歷史上古羅馬與古迦太基三次 Punic 戰爭之伏筆（因古羅馬稱古迦太基為 Punicus）。參見 *akragas*、*epycides*、*eryx*、*illurgis*、*lutatia*。

menesicles

西元前 5 世紀古希臘 Pericles 時期著名建築師 Mnesikles（Mnesicles），雅典衛城（Acropolis）著名之 Propylaea 山門通廊（437 BC-432 BC 建造）和 Erechtheion 神殿（421 BC-406 BC 建造）為其代表作，相傳他於 Propylaea 建造期間自高處落下身受重傷，智慧女神 Athena 將草藥託夢給雅典著名領導者暨將領 Pericles（c. 495 BC-429 BC）將其治癒。

本亞種模式標本雄蝶 3 隻雌蝶 7 隻採集自臺灣，文獻注明「海拔 4000 英尺以下較為常見。」

灰蝶

淡黑玳灰蝶 ♂ *Deudorix rapaloides*

淡黑玳灰蝶

Deudorix rapaloides

(Naritomi, 1941)

TL: 能高

rapaloides

由 *Rapal*（燕灰蝶屬）和拉丁語後綴 oides「相似、類似、具有某種形式或外觀」所組成，「類似燕灰蝶屬」之意。本種由日本昆蟲學家成富安信（Yasunobu Naritomi）於 1941 年命名，原先認定屬於 *Rapal*，經中原和郎（Waro Nakahara, 1896-1976）協助鑑定後列在 *Thecla* 發表，模式標本雌蝶 1 隻於 1940 年 7 月採集自能高。

♀

茶翅玳灰蝶

Deudorix repercussa sankakuhonis

(Matsumura, 1938)

TL: Sankakuho

repercussa

拉丁語「反射的、回響的」。本種由英國昆蟲學家 John Henry Leech（1862-1900）於 1890 年命名，模式標本雄蝶 10 隻、雌蝶 2 隻由英國探險家暨標本採集者 Antwerp Edgar Pratt（1852-1924）於 1888 年 7 月採集自 Chang Yang（長陽，今湖北省宜昌市長陽土家族自治縣），文中描述：「雄蝶（翅背面）呈煤煙般棕色，帶有強烈紫色反光……雌蝶深棕色，紫色反光較不強烈。」是為命名原由。

sankakuhonis

「三角峯的」，由地名 Sankakuho 加 nis 所組成，係拉丁語主格（nominative）轉換為屬格（genitive、所有格）之第三類單數變格（declension）處理。模式標本雄蝶 1 隻由平山修次郎（Shūjiro Hirayama, 1887-1954，參見 *hirayamai*）於 1937 年 7 月採集自 Sankakuho（三角峯，今南投縣仁愛鄉梅峰附近）。日治時期 1909 年於三角峰隘勇線設置「三角峰隘勇監督所」，另於山頂設有三角峰砲臺，隸屬於立鷹砲臺（參見 *tattaka*）。

銀紋尾蜆蝶北臺灣亞種

Dodona eugenes formosana

Matsumura, 1919

TL: Shito, Tōchoshi

Dodona

今希臘西部 Epirus 地區古城 Dodona，古希臘歷史學家 Herodotus（c. 484 BC-425 BC）認為是希臘最早神諭之地，可溯及至西元前 2000 年，原本祭祀大地母神 Gaia 或其女、衆神之母 Rhea；古羅馬時代希臘作家 Plutarch（c. 46-c. 120）提及：當天神 Zeus 以大洪水終結銅器時代，倖存的 Deucalion 和 Pyrrha 兩人在此地建立神殿，祭祀 Zeus Naios（意為橡樹下的春神）。祭司們則以樹葉搖曳時的沙沙聲（後以銅鼎碎片製成之風鈴）解釋天神旨意，因此 Dodona 成為 Zeus 最初發布神諭之地，據稱以靈驗聞名於世。

eugenes

由希臘語前綴 eu「良好、優秀、正確、真正」和後綴 genes「出生、血統」組成，意為「高貴的、高尚的、出生良好的」。

formosana

「臺灣的」，由地名 Formosa「福爾摩沙、臺灣」加拉丁語陰性後綴 ana「…的、與…有關的」（通常表達身分、所有權或來源等關係）所組成，並刪減重複字母 a。又拉丁語 formosa 為 formosus「美麗的、英俊的、有美感的」之陰性詞。本亞種模式標本雄雌蝶一對由永澤定一（Teiichi Nagasawa）於 1901 年 7 月採集自 Shito、Tōchoshi（四堵、倒吊子，均位於今新北市坪林區石碏里）。

鋩灰蝶

Euaspa milionia formosana

Nomura, 1931

TL: 臺北州羅東郡シキクン

Euaspa

由希臘語前綴 eu「良好的、宜人的、適當的、正確的」和希臘常見女子名 Aspasia 之暱稱 Aspa 組合而成。aspasia 本意為「受歡迎的、合意的、擁抱」。古希臘傳奇女子 Aspasia（c. 470 BC-400 BC）為雅典政治家 Pericles 之情婦，以智慧著稱，其宅為當時俊彥匯聚之處，包括著名哲學家 Socrates（470/469 BC-399 BC），Socrates 曾說除母親外深受兩位女人影響，其中 Aspasia 教導他修辭的藝術。

milionia

由希臘語 milion 加拉丁語後綴 ia「歸屬於、衍生於、有關於」所組成。古希臘長度單位 1 milion（希臘里）約為 1.479 公里，東羅馬帝國（Byzantine）沿用，長度略增至 1.574 公里。西元 4 世紀於國都君士坦丁堡（Constantinople），興建一座宏偉之凱旋門地標，名為 Milion，上有圓拱，四周裝飾精美雕像與繪畫，如同古羅馬金色里程碑（Miliarium Aureum），作為通往帝國各城市的道路與里程計算之原點，6 世紀初期逐漸成為皇室祭典重要場所，16 世紀可能拆解作為興建周遭水道與水塔之用，今僅存地基與一節殘柱。

formosana

「臺灣的」。本亞種模式標本雄雌蝶一對由命名者野村健一（Kenichi Nomura, 1914-1993）於 1930 年 8 月 13 日採集自臺北州羅東郡シキクン（四季，今宜蘭縣大同鄉四季村）。

奇波灰蝶

Euchrysops cnejus

(Fabricius, 1798)

Euchrysops

由希臘語前綴 eu「良好的、宜人的、適當的、正確的」和前綴 chrys「金色的、黃色的」與 ops「眼、臉」所組成，意為「美好的金色眼紋」。本屬由英國昆蟲學家、蜘蛛學家暨鳥類學家 Arthur Gardiner Butler（1844-1925，參見 *butleri*）於 1900 年命名，模式種即 *E. cnejus* (Fabricius, 1798)，文中提及本屬相較 *Catochrysops* Boisduval, 1832（珈波灰蝶屬）：「尾突甚短或無，複眼光滑無毛，後翅腹面有類似眼紋，眼紋朝肛角處散布金屬光澤之鱗粉。」故命名靈感應來自 *Catochrysops*。另希臘語前綴 cato「向下的、較低的」。

cnejus

李思霖　攝影

古羅馬常見男子個人名（praenomen）Gnaeus（Cnaeus），借用自 Etruria 語之人名 Cnejus（Cneius），縮寫為 Cn.，本意為「胎記、胎痣」，但並非取此名者皆有明顯胎記或胎痣；常與 Gaius（Caius、Cajus，縮寫為 C.）混淆或混用。

古羅馬猛將 Cnejus Marcius 於西元前 493 年英勇攻克宿敵 Volsci 首府 Corioli，尊稱 Coriolanus（Coriol 加後綴 anus「…的、與…有關的」）成為家族名（參見 *attilia*），自此全名為 Cnejus Marcius Coriolanus。西元前 491 年參選執政官落選，又在缺糧時因穀物分配紛爭中意見過激與護民官爆發衝突，被逐出羅馬，心有不甘以致投靠宿敵 Volsci 陣營，反率部眾進襲羅馬。羅馬於危急之際請求其母 Veturia 偕媳婦 Volumnia 前往敵營勸說 Coriolanus 停止圍攻，Coriolanus 深受感動終而退兵，之後下落不明，謠傳於撤軍途中喪命，或曰自我流放以終，另說遭 Volsci 人處死。古羅馬時代希臘作家 Plutarch（c. 46-c. 120）曾為之立傳，並有公允評價。William Shakespeare（1564-1616）以此為藍本，於 1605 至 1608 年間完成古羅馬悲劇作品《Coriolanus》。

燕藍灰蝶

Everes argiades hellotia

(Ménétriés, 1857)

Everes

源自希臘語 eyeres「容易掌控、保持平衡」。希臘神話中 Everes 概有二位：

一、大力士 Heracles 和 Parthenope（Stymphalus 之女）所生之子。

二、Taphos 國王 Pterelaus 六位兒子之一。Pterelaus 與 Mycenae 國王 Electryon 因領土繼承之爭，率軍入侵並掠奪 Electryon 所屬之牛群，兩國諸王子搏鬥，僅 Pterelaus 之子 Everes 和 Electryon 之子 Licymnius 倖存。

♀

argiades

由希臘神話女子名 Argia（Argeia）加希臘語後綴 ades「源自於、有關於、群組」所組成，並刪減一個字母 a，可釋為「Argia 的後裔們」；希臘語 argia 本意為「光亮的、閃亮的、華麗的」。Argia 概有下列諸位：

一、Argos 國王 Adrastus 和王后 Amphithea 所生之女，嫁給 Oedipus（參見 *laius*）之子 Polynices。古希臘著名悲劇《Seven Against Thebes》中，Polynices 與 Eteocles 鬩牆爭王決鬥身負重傷（參見 *nesimachus*），Argia 不顧國王 Creon 下達違逆者處死的禁令，執意到屍橫遍野的戰場上尋夫，終於找到奄奄一息的 Polynices，Argia 用盡淚水與親吻仍舊無法換回丈夫的生命，只好將遺體火化埋葬，此幕顯現 Argia 對 Polynices 的真誠至愛。

二、希臘神話第二代 Titan 神之大洋神 Oceanus 與海神 Tethys（參見 *tethys*）所生 3000 位仙女之一，Inachus（參見 *inachus*）之妻，仙女 Io（參見 *Junonia*）之母。

三、Argus 之母。Jason 尋找金羊毛搭乘的船隻 Argo 號即由 Argus 所建造，但此 Argus 與百眼巨人 Argus（參見 *Junonia*）同名。

四、Thebes 國王 Autesion 之女，嫁給 Aristodemus，生雙胞胎

♂　　李思霖　攝影　♀

Eurysthenes 和 Procles，此二子為 Sparta 王室之祖。

五、天后 Hera 在 Argos 的別稱。

hellotia

亦作 Hellotis。根據古希臘抒情詩人 Pindar（c. 522/518 BC-443/438 BC）注解語源有二：其一為女神 Athena 在 Corinth 的別稱，源自 Marathon 附近的肥沃濕地有座 Athena 神殿，希臘語 helos 即「溼地、沼澤、草地」等義。其二認為 Hellotia 是 Alexander 大帝部屬 Timander 女兒之一，當 Dorian 人攻陷 Corinth 時，Hellotia 與 Eurytione 姊妹二人逃入 Athena 神殿避難，仍無法倖免，不久 Corinth 爆發瘟疫，神諭必須整建 Athena Hellotis 神殿以撫慰姊妹亡靈才能終止災禍。另於 Crete 島 Hellotis 為女神 Europa（參見 *europa*）之別稱，當地亦有名為 Hellotia 之節慶以紀念這位來自 Phoenicia 的公主。

渡氏烏灰蝶

Fixsenia watarii

(Matsumura, 1927)

TL: Horisha

Fixsenia

由姓氏 Fixsen 和拉丁語物種分類（屬）後綴 ia 所組成，意為「屬於 Fixsen」。本屬由英國昆蟲學家 James William Tutt（1858-1911）於 1907 年命名，係紀念模式種（*Thecla herzi* Fixsen, 1887）之命名者、德國鱗翅目學家 Johann Heinrich Fixsen（C. Fixsen, 1825-1899）。Fixsen 專長於古北界鱗翅目，曾命名許多物種，如秀灑灰蝶之種小名 *eximium*。

watarii

本亞種由日本昆蟲學先驅松村松年（Shōnen Matsumura, 1872-1960，參見 *matsumurae*）於 1927 年命名，模式標本雄蝶 1 隻（圖版標注為雌蝶）由渡正監（S. Watari）於 1918 年 6 月 14 日採集自 Horisha（今南投縣埔里鎮）。故松村以此種小名感謝渡氏。另人名以 o、u、e、i、y 母音字母結尾時，字尾加 i，將主格轉換為屬格（所有格），即名詞之所有格，*watarii* 意為「渡氏的」。

東方晶灰蝶

Freyeria putli formosanus

(Matsumura, 1919)

TL: Koshun

Freyeria

由姓氏 Freye 和拉丁語物種分類（屬）後綴 ia 所組成，意為「屬於 Freye」。本屬由瑞士外科醫生暨昆蟲學家 Ludwig Georg Courvoisier（1843-1918）命名（期刊於 1920 年出版），模式種 *F. trochylus* (Freyer, 1845) 原列 *Lycaena* 屬，故此名係紀念德國著名鱗翅目學家 Christian Friedrich Freyer（1794-1885）。

Courvoisier 於 1890 年首創總膽管切開取石手術，對植物亦充熱滿情。Freyer 曾命名 52 種蝶、193 種蛾，出版多本專書，引領後續專業期刊，他有感於文字描述會侷限初學者與業餘愛好者太過抽象的認知，因此在著作中附有許多以銅版印刷上色精美的插圖，生動顯現食

草、幼蟲、蛹與成蟲等自然生態，提供圖像式的特徵辨識，頗獲好評並影響深遠。

putli

印度 Kannada 語為「女兒、木偶、洋娃娃」之意。孟加拉語亦指「洋娃娃」。

formosanus

「臺灣的」，由地名 Formosa「福爾摩沙、臺灣」加拉丁語陽性後綴 anus「…的、與…有關的」（通常表達身分、所有權或來源等關係）所組成，並刪減重複字母 a。又拉丁語 formosa 為 formosus「美麗的、英俊的、有美感的」之陰性詞。本亞種模式標本雄雌蝶由命名者松村松年（Shōnen Matsumura, 1872-1960，參見 *matsumurae*）採集自 Koshun（恆春），並注明：「產自臺灣恆春，似乎非常稀有。」

紫日灰蝶　*Heliophorus ila*

紫日灰蝶

Heliophorus ila matsumurae

(Fruhstorfer, 1908)

TL: Suisha-See

Heliophorus

由拉丁語前綴 helio「太陽」和後綴 phorus「搬運者、攜帶者、載體、媒介、運送」（特指生物具有某種特徵而言）所組成。helio 源自希臘語 helios「太陽、陽光」，希臘神話中太陽神 Helios 為 Titan 神 Hyperion 和 Theia 之子，月神 Selene 和黎明女神 Eos 之兄，他頭帶金冠，每天駕馭黃金馬車橫過天際越過海洋，以陽光照拂大地，夜晚回到東土之地。隨著時光遞嬗，Helios 逐漸與光明之神 Apollon 融為一體，使得 Apollon 具有太陽神之地位與象徵。

ila

概有三解：其一為主要保留於匈牙利語中之古希臘語，希臘神話中「世上最美麗的女人」Helen 之別稱，Troy 戰爭因她而起。其二為梵語「水流、土地、來自大地的女子、話語」之意。印度神話中 Ila

♂

♀

是一位能變化性別的神祇，男神形象時稱作 Ila 或 Sudyumna，女神形象時稱作 Ilā。以女神之形嫁給水星之神 Budha（月神 Chandra 或 Soma 之子，參見 *chandra*、*soma*），生下一子 Pururavas 後轉為男神；《吠陀經》（Vedas）中將 Ila 等同於話語女神 Ida 崇拜。其三於 Polynesia 神話中 Ila 為 Tutuila 島（美屬 Samoa 主要島嶼）上第一位女性。

本種由英國昆蟲學家 Lionel de Nicéville（1852-1901）和德國醫生暨昆蟲學家 Ludwig Martin（1858-1924）於 1896 年命名。模式標本雄雌蝶一對採集自印尼 Sumatra 東北方 Battak 山，以產地而言，ila 作梵語解為宜。

matsumurae

「松村的」，人名字母結尾為母音 a 時，加字母 e 成為名詞所有格。本亞種由德國昆蟲學家 Hans Fruhstorfer（1866-1922）於 1908 年命名，文中注明：「此名係向松村博士致敬，他是一位亞洲傑出的半翅目學者，也曾發表多篇有關臺灣鱗翅目的論文。」模式標本雄蝶 2 隻於（1907 年）9 月底採集自 Suisha-See（水社海，即日月潭）。

松村松年（Shōnen Matsumura, 1872-1960）為日本昆蟲學先驅，曾於 1906 年 7 至 8 月、1907 年 4 月來臺調查甘蔗蟲害並採集多種昆蟲、1928 年 4 月台北帝國大學理農學部成立時受邀來臺觀禮。松村著作豐富，1898 年出版日本人所著第一本昆蟲學課本《日本昆蟲學》，1904-1907 年《日本千蟲圖解》共 4 卷，1909-1912 年《續日本千蟲圖解》共 4 卷，1913-1921 年《新日本千蟲圖解》共 4 卷，1930 年《增訂日本千蟲圖解》共 2 卷，其餘專書 30 餘冊，發表臺灣產昆蟲的報告百餘篇，臺灣產蝴蝶有效學名由他命名者多達約 56 種。

小鑽灰蝶

Horaga albimacula triumphalis

Murayama & Shibatani, 1943

TL: 臺灣

Horaga

語源不詳。本屬由英國昆蟲學家 Frederic Moore（1830-1907，參見 *moorei*）於 1881 年命名，模式種 *H. onyx* (Moore, [1858]) 之標本來自 Burma（緬甸）之 Moulmein（摩棉，今稱 Mawlamyine，毛淡棉）。或曰屬名可能源自梵語 mahoraga「大蟒神」（音譯摩　羅伽，為佛教護法神天龍八部之一，參見 *Mahathala*、*asura*、*cinnara*、*naganum*）。然而該字由 maha「偉大的、強壯的、豐富的」和 uraga「蛇」組合改寫而成。

albimacula

由拉丁語 albi「白色的、清晰的、明亮的」與 macula「斑點、記號」組合而成。本種由英國昆蟲學家 James Wood-Mason（1846-

♂

♀

1893）和 Lionel de Nicéville（1852-1901）於 1881 年命名，文中描述：「前翅背面為葡萄酒般色彩之暗棕色，中間有一明顯之橢圓形白色盤狀大斑塊……前翅腹面有條寬廣而又顯著之白色斑帶……」是為命名原由。

triumphalis

拉丁語「勝利的、凱旋的、成功的、歡欣的」。本亞種模式標本採集自臺灣。

鑽灰蝶 *Horaga onyx moltrechti*

鑽灰蝶

Horaga onyx moltrechti

(Matsumura, 1919)

TL: 凾子嶺

onyx

希臘語「爪、蹄、指甲、淡黃色寶石、縞瑪瑙」。早在古埃及第二王朝（c. 2890 BC-c. 2686 BC）即以縞瑪瑙製成碗或鑲在其他陶器；古羅馬作家 Gaius Plinius Secundus（23-79，參見 *plinius*）之《Naturalis Historia》（博物志）亦記載許多加工方式，可知縞瑪瑙盛行於古希臘與古羅馬時代。

moltrechti

俄國眼科醫師暨業餘昆蟲學家 Arnold Moltrecht（1873-1952）於 1908 年 2 到 8 月從海參崴來臺旅行並採集包括昆蟲在內的各種動物，足跡遍布 Koshun（恆春）周遭、日月潭、阿里山、巒大山等地。人名以 o、u、e、i、y 母音字母結尾時，字尾加 i，將主格轉換為屬格（所有格），即名詞之所有格，故本亞種名意為「Moltrecht 的」。模式標本雄雌皆有，由命名者、日本昆蟲學先驅松村松年（Shōnen Matsumura, 1872-1960，參見 *matsumurae*）採集自凾子嶺（關子嶺），當時數量稀少。

李思霖　攝影

拉拉山鑽灰蝶

Horaga rarasana

Sonan, 1936

TL: Rarasan

rarasana

「拉拉山的」，由地名 Rarasan（即桃園市復興區拉拉山）加拉丁語陰性後綴 ana「…的、與…有關的」（通常表達身分、所有權或來源等關係）所組成，並刪減重複字母 an。本種由楚南仁博（Jinhaku Sonan, 1892-1984，參見 *sonani*）於 1936 年發表，正模標本雌蝶 1 隻由和泉泰吉（1917-1974）於 1934 年 7 月 24 日採集自 Rarasan 之海拔 1500 公尺處。副模標本雌蝶 3 隻：2 隻由和泉泰吉於 1934 年 7 月 22、24 日採集自 Rarasan；1 隻由有賀諄幸於 1934 年 8 月 2 日採集。配模標本雄蝶 1 隻由和泉泰吉於 1934 年 7 月 24 日採集自 Rarasan。

蘭灰蝶

Hypolycaena kina inari

(Wileman, 1908)

TL: Mt. Godaihō

Hypolycaena

由拉丁語前綴或希臘語 hypo「…之後、…之下、在下面的」和拉丁語 lycaena 所組成。lycaena 源自希臘語 lykaina（lykaena）「母狼」，Lykaina（Lykaena）為希臘神話中月神 Artemis 之別名。另 *Lycaena* Fabricius, 1807 為灰蝶科屬名。本屬由奧地利昆蟲學家 Cajetan Felder（1814-1894）與 Rudolf Felder（1842-1871）父子於 1862 年命名，文中並未提及 *Lycaena* 屬，故 *Hypolycaena* 宜解釋為「位於月神之後、伴隨月神」。

kina

阿爾巴尼亞、希臘語、挪威語、瑞典語、丹麥語、冰島語、克羅埃西亞語、波士尼亞語、塞爾維亞語、冰島語皆為「中國」（China）之意。日語為人名「喜納」。梵語則具有「森林中的昆蟲、疤痕、穀物、繭皮、葉痕、肉」等多義。本種由英國博物學家 William Chapman Hewitson（1806-1878）於 1869 年命名，模式標本雄雌蝶一對由英國鱗翅目學家 William Stephen Atkinson（1820-1876，參見 *bambusae*）採集自印度 Darjeeling（大吉嶺），故 *kina* 宜從梵語解。

inari

本亞種由英國外交官暨業餘昆蟲學家 Alfred Ernest Wileman（1860-1929，參見 *wilemani*）於 1908 年命名，模式標本雌蝶 1 隻於（1904-1908 年間）5 月採集自 Kanshirei（關子嶺）附近海拔 4000 英尺高之 Godaihō 山，文中注明：「以日本狐神 Inari 命名。」

稻荷神（Inari Ōkami）為農業之神，其祭祀始於西元 711 年，主掌豐饒、米食、酒、茶等農耕範疇，因象徵生產與財富，逐漸廣受工商業敬奉。狐狸捕食危害稻作之田鼠，尾毛顏色近似稻穗，日本自古視狐狸（古名為けつ）為神獸。日本神話中掌管食物之神祇「宇迦之御魂神」別名「御饌津神、御食津神」（みけつのかみ、みけつかみ），與「三狐神」（みけつかみ）諧音，因此狐狸視為稻荷神之使者或眷屬，成為最鮮明之象徵。

珠灰蝶

Iratsume orsedice suzukii

(Sonan, 1940)

TL: ララ山

Iratsume

日語「郎女」（いらつめ），「熟識的妙齡女子」之意。

orsedice

希臘神話有關 Adonis 出身的眾多版本中，Cyprus 國王 Cinyras 與王后 Metharme 生有二男（Oxyporus、Adonis）三女（Orsedice、Laogore、Braesia），三位公主因某種因素激怒美神 Aphrodite，受迫外嫁異鄉人而客死埃及。

李思霖　攝影

suzukii

「鈴木的」，人名以 o、u、e、i、y 母音字母結尾時，字尾加 i，將主格轉換為屬格（所有格），即名詞之所有格。本亞種由楚南仁博（Jinhaku Sonan, 1892-1984，參見 *sonani*）於 1940 年命名，模式標本雌蝶 1 隻由時為臺北高等學校高等科學生鈴木正夫（Masao Suzuki）於 1936 年 7 月 13 日採集自（臺北州文山郡）ララ山（拉拉山），楚南以此名感謝之。

淡青雅波灰蝶

Jamides alecto dromicus

Fruhstorfer, 1910

TL: Kanshirei, Chip Chip

Jamides

由希臘神話人物 Jamus 之字首 Jam 和拉丁語後綴 ides「子嗣、後代、父系後裔、源於父姓之名」組合而成，意為「Jamus 之子」。

希臘神話海神 Poseidon 之女 Evadne 受國王 Aepytus 撫養，遭太陽神 Apollon 誘合產下一子，Aepytus 得知後震怒，Evadne 羞愧之餘跑至荒野中產下一子旋即遺棄，五天後國王得知神諭：「嬰兒為太陽神之子，擁有預言天賦。」遂命 Evadne 尋回其子。Evadne 返回原地，在紫羅蘭花叢中見兩蛇以蜂蜜餵食嬰兒，故取名 Iamus（亦作 Jamus），意為「紫羅蘭之子」。Imaus 成年後受父親 Apollon 指引來到 Olympia，獲得藉由鳥聲傳達神諭和以犧牲內臟占卜的能力，

成為神殿中的祭師。古希臘 Olympia 地區顯赫之預言家族 Iamidai（西元前 3 世紀經營奧林匹克運動會兩大家族之一），即聲稱先祖為 Iamus。

alecto

源自希臘語 alektos「難以寬恕的、憤怒不平的」。希臘神話復仇女神 Erinys（複數 Erinyes）多寡說法不一，概有三位，通常描繪成頭纏毒蛇或滿頭蛇髮的老婦，甚至有狗頭之形，背有蝙蝠飛翅，全身墨黑，血絲大眼，手持銅鞭，滿心復仇怒火，在地獄中專懲生前罪孽之人。古羅馬詩人 Virgil（70 BC-19 BC）在《Aeneid》一書中稱三姊妹為 Alecto（憤怒）、Megaera（嫉妒）和 Tisiphone（復仇）。憤怒女神 Alecto 專司懲罰道德之罪，如逆倫弒親。

dromicus

源自希臘語 dromikos「善跑的、迅速的、敏捷的」。本亞種模式標本於（某年）「7、8 月採集自 Kanshirei（關子嶺）與 Chip Chip（前水沙連原住民部落 Chip Chip 社，今南投縣集集鎮），經常可見。」

雅波灰蝶

Jamides bochus formosanus

Fruhstorfer, 1909

TL: Formosa

bochus

♂

♀

係指北非地中海沿岸 Mauritania 國王 Bocchus 一世（c. 110 BC-c. 80s BC）。Bocchus 出身草莽，見利忘義，始終搖擺於古羅馬與 Numidia 之間，西元前 108 年，Jugurtha 與古羅馬抗爭，迎娶 Bocchus 之女，希望藉由政治聯姻與割讓部分國土獲得協助，但兩國聯軍接連挫敗。西元前 106 年，Bocchus 遣使議和，古羅馬執政官 Gaius Marius（157 BC-86 BC）指派部將 Sulla 交涉，成功遊說 Bocchus 計誘 Jugurtha 現身並予以擒獲，Bocchus 則是如願成為古羅馬盟邦並獲得 Numidia 部分國土。Bocchus 逝後，二子先後繼任國王；西元前 33 年，Mauretania 終被攻陷，成為古羅馬一行省。

formosanus

「臺灣的」，由地名 Formosa「福爾摩沙、臺灣」加拉丁語陽性後綴 anus「…的、與…有關的」（通常表達身分、所有權或來源等關係）所組成，並刪減重複字母 a。又拉丁語 formosa 為 formosus「美麗的、英俊的、有美感的」之陰性詞。本亞種模式標本採集自臺灣，文獻注明：「6 至 8 月常見於臺灣平地至淺山地區。」

白雅波灰蝶（蘭嶼） *Jamides celeno* (Orchid Island)

白雅波灰蝶

Jamides celeno

(Cramer, 1775)

celeno

或作 celaeno，源自希臘語 kelaino「黑色的、黑暗的、黝黑的」，希臘神話多位女子名：

一、人身鳥首 Harpy 女妖之一，曾預言 Aeneas 未來的冒險旅程。

二、Titan 神 Atlas 和海洋仙女 Pleione 所生 7 位女兒（合稱 Pleiades）之一。

三、Amazon 女戰士之一，在保護女王腰帶一役中遭大英雄 Heracles 殺害。

四、Argos 國王 Danaus 的 50 位女兒之一，奉父命殺死夫婿 Hyperbius。參見 *Danaus*、*hyperbius*、*hypermnestra*。

五、Hyamus 之女、Lycorus 之孫女，一說曾與太陽神 Apollon 生下 Delphus（神殿 Delphi 以他為名）。

乾季型　Dry-season form

雨季型　Wet-season form

臺灣焰灰蝶

Japonica patungkoanui

Murayama, 1956

TL: Sankakuho, Mt. Niitaka

Japonica

由 Japon「日本」與拉丁語陰性後綴 ica「歸屬於、關聯於、與…有關、具有某種特徵或本質」所組成。本屬由英國昆蟲學家 James William Tutt（1858-1911）於 1907 年命名。模式種 *J. saepestriata* (Hewitson, 1865) 模式標本來自日本。

patungkoanui

日本昆蟲學家村山修一（Shu-Iti Murayama）於 1956 年命名，模式標本雄蝶 1 隻於 1942 年 6 月 23 日採集自台中州三角峯（Sankakuho 今南投縣仁愛鄉梅峰附近）；同年 5 月 3 日於新高山（Mt. Niitaka）採集雌蝶 1 隻，文中注明：「Patungkoanu 為臺灣原住民對新高山之稱呼。」又鄒族稱玉山為 Patungkuonu（Patungkuonʉ、Pattonkan、Pantounkua），意謂「石英之山」，中譯「八通關、八同關、八童關」。另地名以 o、u、e、i、y 母音字母結尾時，字尾加 i，將主格轉換為屬格（所有格），即名詞之所有格。故 *patungkoanui* 意謂「玉山的、八通關山的」。

光緒 20 年（1894 年）臺灣府雲林縣儒學訓導倪贊元纂輯《雲林縣采訪冊》沙連堡乙節：「八通關山：又名玉山，在縣治東一百餘里。三峰玉立，高插天外，峰頂隱約雲端，奇幻莫測。山無大樹，草木出土，輒為寒霜凍枯。四時積雪，六月不開，行終日，皆履雪地，即《彰化縣志》所稱雪山也。前臺灣總鎮吳光亮由此修路通後山卑南、繡孤巒等處。山前有溫池，俗名燒湯，聞有投以生卵，少頃即熟可食。是山四面皆雪，人跡罕到。山頂如白雲封護，一遇晴霽，雪為日所激，光彩異常。前人以此名為『玉嶂流霞』，列於八景。」

豆波灰蝶

Lampides boeticus

(Linnaeus, 1767)

Lampides

由希臘神話人物 Lampus 之字首 Lamp 和拉丁語後綴 ides「子嗣、後代、父系後裔、源於父姓之名」組合而成，意為「Lampus 之子」。Lampus 源自希臘語 lampas「燈、提燈、火把」，引申為光輝，故 Lampides 亦可釋為「光明之子」。希臘神話有多位人物與神駒名為 Lampus：

一、Troy 長老，國王 Laomedon 之子，Dolops 之父。

二、Egypt 國王 Aegyptus 之子：被妻子 Ocypete（生母 Pieria）所殺，參見 *Danaus*、*hypermnestra*。

三、Thebes 城 50 位英雄之一，曾伏擊 Tydeus，皆被殲滅。

boeticus

Spuler（1908）認為源自西班牙之地名 Baetica。Janssen（1980）認為源自西班牙南部大河 Guadalquivir 之古名 Baetis，該河橫跨古羅馬位於 Iberia 半島三行省之一 Hispania Baetica。平嶋義宏（1999）則認為誤寫自希臘中部地名 Boeotia 之陽性詞 boeoticus；境內著名城市 Thebes，許多神話故事與此有關。

本種由 Carl Linnaeus（1707-1778）於 1767 年命名，模式標本來自 Barbaria（16 至 19 世紀歐洲對今北非 Morocco、Algeria、Tunisia 和 Libya 等國沿海地區之統稱），然而 Linnaeus 發表時將種小名拼為 Bœticus，其中 œ 為 oe 之合字（ligature），貌似 ae 之印刷手寫體合字 æ，因此由地緣與拼字等因素觀之，Spuler 之說較為合宜。

細灰蝶

Leptotes plinius

(Fabricius, 1793)

Leptotes

♂

由希臘語前綴 lepto「纖細、苗條、溫柔、優雅」和後綴 otes「本質、天性」所組成，並省略一個字母 o；「天性優雅」之意。本屬由美國昆蟲學家暨古生物學家 Samuel Hubbard Scudder（1837-1911）於 1876 年命名，報告中描述模式種 *L. cassius theonus* (Lucas, 1857)：「觸角相當纖細；末端近圓柱形之錘部（clubs，或稱端感棒）大又長；（口器上方）觸鬚（palpi）相當纖細。」應是命名原由。

plinius

古羅馬氏族名（nomen，參見 *attilia*），最有名者：

一、Gaius Plinius Secundus（23-79），通稱 Pliny the Elder（老普林

♀

尼），古羅馬律師、作家、博物學家、自然哲學家、艦隊暨陸軍司令、總督，以37卷《Naturalis Historia》（博物志）流芳百世，此百科全書含括天文學、地理學、人類學、動物學、植物學、藥理學、礦物學、冶金、農業、藝術，甚至魔術等，第1卷序言裡聲稱係從2000本書網羅2萬個詞條，引用古希臘327位、古羅馬146位作者之言，並獨力彙編而成。西元79年8月24日毀滅Pompeii城之Vesuvius火山爆發，身為艦隊司令的老普林尼原本乘艦近距離觀察噴發情況，隨後收到岸上好友遇難之訊息，前往救援於次日回程途中因吸入過多毒氣身亡。

二、Gaius Plinius Caecilius Secundus（61-c. 113），通稱Pliny the Younger（小普林尼），古羅馬律師、作家、法官、財務官（Quaestor）、裁判官（Praetor）、執政官（Consul）、總督，老普林尼之外甥與養子。小普林尼留存與同僚、友人之間的大量書信，內容討論諸多議題，提供後人瞭解當時古羅馬政治、社會與生活情形。其中有兩封書信精準描述Vesuvius火山爆發實況與老普林尼罹難過程，現代火山學家於是稱呼此種猛烈噴發為「普林尼式火山噴發（Plinian eruptions）」。

瓏灰蝶

Leucantigius atayalicus

(Shirôzu & Murayama, 1943)

TL: 三角峯

Leucantigius

拉丁語前綴 leuc「白色的、無色的、淡色的」和屬名 *Antigius*（折線灰蝶屬）所組成。本屬由日本昆蟲學家白水隆（Takashi Shirôzu, 1917-2004，參見 *shirozui*）與村山修一（Shu-Iti Murayama）於 1951 年命名，主要認為與 *Antigius* 型態相近，模式種即 *L. atayalicus*。

atayalicus

由泰雅族名 Atayal 和拉丁語陽性後綴 icus「歸屬於、關聯於、與⋯有關、具有某種特徵或本質」所組成。本種由白水隆與村山修一於 1943 年命名，原列 *Thecla* 屬（陰性詞）而採陰性詞 *atayalica*，之後

因歸於 *Leucantigius* 屬（陽性詞）而改為陽性詞 *atayalicus*。正模標本（Holotype）雄蝶 1 隻、配模標本（Allotype）雌蝶 1 隻同於 1942 年 5 月 20 日採集自臺中州三角峯（今南投縣仁愛鄉梅峰一帶），副模標本（Paratype）：雄蝶 1 隻與正模標本同日同地採集；雄雌蝶一對於 1942 年春採集自霧社；雌蝶 1 隻由江崎悌三（Teiso Esaki, 1899-1957，參見 *esakii*）於 1932 年 7 月 12 日清晨採集自臺中州八仙山佳保臺（今臺中市和平區八仙山區），該雌蝶因破損且初判為朗灰蝶 *Ravenna nivea* (Nire, 1920)，進而先保存以供日後研究，待白水隆與村山修一檢視後發現竟與採集之標本同為瓏灰蝶，茲列為副模標本並予以致謝。

凹翅紫灰蝶

Mahathala ameria hainani

Bethune-Baker, 1903

Mahathala

由梵語 maha「偉大的、強壯的、豐富的」和 thala（tala）「底部的、下面的」組合而成。根據《薄伽梵往世書》（Bhagavata Purana）記載（2.5.40-41、5.24.29）：地表上下各有七界，地表之下依序為 Atala、Vitala、Sutala、Talatala、Mahatala、Rasatala 和 Patala，分別對應印度神話創造之神梵天（Brahma）的腰部、大腿、膝蓋、脛骨、腳踝、腳背與腳掌。其中第五界 Mahatala 是多頭眼鏡蛇的居所，牠們是 Kadru 的後裔，以 Kuhaka、Taksaka、Kaliya 和 Susena 為首。蛇族非常焦慮毗濕奴（Vishnu）的坐騎、金翅鳥迦樓羅（Garuda，佛教護法神天龍八部之一，參見 *Horaga*、*asura*、

cinnara、*naganum*）前來騷擾（啄食），然而仍會與親朋好友遊戲娛樂。

本屬由英國昆蟲學家 Frederic Moore（1830-1907，參見 *moorei*）於 1858 年命名，模式種 *M. ameria* (Hewitson, 1862) 之標本採集自印度北部和 Siam（暹羅，即泰國）。

ameria

古城名，位於今義大利中部 Umbria 地區，座落能俯瞰西側 Tiber 和東側 Nera 河的山丘上，今稱 Amelia。古羅馬政治家 Marcus Porcius Cato（Cato the Elder, 234 BC-149 BC）聲稱建城於波斯之戰（Third Macedonian War, 171 BC-168 BC）前 963 年（1134 BC），但並不可考，因就其城牆遺址可見之建築工法，久遠不止於此。富饒興茂的 Ameria 之名卻因一件訟案流傳至今，西元前 80 年，當地青年 Sextus Roscius 被控弒父，時年 27 歲的 Marcus Tullius Cicero（106 BC-43 BC）自願為其辯護，發表著名演說〈Pro Roscio Amerino〉（為 Ameria 的 Roscius 辯護），抽絲剝繭逐一反駁各項指控，歷經滔滔雄辯，青年無罪獲釋。

本種由英國博物學家 William Chapman Hewitson（1806-1878）於 1862 年命名，模式標本採集自印度北部和 Siam（暹羅，即泰國）。

hainani

地名 Hainan「海南」字尾加 i，為古典拉丁文變格（declension）處理方式，可成為第二類變格之單數屬格（genitive singular），意為「海南島的」。本種由英國昆蟲學家 George Thomas Bethune-Baker（1857-1944）於 1903 年命名，模式標本雌蝶 2 隻採集自海南島。

黑星灰蝶

Megisba malaya sikkima

Moore, 1884

Megisba

古希臘稱亞洲大陸南方有一大島為 Taprobane（或 Taprobana），考證可能是斯里蘭卡或蘇門答臘；據古羅馬作家 Gaius Plinius Secundus（23-79，參見 *plinius*）所載，島上有一周長 375 英里大湖，稱為 Megisba，湖中有數座僅有牧草之無人島。本屬由英國昆蟲學家 Frederic Moore（1830-1907，參見 *moorei*）於 1881 年命名，模式種 *M. malaya thwaitesi* (Moore, [1881]) 之標本來自 Ceylon（即錫蘭，今斯里蘭卡）。

malaya

印度古代聖典中之山名，見於《魚往世書》（Matsya Purana）、《龜往世書》（Kurma Purana）、《毗濕奴往世書》（Vishnu Purana）、《羅摩衍那》（Ramayana）和《摩訶婆羅多》（Mahabharata）等經典和史詩。據《魚往世書》：人類始祖（Manu）之一的 Dravida 國王 Vaivasvata（Shraddhadeva）於洪水來臨前建造巨舟，保護家人和七仙人（Saptarishi）安然度過，巨舟於洪水退去後停在 Malaya 山頂。此山咸認位於今印度 Kerala（喀拉拉邦）境內 Western Ghats 山之南側。

本種由美國醫生暨博物學家 Thomas Horsfield（1773-1859）於 1828 年命名，模式標本採集自 Java（爪哇）。

sikkima

「錫金的」。本亞種模式標本雄蝶 1 隻產自 Sikkim，時為錫金王國，曾被英國佔領，1975 年加入印度成為錫金邦。

黑星灰蝶　*Megisba malaya sikkima*

黑點灰蝶　*Neopithecops zalmora*

大娜波灰蝶

Nacaduba kurava therasia

Fruhstorfer, 1916

TL: Formosa

Nacaduba

語源不詳。本屬由英國昆蟲學家 Frederic Moore（1830-1907，參見 *moorei*）於 1881 年命名。模式種 *N. kurava prominens* (Moore, 1877) 採集自 Ceylon（即錫蘭，今斯里蘭卡）。

kurava

梵語「難聽的聲音」，或指某種鳩鴿、某種莧屬植物。若為通行於印度南部、斯里蘭卡東北部之 Tamil 語，則是稱呼印度南部 Kurinji 山區一帶世居之 Tamil 支族為 Kurava，意指「丘陵之人」，概可分為 Kunta Kurava、Pandi Kurava 和 Kakka Kurava 三族群。Moore 於 1858

年將本種歸為 *Lycaena aratus* (Cramer, 1782)，並注明：「若是新種則命名為 *Lycaena kurava*」。模式標本雌蝶 1 隻採集自 Java（爪哇）。

therasia

女神名：Crete 島 Knossos 遺跡有座西元前 14 世紀刻有線形文字 B（Linear B）的聖碑，其中有 7 字稱呼一位居眾神之上的神祇，發音為 qe-ra-si-ja（譯作 Therasia），字義為「來自 Thera 的那位（女神）」。

島名：位於希臘大陸東南方 200 公里、愛琴海 Santorini 群島中僅次於 Thera 的第二大島 Therasia，面積不足 10 平方公里，現今人口 300 餘人。另希臘神話中 Sparta 攝政大臣 Theras 帶領一群人民移居小島 Callisto（意謂「最美的」，參見 *erymanthis*、*tethys*），之後該島以 Theras 為名改稱 Thera。

本亞種標本雄蝶 11 隻、雌蝶 1 隻由德國昆蟲學家、採集者暨標本商 Hans Sauter（1871-1943，參見 *sauteri*）採集自 Formosa（臺灣）。

斑紋個體變異　Individual variation

暗色娜波灰蝶

Nacaduba pactolus hainani

Bethune-Baker, 1914

TL: Alikang, Chip Chip, Kankau, Kosempo, Polisha, Taihorinsho

pactolus

古河名，位於今土耳其西部愛琴海沿岸，起源於 Tmolus 山，流經古王國 Lydia 都城 Sardis 一帶，河中飽含來自 Tmolus 山的琥珀金沙（Electrum），國王 Croesus（595 BC-c. 546 BC）在位時期冶金師成功分離沙中的金與銀，煉出純度極高之金幣與銀幣，使得 Croesus 富甲一方。

古羅馬詩人 Ovid（43 BC-17/18 AD）《Metamorphoses》（變形記）描述：酒神 Bacchus 為回報 Phrygia 國王 Midas 平安送回其養父 Silenus（參見 *Satyrium*），允諾一個有求必應的心願，國王興高采烈地說：「希望我碰到的東西全都變成黃金！」酒神欣然同意。Midas 雖然擁有點金術，卻飽受黃金的折磨，生活極為不便，甚至無法飲食，在又飢又渴的情況下祈求酒神原諒他的貪婪，於是

Bacchus 告訴國王前去 Pactolus 河的源頭，用最強勁的水流洗滌罪惡。於是 Midas 按照指示抵達河源，全身浸水，觸物成金的魔力從人身轉到河水，自此 Pactolus 河流經之地總是一片金黃。另希臘神話 Pactolus 為一河神，Euryanassa（Tantalus 之妻，參見 *niobe*）之父。

hainani

地名 Hainan「海南」字尾加 i，為古典拉丁文變格（declension）處理方式，可成為第二類變格之單數屬格（genitive singular），意為「海南島的」。本亞種由英國昆蟲學家 George Thomas Bethune-Baker（1857-1944）於 1914 年命名，模式標本雄雌蝶數隻皆由德國昆蟲學家、採集者暨標本商 Hans Sauter（1871-1943，參見 *sauteri*）採集：（1907-1911 年間）4、6、10 月於 Kosempo（甲仙埔，今高雄市甲仙區）、6 月於 Kankau（今屏東縣滿州鄉港口村）、7 月於 Chip Chip（前水沙連原住民部落 Chip Chip 社，今南投縣集集鎮）、8 月於 Polisha（今南投縣埔里鎮）、9 月於 Taihorinsho（大甫林庄，今嘉義縣大林鎮）、10 月於 Alikang（阿里港，今屏東縣里港鄉）。以海南島命名本亞種，應是 Bethune-Baker 誤認海南即臺灣所致。

黑點灰蝶

Neopithecops zalmora

(Butler, [1870])

Neopithecops

由希臘語前綴 neo「新的」和屬名 *Pithecops*（丸灰蝶屬）組成。本屬由英國昆蟲學家 William Lucas Distant（1845-1922）於 1884 年命名，模式種為 *Pithecops dharma* Moore [1881]，即 *N. zalmora dharma* (Moore, [1881])。Distant 認為兩屬主要差異在於 *Pitheops* 前翅之第一亞前緣脈（first subcostal nervul）相當顯著並與前緣脈（costal nervure）緊密相接；*Neopithecops* 之第一亞前緣脈粗細不一而與前緣脈保持明顯距離。

zalmora

可能源自希伯來語 zalmonah「遮陰的、陰涼的」。《舊約聖經．民數記》（Numbers 33:41, 42），摩西帶領以色列人渡過紅海後，在曠野流浪時曾於 Edom 東邊的 Tsalmonah（Zalmonah，撒摩拿）安營。英國 Walter Raleigh 爵士（c. 1554-1618）將該地譯作 Zalmora。本種由英國昆蟲學家、蜘蛛學家暨鳥類學家 Arthur Gardiner Butler（1844-1925，參見 *butleri*）於 1870 年命名，模式標本應採集自 Burma（緬甸）之 Moulmein（摩棉，今稱 Mawlamyine，毛淡棉）。

臺灣檀翠灰蝶

Neozephyrus taiwanus

(Wileman, 1908)

TL: Jūjimichi

Neozephyrus

由希臘語前綴 neo「新的」和屬名 *Zephyrus* 所組成。*Zephyrus* Dalman, 1816 為 *Thecla* Fabricius, 1807 之同物異名（synonym）。希臘神話「西風之神」Zephuros（拉丁語 Zephyrus，等同羅馬神話 Favonius）為掌理植物與花朵之神，主管春夏之間輕柔的西風，是春天的使者，帶來濕潤大地的雨水，讓植物長出嫩葉、開花與結果。

本屬由日本生物學家柴谷篤弘（Atuhiro Sibatani, 1920-2011）和伊藤修四郎（Syusiro Ito）於 1942 年命名，發表時模式種指定為

♂

Thecla taxila Bremer, 1861（今歸為 *Favonius* 屬），但涉及錯誤鑑定，今認定模式種為 *N. japonicus* (Murray, 1875)。除本屬外，臺灣產蝴蝶屬名字尾帶有 *zephyrus* 者尚有：*Chrysozephyrus* 翠灰蝶屬、*Sibataniozephyrus* 璀灰蝶屬、*Teratozephyrus* 鐵灰蝶屬。

taiwanus

「臺灣的」，由 Taiwan 加拉丁語陽性後綴 anus「…的、與…有關的」（通常表達身分、所有權或來源等關係）所組成，並刪減重複字母 an。本亞種由英國外交官暨業餘昆蟲學家 Alfred Ernest Wileman（1860-1929，參見 *wilemani*）於 1908 年命名，模式標本雌蝶 2 隻於（1904-1908 年間）9 月採集自海拔 5025 英尺之 Jūjimichi（十字路，今嘉義縣阿里山鄉十字村）。

♀

巒大鋸灰蝶

Orthomiella rantaizana

Wileman, 1910

TL: Rantaizan

Orthomiella

由希臘語前綴 ortho「直率的、正直的、合適的、正確的、平行的」加拉丁語前綴 mi「更小的、較少的、瘦小的」和後綴 ella「小型的、小巧的」所組成，ella 加於名詞之後成為一種暱稱，具「如此嬌小」之意。本屬由英國昆蟲學家 Lionel de Nicéville（1852-1901）於 1890 年命名，模式種 *O. pontis* (Elwes, 1887)，模式標本採集自 Sikkim（錫金）。

rantaizana

「巒大山的」，由地名 Rantaizan 加拉丁語陰性後綴 ana「…的、與…有關的」（通常表達身分、所有權或來源等關係）所組成，並刪減重複字母 an。巒大山（西巒大山）位於玉山山脈起點處，百岳之一，坐落南投縣信義鄉。本種由英國外交官暨業餘昆蟲學家 Alfred Ernest Wileman（1860-1929，參見 *wilemani*）於 1910 年命名，模式標本雄蝶 2 隻於 1909 年 5 月 4、14 日採集自 Rantaizan 海拔 6000 英尺處。

李思霖　攝影

青雀斑灰蝶

Phengaris atroguttata formosana

(Matsumura, 1926)

TL: Horisha, Mashitarun

Phengaris

由希臘語前綴 pheng「光線、光澤、光輝、壯麗」與拉丁語後綴 aris「…的、歸屬於、有關於」而成。模式種 *P. atroguttata* (Oberthür, 1876) 產自 Moupin（穆坪，今四川省雅安市寶興縣穆坪鎮）。

♀

♂

atroguttata

由拉丁語前綴 atro「暗黑的、無光澤的」與 guttata「斑點的、沾上斑點的」組成。

formosana

「臺灣的」，由地名 Formosa「福爾摩沙、臺灣」加拉丁語陰性後綴 ana「…的、與…有關的」（通常表達身分、所有權或來源等關係）所組成，並刪減重複字母 a。又拉丁語 formosa 為 formosus「美麗的、英俊的、有美感的」之陰性詞。本亞種模式標本雌蝶 1 隻於 1925 年 7 月 6 日採集自 Horisha（今南投縣埔里鎮）、雄蝶 1 隻於同年 7 月 25 日採集自 Mashitarun（馬西塔隆社或毛食打倫社，今南投縣信義鄉東埔村）。

♀

白雀斑灰蝶

Phengaris daitozana

Wileman, 1908

TL: Daitōzan, Jūjimichi

daitozana

「大塔山的」，由地名 Daitozan 加拉丁語陰性後綴 ana「…的、與…有關的」（通常表達身分、所有權或來源等關係）所組成，並刪減重複字母 an。本種模式標本雌蝶 2 隻由俄國眼科醫師暨業餘昆蟲學家 Arnold Moltrecht（1873-1952，參見 *moltrechti*）於（1908 年）9 月分別採集自海拔 8500 英尺之 Daitōzan（大塔山）和海拔 5025 英尺之 Jūjimichi（十字路，今嘉義縣阿里山鄉十字村）。

♂

黑丸灰蝶

Pithecops corvus cornix

Cowan, 1965

Pithecops

由源自希臘語 pithekos「猿、猴」之拉丁語前綴 pithec 與後綴 ops「眼、臉」所組成。本屬由美國醫生暨博物學家 Thomas Horsfield（1773-1859）於 1828 年命名，模式種 *P. hylax* Horsfield, [1828] 目前視為 *P. corvus* Fruhstorfer, 1919 之「首同物異名」（first synonym）。Horsfield 於報告中描述：「另外一隻標本由飼養幼蟲而來，蝶蛹如圖版 1 之圖 2b，幼蟲餵食某種豆科植物，此個體化蛹之後才獲得，因此錯失描繪幼蟲的機會，之後尋覓（其他幼蟲）亦徒勞無功…我以此奇特的蝶蛹命名此新亞屬為 *Pithecops*。」有趣的是，書末圖版以彩圖繪製計有灰蝶開翅（圖 2）、合翅（圖 2a）與蝶蛹（圖 2b）共三圖，但此貌似猴臉的蝶蛹其實屬於 *Spalgis* 熙灰蝶屬（可能是 *S. epeus* ssp.）。

corvus

拉丁語「渡鴉」（raven）。希臘神話中 Lapiths 國王 Phlegyas 之女 Coronis 與太陽神 Apollon 相戀懷有身孕（即 Asclepius，參見 *philyroides*），某日 Apollon 外出前要求忠僕渡鴉照料公主（實為看守），然而太陽神離去後 Coronis 卻移情別戀青年 Ischys，渡鴉急忙將兩人共枕情事告知 Apollon，太陽神聽聞後非常憤怒，怪罪渡鴉未能及時啄瞎 Ischys 雙眼，於是念咒讓渡鴉失去說話能力，並將其原本雪白羽毛變成焦黑。另 *Corvus* 為雀形目鴉科鴉屬。

cornix

拉丁語「烏鴉」（crow）。羅馬神話中 Phocis 國王 Coroneus（Coronaeus）之女 Coronis 國色天香，一日在沙灘散步時受到海神 Neptune 熱烈追求，公主驚慌失措大聲呼救，智慧與貞節女神 Minerva 即時伸出援手，竟將 Coronis 全身布滿黑羽，公主騰空掠地雖然逃過一劫，卻也變成烏鴉 Cornix 留在女神身邊作為侍女。當雅典國王 Cecrops 的三位公主違背 Minerva 禁令，打開籃子發現祕藏人身蛇尾的男嬰 Erichthonius 時，Cornix 躲在老榆樹之後偷窺此一過程並回報女神，卻被 Minerva 認為長舌遭到責罰，自此地位不如貓頭鷹。另拉丁語 coronis 具「花圈、花環、王冠、曲線、省略符號、烏鴉」等義。

藍丸灰蝶

Pithecops fulgens urai

Bethune-Baker, 1913

TL: Urai

fulgens

拉丁語「明亮的、輝煌的、顯著的」。本種由美國鱗翅目學家暨鳥類蒐集家 William Doherty（1857-1901）於 1889 年命名，文中描述：「雄蝶前翅背面中央偏內側和中室至翅基部分，些許光線之下呈現燦爛的靛藍色，……後翅後緣之亞外緣到接近中央部分具類似藍色。」是為命名原由。模式標本雄雌蝶皆有，採集自英屬印度 Assam 省 Margherita。

urai

本亞種由英國昆蟲學家 George Thomas Bethune-Baker（1857-1944）於 1913 年命名，模式標本雄蝶 1 隻採集自 Urai（今新北市烏來區），由英國植物學家、昆蟲學家暨標本採集家 Henry John Elwes（1846-1922）攜回英國。

Elwes 為倫敦自然史博物館採集 3 萬隻蝴蝶標本，足跡遍及土耳其、印度、孟加拉、錫金、韓國，是 1897 年第一屆 60 位維多利亞榮譽獎章（Victoria Medal of Honour, VMH）得主之一。

密紋波灰蝶

Prosotas dubiosa asbolodes

Hsu & Yen, 2006

TL: 大林蒲

Prosotas

由拉丁語前綴 proso「在前面的、向前的、接近的」和後綴 tas「品質、狀況、程度」所組成，tas 係將形容詞轉為陰性名詞，以表達一種狀態、情況或條件，故 *Prosotas* 意為「前茅、名列前茅」。

dubiosa

拉丁語「可疑的、不確定的」。本種由德國昆蟲學家 Georg Semper（1837-1909）於 1879 年命名，文中描述：「與 Berenice, H.-Schäffer 非常相似。」應是命名原由。Berenice 即指 *Nacaduba berenice* (Herrich-Schäffer, 1869)。

asbolodes

希臘語「烏黑的、被煤煙燻黑的」，係指本亞種雄蝶翅背面呈暗灰紫色、具鈍金屬光澤。asbolodes 源自 asbolos「煤煙、煙塵」，又希臘神話中 Asbolos（Asbolus）為人馬族（Centaur）中的先知，可從飛鳥解讀徵兆，曾預言族人將與 Lapiths 人混戰，進而勸阻同伴不要參加 Pirithous 婚禮，可惜忠言逆耳，族人死傷慘重，參見 *bianor*。

本亞種正模標本（Holotype）雄蝶 1 隻（副模標本眾多不逐一列出），由臺灣昆蟲學家徐堉峰於 2003 年 11 月 29 日採集自高雄市小港區大林蒲。

密紋波灰蝶　*Prosotas dubiosa asbolodes*

波灰蝶　*Prosotas nora formosana*

波灰蝶

Prosotas nora formosana

(Fruhstorfer, 1916)

TL: Formosa

nora

或有二解：一為通俗拉丁語（Vulgar Latin）「兒媳婦」，源自拉丁語 nurus。二為女子名，主要是 Honora 或 Honoria 之簡稱，源自拉丁語 honor「榮譽、尊敬」，亦可為 Eleonora 或 Eleanor 之簡稱，參見 *eleonora*。另 Nora 為古希臘 Cappadocia（今土耳其東部）Taurus 山腳下一座直徑約 300 公尺之小型堡壘，儲存豐富的飲水、糧食、木材與食鹽，古希臘將領 Eumenes（c. 362 BC-316 BC）於 Alexander 大帝逝世後支持其子 Alexander 四世爭奪王位，因被部屬出賣逃至 Nora，在此受 Antigonus（382 BC-301 BC）圍困一年有餘（320 BC-319 BC），伺機成功脫離。

formosana

「臺灣的」，由地名 Formosa「福爾摩沙、臺灣」加拉丁語陰性後綴 ana「…的、與…有關的」（通常表達身分、所有權或來源等關係）所組成，並刪減重複字母 a。又拉丁語 formosa 為 formosus「美麗的、英俊的、有美感的」之陰性詞。本亞種模式標本雄蝶 20 隻、雌蝶 2 隻採集自 Formosa（臺灣）。

堇彩燕灰蝶

Rapala caerulea liliacea

Nire, 1920

TL: 埔里社山區

Rapala

語源不詳。本屬由英國昆蟲學家 Frederic Moore（1830-1907，參見 *moorei*）於 1881 年命名，模式種 *R. varuna* (Horsfield, [1829]) 產自 Java（爪哇）。

caerulea

拉丁語「深色的、暗藍色的、暗綠色的、蔚藍的、天藍色的、與海有關的、與天空有關的」。caerulea 為 caeruleus（陽性主格單數，nominative singular）之變格，可作陰性主格單數、陰性從格（ablative）單數、陰性呼格（vocative）單數、中性主格複數、中性賓格（accusative）複數、中性呼格複數等 6 種，參見 *caeruleae*。

liliacea

由拉丁語名詞 lilium「百合」之字首 lili 和名詞轉形容詞後綴 acea 所組成，意為「帶淡紫色的、如紫丁花般的、如百合般的」。本亞種由日本昆蟲學家仁禮景雄（Kageo Nire, 1884-1926，參見 *nirei*）於 1920 年命名，模式標本雌蝶 2 隻於 1916 年 7 月 5、7 日採集自埔里社海拔約 8500 英尺處，文中描述：「背翅表面暗褐色：前翅除前緣與外緣之外皆呈淡紫色，後翅前緣與後緣之外大部分為淡紫色。」是為命名原由。另 Liliacea 為百合科之學名。

堇彩燕灰蝶　*Rapala caerulea liliacea*　　李思霖　攝影

燕灰蝶　*Rapala varuna formosana*

霓彩燕灰蝶

Rapala nissa hirayamana

Matsumura, 1926

TL: Horisha

nissa

希臘語「標竿、門柱」，亦作 nyssa，係指古希臘競賽中位於賽道轉折點或終點樹立之標竿。作為女子名時，古希臘意為「目標、起始」，希伯來語意為「符號、徵兆」，拉丁語意為「終點」，阿拉伯語意為「女人」，Scandinavia 語意為「友善的精靈或仙女」。希臘神話中係指清新涼爽之泉水仙女。

hirayamana

「平山的」，由姓氏 Hirayama 加拉丁語陰性後綴 ana「…的、與…有關的」（通常表達身分、所有權或來源等關係）所組成，並刪減重複字母 a。

本亞種模式標本雌蝶 1 隻由日本昆蟲標本商暨業餘研究者平山修次郎（Shūjiro Hirayama, 1887-1954，參見 *hirayamai*）於 1921 年 4 月採集自 Horisha（今南投縣埔里鎮）。

李思霖　攝影

高砂燕灰蝶

Rapala takasagonis

Matsumura, 1929

TL: Hori

takasagonis

「高砂國的、臺灣的」，由日本古稱臺灣 Takasago 加 nis 所組成，係拉丁語主格（nominative）轉換為屬格（genitive、所有格）之第三類單數變格（declension）處理。本種模式標本雌蝶 1 隻由命名者松村松年（Shōnen Matsumura, 1872-1960，參見 *matsumurae*）採集自 Hori（今南投縣埔里鎮），然於報告中注明：「確實棲地尚未可知。」

1593 年，日本太閤豐臣秀吉修書遣使赴臺灣欲招降納順，世稱

♂

「豐太閣の高山國勸降狀」（豐臣秀吉高山國招諭文書），文末以「日本國 前關白」名義致「高山國」。1615年日本《異国渡海御朱印帳》（異國渡海朱印帖）中稱臺灣為「高砂国」，漢字右側注以假名「タカサグン」（Takasagun）。1618年日本《元和航海記》稱臺灣為「タカサゴ」（Takasago），其後概以「たかさご、高砂」（Takasago）稱呼臺灣。

♀

燕灰蝶

Rapala varuna formosana

Fruhstorfer, [1912]

TL: Koshun

varuna

梵語「海洋的、西方的、水神的」。古印度吠陀（Veda）經典中主神 Varuna，中譯「伐樓拿」，原掌管海洋、天空（天海）與冥界律法，其地位逐漸被創造之神梵天（Brahma）取代，隨後因保護之神毗濕奴（Vishnu）和毀滅之神濕婆（Shiva）興起，Varuna 成為單純掌理河流與海洋之水神、溺水亡靈守護神。佛教中稱為水天，其地位與梵天同為護法主神，乃十二天之一，鎮護西方。參見 *badra*、*indra*。

本種與 *lohita*、*syama* 皆由美國醫生暨博物學家 Thomas Horsfield（1773-1859）於 1829 年同篇報告命名，模式標本雄蝶 1 隻、雌蝶 2 隻應採集自 Java（爪哇）。

formosana

「臺灣的」，由地名 Formosa「福爾摩沙、臺灣」加拉丁語陰性後綴 ana「…的、與…有關的」（通常表達身分、所有權或來源等關係）所組成，並刪減重複字母 a。又拉丁語 formosa 為 formosus「美麗的、英俊的、有美感的」之陰性詞。本亞種模式標本雄蝶 2 隻、雌蝶 1 隻於（1908 年）3 月採集自 Koshun（恆春）。

朗灰蝶

Ravenna nivea

(Nire, 1920)

TL: 埔里社蕃界

Ravenna

義大利東北部臨海之省名（Ravenna 省）、首府名（Ravenna 市）。西元前 191 年古羅馬帝國征服此地，開始建立艦隊基地，西元 402 至 476 年為西羅馬帝國首都（參見 *febanus*），嗣後至 540 年為東歌德王國首都，Byzantine（東羅馬帝國）統治義大利期間為重要政治、經濟與軍事中心，1996 年列為世界遺產。另英國牛津大學 Newdigate 獎詩作大賽於 1878 年以 Ravenna 為題，由愛爾蘭作家、詩人、劇作家、英國唯美主義藝術運動倡導者 Oscar Wilde（1854-1900，中譯王爾德）奪得首獎，而《Ravenna》成為 Wilde 第一本問世著作。

♂

本屬由日本昆蟲學家白水隆（Takashi Shirôzu, 1917-2004，參見 *shirozui*）與山本英穗（Hideho Yamamoto）於 1956 年命名，模式種 R. nivea (Nire, 1920)。

nivea

♂

拉丁語「白雪的、雪的」，本種由日本鱗翅目學家仁禮景雄（Kageo Nire, 1884-1926，參見 *nirei*）於 1920 年命名，原列 *Zephyrus* 屬，文中說明：「本種翅色潔白，在 *Zephyrus* 屬中容易區別。」模式標本雌蝶 4 隻於 1918 年 6 月 30 日、7 月 7 日採集自埔里社蕃界（今南投縣埔里鎮山區）。

♀

南方灑灰蝶

Satyrium austrinum

(Murayama, 1943)

TL: 霧社

Satyrium

由希臘神話原野精靈 Satyr 加拉丁語後綴 ium「小型的、歸屬於」所組成。本屬由美國昆蟲學家暨古生物學家 Samuel Hubbard Scudder（1837-1911）於 1876 年命名，認為此屬斑點與色調於某種程度上讓人聯想到 Satyrids（蛺蝶科眼蝶亞科）的某些蝶種，因此取名 *Satyrium*。模式種為 *S. fuliginosa* (Edwards, 1861)。

Satyr 原本為矮胖健壯、長相醜陋、毛髮茸茸但學問淵博的中年侏儒，例如酒神 Dionysus（羅馬神話 Bacchus）的導師 Silenus；但逐漸演變成酒神的一群隨從，飲酒跳舞、縱情狂歡、性好漁色，擅長鈴鼓

與橫笛，具有羊耳驢腿，或馬耳、馬尾與馬腿，可對應到羅馬神話中半人半羊的精靈 Faun（參見 *Faunis*）。

austrinum

austrinus 由前綴 austr「南風、南方」加後綴 inus「關於、與…有關」，即「南方的」。inus 通常表達一種身分、來源或所有權之關係，可將名詞轉化為形容詞。日本昆蟲學家村山修一（Shu-Iti Murayama）於 1943 年命名時原列 *Styrmon* 屬（陽性詞）而採陽性詞 *austrinus*，後因歸於 *Satyrium* 屬（中性詞）改為中性詞 *austrinum*。模式標本雌蝶 1 隻於 1941 年 6 月採集自霧社。

秀灑灰蝶

Satyrium eximium mushanum

(Matsumura, 1929)

TL: Musha

eximium

李思霖　攝影

拉丁語「優秀的、特別的、非凡的、不尋常的」。本種由德國鱗翅目學家 Johann Heinrich Fixsen（C. Fixsen, 1825-1899，參見 *Fixsenia*）於 1887 年命名，原列 *Thecla w-album* Knoch 之變種，文中描述：「近似 *W. album*，……但一眼就能看出外表差異……」或許是命名原由。

mushanum

「霧社的」，由地名 Musha 加拉丁語中性後綴 anum「…的、與…有關的」（通常表達身分、所有權或來源等關係）所組成，並刪減重複字母 a。本亞種模式標本雄蝶 1 隻由大國督（Tadashi Okuni, c. 1884-1957）和楚南仁博（Jinhaku Sonan, 1892-1984，參見 *sonani*）於 1910 年 6 月採集自 Musha（霧社，今南投縣仁愛鄉鄉治）。

臺灣灑灰蝶

Satyrium formosanum

(Matsumura, 1910)

TL: Koshun, Horisha

formosanum

「臺灣的」，由地名 Formosa「福爾摩沙、臺灣」加拉丁語中性後綴 anum「…的、與…有關的」（通常表達身分、所有權或來源等關係）所組成，並刪減重複字母 a。又拉丁語 formosa 為 formosus「美麗的、英俊的、有美感的」之陰性詞。本種模式標本雄蝶 3 隻、雌蝶 1 隻由命名者松村松年（Shōnen Matsumura, 1872-1960，參見 *matsumurae*）採集自 Koshun（今屏東縣恆春鎮）和 Horisha（今南投縣埔里鎮）。

♀

井上灑灰蝶

Satyrium inouei

(Shirôzu, 1959)

TL: Musha

inouei

本種由日本昆蟲學家白水隆（Takashi Shirôzu, 1917-2004，參見 *shirozui*）於 1959 年命名，文中注明：「正模標本本雌蝶 1 隻由當地人採集自 Musha（霧社，今南投縣仁愛鄉鄉治）附近，經 M. Inoue 先生贈予作者……謹以此名獻給 M. Inoue 先生，他將標本交給我處理。」M. Inoue 即日本蝶類愛好者暨攝影師井上正亮（Masasuke Inoue），於 1942 年發表墨點灰蝶 *Araragi enthea morisonensis*。另人名以 o、u、e、i、y 母音字母結尾時，字尾加 i，將主格轉換為屬格（所有格），即名詞之所有格，本種小名意為「井上的」。

李思霖　攝影

李思霖　攝影

田中灑灰蝶

Satyrium tanakai

(Shirôzu, 1943)

TL: 埔里

tanakai

本種由日本昆蟲學家白水隆（Takashi Shirôzu, 1917-2004，參見 *shirozui*）於 1943 年命名，正模標本（Holotype）雄蝶 1 隻於 1919 年 6 月 31 日採集自埔里社蕃界（山區），仁禮景雄（Kageo Nire, 1884-1926，參見 *nirei*）蒐集品。配模標本（Allotype）雌蝶 1 隻於 1939 年春季採集自埔里附近，田中龍三蒐集品。副模標本（Paratype）雄蝶 3 隻：1 隻於 1939 年春季採集自埔里附近，田中龍三蒐集品；1 隻於 1942 年 5 月採集自白狗與ハボン（Habon 哈綳，兩地均在今南投縣仁愛鄉境內）之間，福島一雄蒐集品；1 隻採集自埔里附近，伊藤修四郎蒐集品。白水隆於報告中描述：「本種在春季五、六月於埔里、霧社附近山區並非罕見，但夏季七、八月即消失不見，我未曾見過在夏季採集到的標本。……感謝田中龍三先生慨然贈送標本，俾便鑑定新種，以此種名表達敬謝之意。」

♂

♀

灰蝶

森灰蝶

Shijimia moorei

(Leech, 1889)

Shijimia

日語稱灰蝶為シジミチョウ，漢字寫作「小灰蝶」或「蜆蝶」，發音 shijimichou，是以 *Shijimia* 由日語 shijimi「蜆（シジミ）」與拉丁語物種分類（屬）後綴 ia 所組成，並刪減一個字母 i，即「灰蝶屬」之意。日本昆蟲學家松村松年（Shōnen Matsumura, 1872-1960，參見 *matsumurae*）於 1919 年發表時，認為採集自 Horisha（今南投縣埔里鎮）的 1 隻雌蝶為 *Lycaena moorei* Leech, 1889（產自 Kiukiang，今江西省九江市）之變種，同時認為不宜列在 *Lycaena*（灰蝶屬）之內，故新創屬名 *Shijimia*，並將採集之蝶種命名為 *S. moorei* var. *taiwana*（目前視為 *S. moorei* (Leech, 1889) 之同物異名）。

♂ 葉斯戴 攝影

moorei

英國昆蟲學家 Frederic Moore（1830-1907）年輕時具有繪畫天分，受美國醫生暨博物學家 Thomas Horsfield（1773-1859）賞識並延攬擔任助理，協助繪製圖鑑，進而投入鱗翅目研究領域，1890 年開始編纂並繪圖 Lepidoptera Indica 前六冊，在他過世後由 Charlcs Swinhoe（1838-1923，Robert Swinhoe 之弟）接續編輯另四冊，至 1913 年完成，這套南亞蝴蝶鉅著是其重要代表作，許多蝶蛾由 Moore 命名（約 190 種），也曾發表許多屬名，但大多屬名含意不詳。

本種由英國昆蟲學家 John Henry Leech（1862-1900）於 1889 年命名，模式標本雄蝶 2 隻、雌蝶 1 隻由英國探險家暨標本採集者 Antwerp Edgar Pratt（1852-1920）於 1887 年採集自 Kiukiang（今江西省九江市）。人名以 o、u、e、i、y 母音字母結尾時，字尾加 i，將主格轉換為屬格（所有格），即人名之所有格，*moorei* 意謂「Moore 的」。

夸父璀灰蝶　*Sibataniozephyrus kuafui*

夸父璀灰蝶

Sibataniozephyrus kuafui

Hsu & Lin, 1994

TL: 北插天山

Sibataniozephyrus

由日本生物學家柴谷篤弘（Atuhiro Sibatani, 1920-2011）之姓氏 Sibatani 加字母 o 和屬名 *Zephyrus* 所組成。*Zephyrus* Dalman, 1816 為 *Thecla* Fabricius, 1807 之同物異名（synonym）。希臘神話「西風之神」Zephuros（拉丁語 Zephyrus，等同羅馬神話 Favonius）為掌理植物與花朵之神，主管春夏之間輕柔的西風，是春天的使者，帶來濕潤大地的雨水，讓植物長出嫩葉、開花與結果。

本屬由猪又敏男（Toshio Inomata）於 1986 年命名，模式種 *S. fujisanus* (Matsumura, 1910) 原列 *Zephyrus* 屬。除本屬外，臺灣產蝴蝶屬名字尾帶有 *zephyrus* 者尚有：*Chrysozephyrus* 翠灰蝶屬、*Neozephyrus* 椏翠灰蝶屬、*Teratozephyrus* 鐵灰蝶屬。

kuafui

本種由臺灣昆蟲學家徐堉峰、林明瑤於 1994 年命名，文中注明：「語源：Kuafu 乃中國神話人物，試圖追日，道渴而死。」另徐堉峰（2013b）：「本種種小名命名由來是因本種成蟲出現期恰在梅雨季節，成蝶只在晴天活動，再加上水青岡林均處於霧林帶，午後難有日照，對這種蝴蝶及觀察研究者而言均可說是『一晴難求』，因此引古神話中竭力追日的夸父作為種小名。」人名以 o、u、e、i、y 母音字母結尾時，字尾加 i，將主格轉換為屬格（所有格），即名詞之所有格，故本種小名意為「夸父的」。

正模標本（Holotype）雄蝶 1 隻、副模標本（Paratype）雄蝶 9 隻雌蝶 1 隻於 1993 年 5 月 22 日採集自臺北縣三峽鎮北插天山海拔 1700-1727 公尺處；另前於 1992 年 5 月 28、29 日於同地採集雄蝶 14 隻。

《山海經 · 海外北經》（卷八）：「夸父與日逐走，入日；渴欲得飲，飲于河、渭。河、渭不足，北飲大澤。未至，道渴而死。棄其杖，化為鄧林。」《山海經 · 大荒北經》（卷十七）：「大荒之中，有山名曰成都載天。有人珥兩黃蛇，把兩黃蛇，名曰夸父。后土生信，信生夸父。夸父不量力，欲追日景，逮之於禺谷。將飲河而不足也，將走大澤，未至，死于此。」

閃灰蝶

Sinthusa chandrana kuyaniana

(Matsumura, 1919)

TL: Kuyania

Sinthusa

語源不詳，可能源自梵語 Sindhu「河流、溪流、海洋」，即印度河或史詩巨著《摩訶婆羅多》（Mahabharata）記述、位於今 Pakistan 境內印度河畔之古國名 Sindhu，其人民稱為 Sindhus 或 Saindhavas。另斯里蘭卡人名 Sinthu 意為「海洋之歌」。本屬由英國昆蟲學家 Frederic Moore（1830-1907，參見 *moorei*）於 1884 年命名，模式種 *S. nasaka* (Horsfield, [1829]) 產自 Java（爪哇）。

李思霖　攝影

chandrana

由梵語 chandra「月亮、光亮的、燦爛的」加拉丁語陰性後綴 ana「…的、與…有關的」（通常表達身分、所有權或來源等關係）所組成，並刪減重複字母 a。參見 *badra*、*chandra*、*soma*。本種由英國昆蟲學家 Frederic Moore（1830-1907，參見 *moorei*）於 1882 年命名，模式標本雄蝶採集自印度北部 Lahul（Lahaul）之 Kulu（Kullu）河谷。

♂ 李思霖　攝影

♀

kuyaniana

由地名 Kuyania（くやにや，嘉義縣阿里山鄉達邦村附近）加拉丁語陰性後綴 ana「…的、與…有關的」（通常表達身分、所有權或來源等關係）所組成，並刪減重複字母 a，意為「Kuyania 的」。本亞種模式標本雌蝶 1 隻由日本昆蟲學先驅松村松年（Shōnen Matsumura, 1872-1960，參見 *matsumurae*）於 1908 年 4 月中旬採集自達邦社（今嘉義縣阿里山鄉達邦村境內）附近くやにや一地，文中注明「此蝶甚為稀少」。

熙灰蝶

Spalgis epeus dilama

(Moore, 1878)

Spalgis

語源不詳。本屬由英國昆蟲學家 Frederic Moore（1830-1907，參見 *moorei*）於 1879 年命名，模式種 *S. epeus* (Westwood, [1851])。

epeus

本種小名常記作 *epius*。Epeus 為古希臘人名，應作 Epeius（Ἐπειός），法語另作 Épéus，希臘神話主要有二位：

一、Panopeus 之子。Troy 戰爭時在紀念 Patroclus 喪禮拳賽中戰勝 Euryalus，其後於 Achilles 喪禮拳賽中和 Theseus 之子 Acamas 打成平手；戰爭末期，奉 Odysseus 之命並得智慧女神 Athena 之助，建造能容納 30 名全副武裝士兵的巨大木馬，艙門精巧只有 Epeius 能夠開啓，故亦成為突擊戰士之一。傳言他建造義大利 Pisa 與 Metapontum 兩座城池，位於 Argos 之信使 Hermes 和美神 Aphrodite 古代雕刻神像也是他的作品。

二、Elis 國王 Endymion 之子，在父王於 Olympia 舉辦之昆仲競賽中奪冠而繼承王位。

本種模式標本 2 隻由英國傳教士 John George Wenham（1820-1895）採集自 Ceylon（即錫蘭，今斯里蘭卡），典藏於大英博物館，編號 2809。英國昆蟲學暨鳥類學家 Edward Doubleday（1811-1849）於 1847 年《List of the specimens of lepidopterous insects in the collection of the British Museum》（part II, p. 57）列在 *Gerydus* 屬，

無種小名。英國昆蟲學暨考古學家 John Obadiah Westwood（1805-1893）於 1852 年《The genera of diurnal Lepidoptera》歸在 *Lucia* 屬，命名為 *epius*（Vol. II, p. 502），圖版目錄中記為「Geridus Epius p. 502. n. 2. Ceylon. Lucia Ep.」（Vol. I, p. xi），該書二冊均附有英國博物學家 William Chapman Hewitson（1806-1878）精繪共 86 頁彩色圖版，然而第 76 圖版第 5 圖將本蝶記為「GERIDUS EPEUS Westwood」。

經 Hemming（1967）查考：Hewitson 所繪圖版（*Geridus epeus*）已在 1851 年 12 月 5 日發表，先於 1852 年 4 月 20 日刊行之 Westwood 著作（*Lucia epius*），所以 *epeus* 為有效學名。另 *Geridus* 被視為 *Gerydus* 之「不正確的後續拼法」（incorrect subsequent spelling），又 *Gerydus* Boisduval, [1836] 現為 *Miletus* Hübner, [1819] 之同物異名（synonym）。

有趣的是，1842-1881 年《Complément du Dictionnaire de l’Académie française》各版中收錄 Épéus，是以種小名 *epeus* 平添幾許法國風情。

dilama

由拉丁語前綴 di「雙重、二次」與 lama「沼澤、蛻皮、腐肉」所組成。本亞種由英國昆蟲學家 Frederic Moore（1830-1907，參見 *moorei*）於 1878 年命名，文中描述：「近似來自印度的 *L. epius*（Westw.），翅腹面灰底略帶棕色，橫向之字型紋路較不明顯，中室末端之白斑較寬。」故斑紋特色可能是命名原由。模式標本雄蝶 1 隻由英國外交官暨博物學家 Robert Swinhoe（1836-1877，參見 *swinhoei*）（於 1868 年 4 月）採集自 Hainan（海南島）。

蓬萊虎灰蝶

Spindasis kuyaniana

(Matsumura, 1919)

TL: Tappan, Horisha, Bokusekkaku

Spindasis

李思霖　攝影

由拉丁語前綴 spin「荊棘、尖刺、脊柱」和源自希臘語 dasos「繁茂處、灌木叢、草叢」之拉丁語 dasis 所組成，意為「濃密棘叢」。

kuyaniana

李思霖　攝影

由地名 Kuyania（くやにや，嘉義縣阿里山鄉達邦村附近）加拉丁語陰性後綴 ana「…的、與…有關的」（通常表達身分、所有權或來源等關係）所組成，並刪減重複字母 a，意為「Kuyania 的」。本種模式標本雄雌蝶皆有，採集自達邦社（今嘉義縣阿里山鄉達邦村境內）、埔里社（今南投縣埔里鎮）、璞石角（Bokusekkaku，即璞石閣，今花蓮縣玉里鎮）等地，文中注明「可能數量不多」。

虎灰蝶

Spindasis lohita formosana

(Moore, 1877)

TL: Formosa

lohita

梵語「紅色的、略帶紅色的、銅的、銅製的、金屬的、紅寶石、火星」。本種與 *syama*、*varuna* 皆由美國醫生暨博物學家 Thomas Horsfield（1773-1859）於 1829 年同篇報告命名，模式標本雄蝶 2 隻、雌蝶 1 隻採集自 Java（爪哇）或印度。

formosana

「臺灣的」，由地名 Formosa「福爾摩沙、臺灣」加拉丁語陰性後綴 ana「…的、與…有關的」（通常表達身分、所有權或來源等關係）所組成，並刪減重複字母 a。又拉丁語 formosa 為 formosus「美麗的、英俊的、有美感的」之陰性詞。本亞種模式標本採集自臺灣，當時為英國昆蟲學家 William Burgess Pryer（1843-1899，參見 *pryeri*）之藏品。

♂

♀

三斑虎灰蝶

Spindasis syama

(Horsfield, 1829)

syama

梵語「黑暗的、黑色的、深藍色的」。Shyama（Syama、Shyam）是印度教天神 Krishna（黑天）衆多別稱之一，意謂「黑面之神」。本種與 *lohita*、*varuna* 皆由美國醫生暨博物學家 Thomas Horsfield（1773-1859）於 1829 年同篇報告命名，模式標本雄雌蝶一對採集自 Java（爪哇）或印度。

褐翅青灰蝶

Tajuria caeruleae

Nire, 1920

TL: 埔里社蕃界

Tajuria

由波斯語 tajur「王冠」加拉丁語物種分類（屬）後綴 ia 所組成。本屬由英國昆蟲學家 Frederic Moore（1830-1907，參見 *moorei*）於 1881 年命名，模式種 *T. cippus longinus* (Fabricius, 1798) 產自印度。

caeruleae

拉丁語「蔚藍的、天藍色的、深色的、暗藍色的、暗綠色的、與海有關的、與天空有關的」。caeruleae 為 caeruleus（陽性主格單數，nominative singular）之變格，可作陰性屬格（genitive）單數、陰性到格（dative）單數、陰性主格（nominative）複數、陰性呼格（vocative）複數等 4 種，參見 *caerulea*。

本種由日本鱗翅目學家仁禮景雄（Kageo Nire, 1884-1926，參見 *nirei*）於 1920 年命名，模式標本雄雌蝶一對於 1918 年 5 月 29 日、1919 年 5 月 10 日採集自埔里社蕃界（今南投縣埔里鎮山區），文中描述：「雌蝶背翅表面黑色：前翅中室、Cu2 室及 2nd A 室之大部分、M3 室及 Cu1 室之一部分呈淡青色。雄蝶淡青色範圍不若雌蝶廣泛。」應是命名原由。

白腹青灰蝶

Tajuria diaeus karenkonis

Matsumura, 1929

TL: Karenko

diaeus

古希臘 Megalopolis 人 Diaeus（?-146 BC）為 Achaea 聯盟最後一任將領，西元前 146 年 Corinth 一役中敗給古羅馬將領 Mummius，聯盟瓦解，同年古羅馬設置 Achaea 行省自此完全吞併希臘，而 Mummius 獲得 Achaicus 封號，意為「征服 Achaea 之人」，全名成為 Lucius Mummius Achaicus。

雨季型　Wet-season form

乾季型　Dry-season form

karenkonis

「花蓮港的」，由地名 Karenko 加 nis 所組成，係拉丁語主格（nominative）轉換為屬格（genitive、所有格）之第三類單數變格（declension）處理。本亞種模式標本雌蝶 1 隻由大國督（Tadashi Okuni, c. 1884-1957）和楚南仁博（Jinhaku Sonan, 1892-1984，參見 *sonani*）於 1920 年 7 月採集自 Karenko（花蓮港）。日治時期臺灣總督府於 1901 年廢縣增廳，其中臺東廳下轄花蓮港、璞石閣、成廣澳、巴塱衛等四支廳；1909 年將全臺 20 廳裁併為 12 廳，臺東廳所轄之花蓮港、璞石閣兩支廳分出設立花蓮港廳，廳治設於花蓮港（今花蓮縣花蓮市）。

乾季型 Dry-season form

漣紋青灰蝶

Tajuria illurgis tattaka

(Araki, 1949)

TL: Baikei, (Tattaka)

illurgis

亦作 Illiturgis 或 Iliturgi，古羅馬位於 Hispania（今 Iberia 半島）地區 Baetica 行省內之重要城池，第二次 Punic 戰爭（218 BC-201 BC，參見 *epijarbas*）初期為古羅馬殖民地，後轉投古迦太基陣營並殺害城內羅馬難民，西元前 206 年遭古羅馬將領 Publius Cornelius Scipio Africanus（236 BC-183 BC）報復性屠城焚屍，婦孺無一倖免；西元前 196 年納入古羅馬版圖。Illurgis 雖然政治立場不定，但居民為保護家園奮戰，剛毅不屈，至死方休。

tattaka

立鷹（タッタカ），今南投縣仁愛鄉大同村境內，今名博望新村，又稱松崗。日治時期 1912 年將「タッタカ砲臺」更名為「立鷹砲臺」，1922 年開始在能高郡「タッタカ社」規劃牧場經營。本亞種由荒木三郎（Saburo Araki，參見 *arakii*）於 1948 年命名，正模標本雌蝶 1 隻毀於戰火，村山修一（Shu-Iti Murayama）另於 1955 年發表補充配模標本雄蝶 1 隻，1947 年 6 月 30 日採集自 Baikei（眉溪）。

蚜灰蝶

Taraka hamada thalaba

Fruhstorfer, 1922

TL: Formosa

Taraka

梵語原意為「投遞某物或接送某人」，具「渡口、舵手、擺渡者、筏、浮舟、星星、流星、眼睛、瞳孔」等多義。印度神話中 Taraka 為木星之神 Brihaspati 的第二任妻子。本屬由美國鱗翅目學家暨鳥類蒐集家 William Doherty（1857-1901）於 1889 年命名，模式種即 *T. hamada* (Druce, 1875)。

hamada

日語「浜田」。本種由英國昆蟲學家 Herbert Druce（1846-1913）於 1875 年命名，模式標本雄雌蝶一對由英國昆蟲學家 Henry James Stovin Pryer（1850-1888）採集自 Yokohama（日本神奈川縣橫濱市）。

Left ♂ Right ♀　　李思霖　攝影

thalaba

可能來自英國桂冠詩人 Robert Southey（1774-1843）於 1801 年所作長篇史詩《Thalaba the Destroyer》主人翁 Thalaba 之名。該詩描述一群住在海底的魔法師獲知一項預言：「穆斯林 Thalaba 是神派遣的戰士，將會消滅魔法師。」魔法師們為了避免預言成真，屠殺 Hodeirah 整個家族，只有小男孩 Thalaba 和母親 Zeinab 倖免於難，逃至沙漠中一座頹圮的城市 Irem 躲藏，不久母親過世，Thalaba 由士紳 Moath 撫養成人。魔法師們獲知 Thalaba 未死，派遣 Abdaldar 前來搜尋，但 Abdaldar 遇到沙漠風暴，遺失一枚具有神奇力量的魔戒。Thalaba 意外拾獲這枚魔戒，為了尋求致勝之道，他歷盡艱難遠赴座落在巴比倫遺址上的巴格達城，求教 Haruth 和 Maruth 兩位天使，但只獲得「信心」二字。接著 Abdaldar 度過種種奇遇和人性試煉，堅信真主（Allah）並獲得先知穆罕默德的指引，從而戰勝邪惡魔法師們，完成復仇使命，預言成真。本亞種模式標本採集自臺灣。

阿里山鐵灰蝶

Teratozephyrus arisanus

(Wileman, 1909)

TL: Arisan

李思霖　攝影

Teratozephyrus

由拉丁語前綴 terato「奇異的、驚奇的、怪物的」和屬名 *Zephyrus* 所組成。屬名 *Zephyrus* Dalman, 1816 為 *Thecla* Fabricius, 1807 之同物異名（synonym）。希臘神話「西風之神」Zephuros（拉丁語 Zephyrus，等同羅馬神話 Favonius）為掌理植物與花朵之神，主管春夏之間輕柔的西風，是春天的使者，帶來濕潤大地的雨水，讓植物長出嫩葉、開花與結果。

本屬由日本生物學家柴谷篤弘（Atuhiro Sibatani, 1920-2011）於 1946 年命名，模式種即阿里山鐵灰蝶 *T. arisanus* (Wilenam, 1909)（原列 *Zephyrus* 屬）。除本屬外，臺灣產蝴蝶屬名字尾帶有 *zephyrus* 者尚有：*Chrysozephyrus* 翠灰蝶屬、*Neozephyrus* 榿翠灰蝶屬、*Sibataniozephyrus* 璀灰蝶屬。

arisanus

「阿里山的」，由 Arisan「阿里山」和拉丁語陽性後綴 anus「…的、與…有關的」（通常表達身分、所有權或來源等關係）所組成，並刪減字母 an。本種模式標本雌蝶 4 隻於 1908 年 7、8 月採集自海拔 7300 英尺之 Arisan 山區。

高山鐵灰蝶

Teratozephyrus elatus

Hsu & Lu, 2005

TL: 關原

elatus

拉丁語動詞 effero 之過去分詞，有「被帶來的、已實現的、被產生的、已提升的」之意。elatus 作形容詞具「位於高處、昂首高處、壯觀的、卓越的、高尚的、興奮的」等義。Elatus 亦為希臘神話常見人名。本種由臺灣昆蟲學家徐堉峰、呂至堅於 2005 年發表，正模標本（Holotype）雄蝶 1 隻於 2002 年 6 月 3 日羽化，幼蟲與卵於 2002 年 5 月 16 日採集自花蓮縣秀林鄉關原海拔 2335 公尺處之高山櫟（*Quereus spinosa*）；副模標本（Paratype）雄雌蝶各 4 隻，分別於 2000-2002 年 5、6 月間羽化。

李思霖　攝影

臺灣鐵灰蝶

Teratozephyrus yugaii
(Kano, 1928)
TL: 新高山

yugaii

語源不詳。可能源自人名 Yugai 或與日語「ゆかい」（yukai，愉快）有關。本種模式標本由命名者、鹿野忠雄（Tadao Kano, 1906-1945，參見 *kanoi*）於 1927 年 7 月 14、15 日採集自新高山（玉山）。

♀　李思霖　攝影

李思霖　攝影

密點玄灰蝶

Tongeia filicaudis mushanus

(Tanikawa, 1940)

TL: 霧社

Tongeia

由姓氏 Tonge 加拉丁語物種分類（屬）後綴 ia 所組成。英國昆蟲學家 James William Tutt（1858-1911）於 1908 年《A natural history of the British Lepidoptera》專著中命名此屬，該書序言敘明感謝 Alfred Ernest Tonge（1869-1939）提供灰蝶幼生期卵蛹之精緻照片。

filicaudis

由拉丁語前綴 fili「絲、細線、纖維、像絲線一般」和拉丁語 caudis「尾部」（離格複數）所組成，意謂「細小尾突」。本種由英國昆蟲學家 William Burgess Pryer（1843-1899，參見 *pryeri*）於 1877 年命名，文中描述：「尾突非常小，除非剛羽化個體，否則難以辨認。……數量豐富，遍布華北丘陵地，具有停駐在裸露岩石上之奇特習性。」是為命名原由。

mushanus

「霧社的」，由地名 Musha 加拉丁語陽性後綴 anus「…的、與…有關的」（通常表達身分、所有權或來源等關係）所組成，並刪減重複字母 a。本亞種由谷河多嘉夫（時為臺灣總督府臺北高等學校高等科學生）於 1940 年 5 月發表，完模標本雄蝶 1 隻、別模標本雌蝶 1 隻、副模標本雄蝶 4 隻均由谷河於 1940 年 1 月 2 日採集自霧社（今南投縣仁愛鄉鄉治）。

密點玄灰蝶 *Tongeia filicaudis mushanus* 李思霖 攝影

臺灣玄灰蝶 *Tongeia hainani*

臺灣玄灰蝶

Tongeia hainani

(Bethune-Baker, 1914)

TL: Kankau, Kosempo, Sokutsu

hainani

地名 Hainan「海南」字尾加 i，為古典拉丁文變格（declension）處理方式，可成為第二類變格之單數屬格（genitive singular），意為「海南島的」。本種由英國昆蟲學家 George Thomas Bethune-Baker（1857-1944）於 1914 年命名，模式標本雄雌蝶數隻皆由德國昆蟲學家、採集者暨標本商 Hans Sauter（1871-1943，參見 *sauteri*）採集：（1907-1911 年間）4、5 月於 Kankau（今屏東縣滿州鄉港口村）、12 月於 Kosempo（甲仙埔，今高雄市甲仙區）以及 Sokutsu（今高雄市旗山區境內）等地。以海南島命名本種，應是 Bethune-Baker 誤認海南即臺灣所致。

♂ 乾季型 Dry-season form

白斑嫵琉灰蝶

Udara albocaerulea

(Moore, 1879)

Udara

梵語「腹部、內臟、孔洞、子宮、事物的內在；美麗、偉大、卓著、高貴、優秀、興奮」等多義。本屬由荷蘭籍鱗翅目學家 Lambertus Johannes Toxopeus（1894-1951）於 1928 年命名，模式種 *U. dilecta* (Moore, 1879) 模式標本來自 Nepal（尼泊爾）、Sikkim（錫金）與印度東北部 Cachar 北邊。

albocaerulea

由拉丁語前綴 albo「白色的、清晰的、明亮的」與 caerulea「蔚藍的、天藍色的、深色的、暗藍色的、暗綠色的、與海有關的、與天空有關的」所組成。本種由英國昆蟲學家 Frederic Moore（1830-1907，參見 *moorei*）於 1879 年命名，文中描述：「雄雌蝶翅背面蒼白帶有明亮的藍色。」是為命名原由。

嫵琉灰蝶

Udara dilecta

(Moore, 1879)

dilecta

拉丁語 dilectus「受尊敬的、受喜愛的、親愛的」之陰性詞。英國昆蟲學家 Frederic Moore（1830-1907，參見 *moorei*）於 1879 年命名本種為 *dilectus*，原列 *Polyommatus* 屬，後歸 *Udara* 屬，配合屬名詞性改為陰性詞 *dilecta*。

赭灰蝶

Ussuriana michaelis takarana

(Araki & Hirayama, 1941)

TL: 眉溪、霧社

Ussuriana

由滿州語 ussuri（烏蘇里）「水裡、東方日出」加拉丁語陰性後綴 ana「…的、與…有關的」（通常表達身分、所有權或來源等關係）所組成。本屬由英國昆蟲學家 James William Tutt（1858-1911）於 1907 年命名，模式種 *U. michaelis* (Oberthür, 1880) 採集自俄羅斯濱海邊疆區 Fokino 之 Askold 島。該島位於中俄邊界之彼得大帝灣（Peter the Great Gulf）東側烏蘇里灣（Ussuri Bay）南方，故本屬名應取自海灣名（烏蘇里灣）而非河名（烏蘇里河）。

michaelis

法國昆蟲學家 Charles Oberthür（1845-1924）於 1880 年同篇報告中，命名兩種外型與顏色相近、皆採集自 Askold 島之灰蝶為 *Thecla michaelis* 和 *Thecla raphaelis*，其後 *michaelis* 歸為 *Ussuriana* 屬，*raphaelis* 歸為 *Coreana* 屬。合理推測係以猶太教、基督教與伊斯蘭教中之大天使（Archangel）Michael 與 Raphael 命名，加拉丁語名詞轉形容詞後綴 is，意謂「Michael 的」、「Raphael 的」。拉丁語 Michael 本意為「誰與神相似？」具神之代言人含意。

takarana

本亞種由荒木三郎（Saburo Araki，參見 *arakii*）和平山修次郎（Shūjiro Hirayama, 1887-1954，參見 *hirayamai*）於 1941 年命名，正

模標本雌蝶 1 隻於 1942 年（原文應是誤植，可能是 1941 年）4 月 5 日採集自眉溪，為荒木所藏；副模標本雌蝶 1 隻於 1941 年 5 月 14 日採集自霧社，為平山所藏。文中注明：「亞種名 takarana 意味臺北的舊稱。」故 *takarana* 由地名 Takara「大佳臘」（大加臘、大加蚋）加拉丁語陰性後綴 ana「…的、與…有關的」（通常表達身分、所有權或來源等關係）所組成，並刪減重複字母 a。另日語「宝」讀為「たから」（takara），故本亞種名有一語雙關之趣。

清康熙 48 年（1709 年）7 月 21 日發淡水社大佳臘地方張掛：「……臺灣荒地現奉憲行勸墾，章查上淡水大佳臘地方有荒埔壹所，東至雷厘、秀朗，西至八里分、干脰外，南至興直山腳內，北至大浪泵溝，四至竝無妨碍民番地界，現在招佃開墾，……為此示給墾戶陳賴章，即便招佃前往上淡水大佳臘地方，照四至內開荒墾耕，……」同年 11 月戴岐伯、陳憲伯、陳逢春、賴永和、陳天章等五人同立合約開墾，是為「陳賴章墾號」。歷經先民篳路藍縷開拓，先後擴大為「大加臘庄」、「大加臘堡」（轄 16 莊）。光緒元年（1875 年）准奏臺灣海防欽差大臣沈葆楨「臺北擬建一府三縣」，設臺北府，光緒 5 年設府治於艋舺，光緒 8 年元月於大加臘堡內興建臺北城，光緒 10 年（1884 年）11 月竣工。故有臺北舊稱 Takara 之說。

臺灣線灰蝶

Wagimo insularis

Shirôzu, 1957

TL: Musha

Wagimo

日語「吾妹（わぎも）」，係男子對妻子或戀人的親密稱呼，意為「至愛的人、親愛的人」。本屬由日本生物學家柴谷篤弘（Atuhiro Sibatani, 1920-2011）和伊藤修四郎（Syusiro Ito）於 1942 年命名，模式種 *W. signata* (Butler, [1882]) 由英國人 Montague Arthur Fenton（1850-1937）採集自日本 Hokkaido（北海道）Kuramatsunai（Kuromatsunai，黑松內町）。

insularis

由拉丁語 insula「島嶼」加後綴 aris「…的、歸屬於、有關於」而成，並刪減重複字母 a，「島嶼的」。本種模式標本採集自 Musha（霧社，今南投縣仁愛鄉鄉治）。

莧藍灰蝶

Zizeeria karsandra

(Moore, 1865)

Zizeeria

蘇格蘭醫生暨昆蟲學家 Thomas Algernon Chapman（1842-1921）於 1910 年將 7 個近似種 *antanossa*、*indica*、*maha*、*karsandra*、*labradus*、*lysimon*、*ossa* 歸在自訂之 Zizeeriidi 族（模式種 *karsandra* Moore, 1865），並且命名 *Zizeeria*、*Zizina*、*Zizula* 三新屬。*Zizeeria* 包含 *karsandra*（模式種）、*lysimon*、*maha*、*ossa*，*Zizina* 包含 *labradus*（模式種）、*antanossa*、*indica*，另將 *gaika* Trimen, 1862 列為 *Zizula* 之模式種。

Zizeeria 可能僅是改寫自 *Zizera*，除 ia 為拉丁語物種分類（屬）後綴外，並無特別含意。而 *Zizera* 可能僅是字母排列組合，另 Ziz 有見於聖經嬰兒名「花、分枝、一撮頭髮」和猶太神話中半獅半鷲的巨獸等義，era 為拉丁語「主婦、女主人、時代」之意，故 *Zizera* 或可解釋為「如花容般的女主人、花樣年華」。

上述 Zizeeriidi Chapman, 1910 為 Polyommatini Swainson, 1827（眼灰蝶族）之同物異名（synonym），*Zizera* Moore, [1881] 為 *Cupido* Schrank, 1801 之同物異名，*Lycaena gaika* Trimen, 1862 為迷你藍灰蝶 *Zizula hylax* (Fabricius, 1775) 之同物異名。

karsandra

係指希臘神話 Troy 末代國王 Priam 與王妃 Hecuba 之女 Cassandra，她獲得 Apollon 賜予的預言能力卻拒絕他的追求，太陽神惱怒之餘詛咒她的話永遠沒有人相信。Troy 戰爭晚期，Cassandra 曾警告希臘人贈送的木馬內暗藏伏兵，但族人不信所言，終致亡國；她也曾準確預言 Agamemnon 的死期、自己被 Aegisthus 和 Clytemnestra 所害、母親 Hecuba 的命運、Odysseus 歷經十年漂泊得以返家，以及 Clytemnestra 死於子女 Orestes 與 Electra 之手等情事。因此 Cassandra 也成為一種隱喻，比方某種有確實根據的預警卻不被接受或信任。參見 *agamemnon*、*hecabe*、*helenus*。

折列藍灰蝶　*Zizina otis riukuensis*

藍灰蝶

Zizeeria maha okinawana

(Matsumura, 1929)

maha

梵語「偉大的、強壯的、豐富的」。另阿拉伯語原意「羚羊」（oryx），引伸為「美人、大而美的眼睛」之意。本種由奧地利昆蟲學家 Vincenz Kollar（1797-1860）於 1844 年命名，模式標本採集自印度北部 Massuri（Mussoorie）附近 Himaleya（Himalaya）山區，故以梵語解為佳。

okinawana

「沖繩的」，由地名 Okinawa 加拉丁語陰性後綴 ana「…的、與…有關的」（通常表達身分、所有權或來源等關係）所組成，並刪減重複字母 a。本亞種模式標本雄蝶 2 隻由日本昆蟲標本商高椋悌吉（Teikichi Takamuku, 1875-1930，參見 *takamukui*）採集自 Okinawa（今日本沖繩縣）。

折列藍灰蝶

Zizina otis riukuensis

(Matsumura, 1929)

Zizina

本屬由蘇格蘭醫生暨昆蟲學家 Thomas Algernon Chapman（1842-1921）於 1910 年命名（參見 *Zizeeria*），模式種 *Z. labradus* (Godart, [1824])。Ziz 有見於聖經嬰兒名「花、分枝、一撮頭髮」和猶太神話中半獅半鷲的巨獸等義，ina 為拉丁語生物分類名稱陰性後綴「屬於、相關於、類似於、具…特徵」，*Zizina* 或可解釋為「如花似錦」。

otis

希臘語與拉丁語均指鳥類「鴇」。古德語與古英語 Otis 作人名，亦寫成 Ottis，有「富有、Otto 之子」之意。另 *Otis* 為鶴形目鴇科鴇屬。本種由丹麥動物學家 Johan Christian Fabricius（1745-1808）於 1787 年命名。

riukuensis

「來自琉球的」，由地名 Riuku（Ryukyu）加拉丁語後綴 ensis「起源於、原產於、有關於」所組成。本亞種模式標本雄蝶 1 隻由日本昆蟲標本商高椋悌吉（Teikichi Takamuku, 1875-1930，參見 *takamukui*）採集自 Okinawa（今日本沖繩縣）。

迷你藍灰蝶

Zizula hylax

(Fabricius, 1775)

Zizula

本屬由蘇格蘭醫生暨昆蟲學家 Thomas Algernon Chapman（1842-1921）於 1910 年命名（參見 *Zizeeria*）。Ziz 有見於聖經嬰兒名「花、分枝、一撮頭髮」和猶太神話中半獅半鷲的巨獸等義，ula 為拉丁語後綴「小的、小規模的、瑣碎的」，*Zizula* 或可解釋為「小花、如小花般」。

hylax

拉丁語「吠犬」。古羅馬詩人 Virgil（70 BC-19 BC）《Eclogues》（牧歌集）提及守門犬 Hylax（8.107）與 Hylas（6.43-44），吠聲宏亮；另古羅馬詩人 Ovid（43 BC-17/18 AD）《Metamorphoses》（變形記）亦有隻狂吠惱人之犬 Hylactor（3.224），皆源自希臘語動詞 hylakteo「吠」。

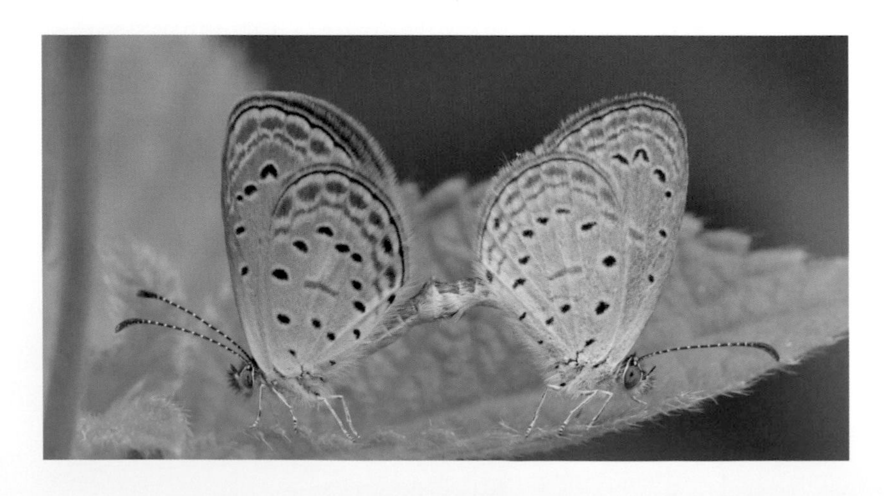

3 蛺蝶

瑙蛺蝶

Abrota ganga formosana

Fruhstorfer, 1908

TL: Formosa

Abrota

拉丁語 abrotus 之陰性詞，abrotus 源自希臘語 abrotos「禁食、齋戒、不能當食物」。abrotos 由希臘語前綴 a「缺乏、沒有」和 brotos「食物、進食」組合而成，brotos 另表「人、人類、凡人」，故 abrotos 亦有「永生、不朽」之意。

ganga

印度教女神名，亦即神聖的恆河（Ganges）。本種由英國昆蟲學家 Frederic Moore（1830-1907，參見 *moorei*）於 1857 年命名，模式標本雄雌蝶一對採集自印度 Darjeeling（大吉嶺），並於 1855 年巴黎萬國博覽會中展出。

formosana

「臺灣的」。本亞種模式標本採集自臺灣，文獻中可見德國昆蟲學家 Hans Fruhstorfer（1866-1922）發表時興奮之情：「這是該屬在 Formosa 的新種！」

♂

♀

♂

♀

苧麻珍蝶

Acraea issoria formosana

(Fruhstorfer, 1914)

TL: Formosa

Acraea

拉丁語 acraeus「住在高處的、山頂的、位居權貴的」之陰性詞，引申有「高貴的」之意。希臘神話 Acraea 為河神 Asterion 之女，與姊妹 Euboea 和 Prosymna 共同為天后 Hera 之保母，而 Mycenae 附近一座 Hera 神殿對面之山丘即以她為名。又 Acraea 山丘附近神殿眾多，因此 Acraea 或 Acraeus 亦是天神 Zeus、天后 Hera、美神 Aphrodite、女戰神 Pallas（Athena）和月神 Artemis 之別稱。

issoria

古希臘位於 Sparta 附近的 Issorion 山上有座供奉太陽神 Apollon 雙胞胎的妹妹，即月亮與狩獵女神的神殿 Artemis Issoria，因此 Issoria 成為 Artemis 之別稱。另有翅背斑紋類似豹蛺蝶屬 *Argynnis* 之 *Issoria*（珠蛺蝶屬），分布於古北界、非洲與南美洲。

♂

♀

formosana

「臺灣的」，由地名 Formosa「福爾摩沙、臺灣」加拉丁語陰性後綴 ana「…的、與…有關的」（通常表達身分、所有權或來源等關係）所組成，並刪減重複字母 a。又拉丁語 formosa 為 formosus「美麗的、英俊的、有美感的」之陰性詞。本亞種模式標本採集自臺灣。

♂

♀

綠豹蛺蝶

Argynnis paphia formosicola

Matsumura, 1926

TL: Formosa

Argynnis

希臘神話中美少年 Argynnus（或作 Argynnos）為 Pisidice 之子、Leucon 之孫、Boeotia 國王 Athamas（參見 *nephelus*）之曾孫，住在 Boeotia、Greece、Thebes 之間的 Copais 湖畔，當時希臘艦隊已集結在 Aulis 港等待風向準備進攻 Troy，聯軍統帥 Agamemnon（參見 *agamemnon*）某日上岸信步，遇見正在 Cephissus 河邊沐浴的 Argynnus，一見傾心展開熱烈追求，Argynnus 驚慌失措竟然投河自盡，Agamemnon 因此舉辦隆重葬禮並建造神廟 Aphrodite Argynnis 以

李思霖　攝影

紀念 Argynnus，從此 Argynnis 成為美神 Aphrodite 的別稱。

本屬由丹麥動物學家 Johan Christian Fabricius（1745-1808）於 1807 年命名，模式種即 *A. paphia* (Linnaeus, 1758)。

paphia

Cyprus 島西南部濱海古城 Paphos 在古希臘有座愛之女神 Aphrodite 的神廟，故 Paphia「Paphos 的」為 Aphrodite 之別稱。另 *Paphia* 為簾蛤目簾蛤科橫簾蛤屬。

formosicola

由拉丁語 formosi「美麗的、英俊的、形式完善的」和後綴 cola「居民、棲息某地的動物」之組合。本亞種模式標本雄蝶 1 隻由內田登一（Togea Uchida, 1898-1974）、河野廣道（Hiromichi Kôno, 1905-1963）和三輪勇四郎（Yoshiro Miwa, 1903-1999）等人於 1925 年 7 月 12 日採集自 Formosa（臺灣），故 *formosicola* 引申為「居住在臺灣的」。

斐豹蛺蝶

Argyreus hyperbius

(Linnaeus, 1763)

Argyreus

源自希臘語 argyreos「銀製的、銀色的」。或可釋為由拉丁語前綴 argyr「銀」與後綴 eus「由…組成、具…性質、類似…」所組成，其義相同。本屬與青鳳蝶屬 *Graphium* 由義大利醫生暨博物學家 Giovanni Antonio Scopoli（1723-1788）於 1777 年同篇報告命名，模式種 *niphe* Linnaeus, 1767（*hyperbius* Linnaeus, 1763 之同物異名），文中描述：「翅面遍布銀色或金色斑帶、斑塊、斑點，具有眼紋。」是為命名原由。

hyperbius

希臘語「氣勢磅礴的、勢不可擋的」，可作人名，如：

一、古希臘劇作家 Aeschylus《Seven Against Thebes》劇中守衛 Thebes 英雄之一，Oenops 之子，曾抵擋 Hippomedon（參見 *nesimachus*）入侵，所持之盾牌上鏤刻 Zeus 神像。

♂

♀

二、希臘神話 Egypt 國王 Aegyptus 的 50 位兒子之一，被妻子 Celaeno（Apollondorus 版，參見 *celeno*）或 Eupheme（Hyginus 版）所殺。參見 *Danaus*、*hypermnestra*。

三、希臘神話戰神 Ares 之子，以善於狩獵聞名。

四、雅典人，與其兄弟二人發明磚造技術，建造雅典第一座磚房以及圍繞 Acropolis（雅典衛城）的城牆。

五、Corinth 人，發明製陶用的轉輪（拉坯輪車）。

♂

♀

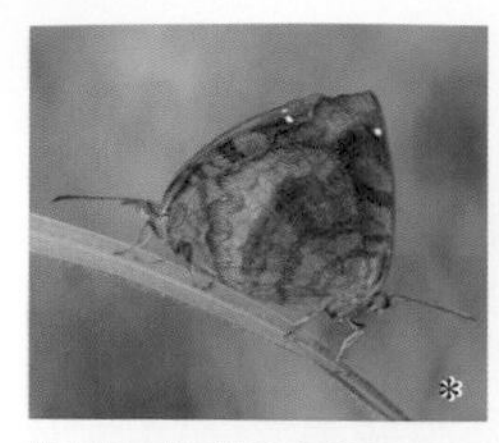

波蛺蝶

Ariadne ariadne pallidior

Fruhstorfer, 1899

Ariadne

本屬由美國醫生暨博物學家 Thomas Horsfield（1773-1859）於 1829 年命名，模式種 *Papilio coryta* Cramer, [1776]，但 *coryta* 後來歸為 *ariadne* Linnaeus, 1763 之同物異名（synonym）。由於 Horsfield 該篇報告未論及 *ariadne*，所以演變至今屬名與種小名相同，實屬巧合。又 coryta 為 corytus「弓箭袋」之陰性詞。

李思霖　攝影

ariadne

本種由 Carl Linnaeus（1707-1778）於 1763 年命名，模式標本採集自 Java（爪哇）。希臘神話 Crete 國王 Minos 驅逐兩位胞弟獲得勝利後（參見 *europa*、*sarpedon*），準備一頭雪白公牛獻給海神 Poseidon，但覺得公牛實在太美了不忍宰殺而用別頭代替。海神非常不悅，為了報復 Minos，Poseidon 讓王后 Pasiphaë 愛上公牛並生下牛頭人身的妖怪 Minotaur。Minos 不願家醜外揚，命工匠 Daedalus 建造一座只進不出的迷宮圈養 Minotaur，並且要求雅典每隔 9 年進貢青年男女各 7 名餵食牛怪，第三次進貢時，雅典青年 Theseus 自願前往，Minos 之女 Ariadne 對 Theseus 一見傾心，私下將火神 Hephaestus 精製的線團送給 Theseus，Theseus 進入迷宮殺死牛怪後循著預留線索安全出來，並且帶著公主離開 Crete。兩人在小島 Dia（Naxos）略事休息，但不知為何，Theseus 突然不告而別，留下沉睡的 Ariadne，公主醒後發現自己孤零零，整日以淚洗面，不久之後酒神 Dionysos 經過這裡，救出 Ariadne 並娶她為妻生下數子，後來 Dionysos 將 Ariadne 婚禮所戴的后冠安置在天空成為冠冕座（Corona Borealis）。

pallidior

拉丁語「較暗淡的、較蒼白的」，為形容詞 pallidus 之比較級。本亞種由德國昆蟲學家 Hans Fruhstorfer（1866-1922）於 1899 年命名，文中描述：「……取名 *pallidior*，係因翅面縱向黑色線紋均似抹除般……」是為命名原由。模式標本雄蝶 4 隻來自印度（Assam 或 Agra）和 Yunnan（雲南）。

白圈帶蛺蝶

Athyma asura baelia

(Fruhstorfer, 1908)

TL: Chip-Chip

Athyma

源自希臘語 athymos「缺乏活力、無精打采、懦弱」，而 athymos 係由前綴 a「沒有、不是」和 thymos（thumos）「精神、靈魂、情緒、勇氣」所組成。古希臘詩人 Homer 作品裡，thumos 用來描繪人物固有的情感、欲望與內心的衝動，荷馬式英雄在受到巨大情感壓力之下，常會彰顯出這種內心情緒，或與之對話，或予以怒罵。

asura

梵語，音譯「阿修羅」。印度神話最初指種種神祇，特別是善神；

逐漸演變以 Sura 為「天」，指 Asura 為 Sura 以外之「非天」而成惡神，常與因陀羅（即帝釋天，參見 *cintamani*、*indra*）所帶領之提婆（Deva）眾神爭鬥。佛教中阿修羅為六道輪迴之一（三善道：天、人、阿修羅；三惡道：畜生、餓鬼、地獄），亦是護法神天龍八部之一（參見 *Horaga*、*Mahathala*、*cinnara*、*naganum*）。

本種由英國昆蟲學家 Frederic Moore（1830-1907，參見 *moorei*）於 1858 年命名，模式標本雌蝶 1 隻採集自印度北部。另 *Asura* Walker, 1854 為裳蛾科（Erebidae）艷苔蛾屬屬名。

baelia

語源不詳，本亞種由德國昆蟲學家 Hans Fruhstorfer（1866-1922）於 1908 年命名，模式標本雄蝶 1 隻於 1908 年 7 月 3 至 15 日採集自 Chip-Chip（前水沙連原住民部落 Chip Chip 社，今南投縣集集鎮）。

雙色帶蛺蝶

Athyma cama zoroastres

(Butler, 1877)

TL: North Formosa

cama

源自梵語 kama「愛（性慾）、欲望的、渴望的」。印度神話愛神 Kama（Kamadeva），中譯「伽摩」，等同於希臘神話 Eros 和羅馬神話 Cupid。Kama 面貌俊秀、背有雙翼、膚色青綠，以鸚鵡為坐騎、甘蔗為弓、蜜蜂為弦，用五種香花裝飾箭身，中箭的神或人就會墮入情網。本種由英國昆蟲學家 Frederic Moore（1830-1907，參見 *moorei*）於 1858 年命名，模式標本雄雌蝶數隻採集自印度 Darjeeling（大吉嶺）。

zoroastres

即 Zoroastrianism（祆教）創教始祖，英語作 Zoroaster，希臘語古抄本作 Zoroastres，古伊朗 Avestan 語作 Zarathushtra，原意可能為「馴養駱駝、老駱駝守護者」。Zoroaster 生卒年不詳，出生於伊

♂

♀

朗東北部祭司家庭，30 歲時，在春日輕撫的河邊遇到善靈 Vohu Manah 的啓迪，進而創立西元九世紀前中東和西亞最具影響力的祆教，宣揚「一神論」與「二元論」：宇宙間有兩個對立的原則，善為光明、美善、生命、真理和道德之源，惡為黑暗、罪孽、死亡和物質之淵。造物主、立法者與未來審判人類之善神 Ahura Mazda 是唯一真神，惡靈首領為 Angra Mainyu（Ahriman）。祆教主張：善惡兩造長期對抗，善神終將獲勝，人類接受審判，善人升天堂，惡人墮地獄；當世界末日來臨時，萬物俱滅，但有一救世主死而復活，開啓一個不朽的世界。祆教不僅為古波斯帝國的國教，對於猶太教、基督教與伊斯蘭教都有很深遠的影響。

♂

♀

本亞種與圓翅紫斑蝶 *E. e. hobsoni* 和幻蛺蝶 *H. b. kezia* 均由英國昆蟲學家、蜘蛛學家暨鳥類學家 Arthur Gardiner Butler（1844-1925，參見 *butleri*）於 1877 年同篇報告命名，模式標本雄雌蝶一對由英國駐中國海關官員 Herbert Elgar Hobson（1844-1922，參見 *hobsoni*）採集自臺灣北部。

幻紫帶蛺蝶

Athyma fortuna kodahirai

(Sonan, 1938)

TL: 埔里

fortuna

拉丁語「好運、命運、繁榮、成功」。羅馬神話女神 Fortuna 為天神 Jupiter 之女，掌管「機會、好運與命運」，甚受婦女喜愛，認為向女神祝禱可以永保青春擄獲夫君歡心。

kodahirai

「古平的」。本亞種模式標本數隻由日人古平勝三於 1935 年購自埔里。古平勝三為昆蟲標本業者，1930 年間在臺北市兒玉町（今南昌街）開設小平（コタヒラ）製作所，從事昆蟲標本、採集用具、標本製作用品等生意，也承接印製業務，與當時昆蟲界及植物界人士交好。

♂

♀

♂ 幻紫帶蛺蝶 *Athyma fortuna kodahirai*

♀ 幻紫帶蛺蝶 *Athyma fortuna kodahirai*

寬帶蛺蝶 *Athyma jina sauteri*

寬帶蛺蝶

Athyma jina sauteri

(Fruhstorfer, 1912)

TL: Formosa

jina

源自梵語動詞 ji「戰勝、克服、超越、淩駕」，意為「勝利的、克服的、征服者、勝利者」。Jina（耆那）特指能戰勝內心依戀、欲望、憤怒、驕傲、貪婪等情感之人，或敬稱具有如此全知全能之神，耆那教信徒稱為 Jaina（參見 *jaina*）或 Jain，其教義認為人人皆可修成 Jina。

本種由英國昆蟲學家 Frederic Moore（1830-1907，參見 *moorei*）於 1858 年命名，模式標本雄蝶 1 隻來自印度 Darjeeling（大吉嶺），1855 年於巴黎萬國博覽會中展出。

sauteri

德國昆蟲學家、採集者暨標本商 Hans Sauter（1871-1943）於 1902 年 5 月來臺，主要採集椿象，同年年底遷居日本任教，勤於採集昆蟲。1905 年二度來臺，任職英商德記洋行（Tait & Co.），公餘之暇仍熱衷採集，活動範圍除無法進出的原住民居住地外，幾乎遍及全島，甚至僱用一批日本人和臺灣人協助採集，全盛時期採集人將近百位。埔里及其附近的南山溪、本部溪、眉溪皆由 Sauter 及其採集人所開發，稍後移往甲仙埔、阿里簡（里港）、港口、阿玉山、竹崎、日月潭、花蓮、太麻里等地，物種範圍也從昆蟲擴展到鳥類、兩棲類、爬蟲類和魚類。Sauter 將採集的標本贈送或賣給歐洲德國、英國、奧地利、匈牙利、荷蘭等國大學、博物館或專家分類與鑑定。1914 年第一次世界大戰爆發，Sauter 因國籍關係被迫辭職，亦無法寄送標本到歐洲，且行動受日人限制，故逐漸失去採集興趣，晚年貧困失意，1943 年過世葬於六張犁。Sauter 採集種屬衆多，單就德國昆蟲研究所（Deutsches Entomologisches Institut, DEI）收藏昆蟲 19 目、2872 屬、6001 種，完模標本 2258 點。學者專家依據 Sauter 採集而發表的報告不下 300 篇，有效學名冠以 *sauteri*、*sauteriale*、*sauterianus*、*sauterii* 之名近 300 種屬。

Sauter 將大部分蝶類標本提供或售予德國昆蟲學家 Hans Fruhstorfer（1866-1922）研究，致使 Fruhstorfer 發表衆多臺灣產蝶類報告，諸般可見 Sauter 對解明臺灣昆蟲相具有恢宏貢獻。參見 *cohaerens*、*takamukui*、*therasia*、*ermasis*、暗色娜波灰蝶、臺灣玄灰蝶。

流帶蛺蝶

Athyma opalina hirayamai

(Matsumura, 1935)

TL: Sankakuho

opalina

由拉丁語 opalus「寶石」之字首 opal 和拉丁語陰性後綴 ina「屬於、相關於、類似於、具…特徵」所組成，意為「如寶石般的」。英語 opal 指有玻璃光澤的蛋白石（$SiO_2 \cdot n\ H_2O$），可向上溯源拉丁語 opalus、希臘語 opallios 以至梵語 upala「寶石」。本種由奧地利昆蟲學家 Vincenz Kollar（1797-1860）於 1844 年命名，文中描述：「後翅內緣帶有淡綠偏白之不透明光澤……雄雌蝶腹部尾端具有淡藍綠偏白色如同寶石光輝之毛叢。」或為命名原由。

hirayamai

本亞種由日本昆蟲學先驅松村松年（Shōnen Matsumura, 1872-1960，參見 *matsumurae*）於 1935 年命名，模式標本雄蝶 1 隻由 S. Hirayama 先生於 1934 年 7 月 17 日採集自 Hori（埔裏，今南投縣埔里鎮）附近之 Sankakuho（三角峯，今南投縣仁愛鄉梅峰附近）。

日本昆蟲標本商暨業餘研究者平山修次郎（Shūjiro Hirayama, 1887-1954），1907 年 6 月隨松村來臺採集，返日後在東京經營昆蟲採集及標本製作用品製造所，1934 年 7、8 月再度來臺採集旅行，1952 年開設以展示昆蟲為主的平山博物館。1933-1940 年間經由著名出版社三省堂，出版《原色千種昆蟲圖譜》、《原色千種續昆蟲圖譜》、《原色蝶類圖譜》、《原色甲蟲圖譜》，解說雖然簡單，但以極精緻的彩色圖版介紹多種臺灣產昆蟲，引發不少日人來臺採集及研究昆蟲之興趣。參見 *hirayamana*、*sankakuhonis*。

玄珠帶蛺蝶

Athyma perius

(Linnaeus, 1758)

perius

希臘神話 Egypt 國王 Aegyptus 之子，被妻子 Hyale 所殺（Hyginus 版本），參見 *Danaus*、*hypermnestra*。

異紋帶蛺蝶

Athyma selenophora laela

(Fruhstorfer, 1908)

TL: Candidius

selenophora

由拉丁語前綴 seleno「月亮、新月、帶有新月形狀的」和後綴 phora「承載、含有、搬運、傳送」（係指生物具有的某種組織或結構）所組成。本種由奧地利昆蟲學家 Vincenz Kollar（1797-1860）於 1844 年命名，文中描述：「三段帶狀長橢圓形白斑排列成新月形。」此前後翅背面白斑排列形狀是為命名原由。

laela

阿拉伯語和希伯來語「深夜、夜晚、薄暮、微暗的」，引伸為「夜晚出生、黑髮美女、黑美人、夜美人、情人」之意。本亞種模式標本雄蝶 4 隻於 1907 年 9、10 月採集自 Candidius（日月潭）。

♂

♀

絹蛺蝶

Calinaga buddha formosana

Fruhstorfer, 1908

TL: Formosa

Calinaga

梵語 Kaliya 原意為「黑的像檀木一樣」，印度神話中蛇王 Kaliya，Coleman（1832）稱作 Calya、Calinaga，是條劇毒眼鏡蛇（naga），住在印度教天神 Krishna（黑天）童年生活的地方 Vrindavan 附近的一條名為 Yamuna 河流之中，所在數十公里之內，河水沸騰，充滿毒液，鳥獸不存，只有團花樹（Kadamba）孤零零地生長在河岸。某日黑天與村童玩球，黑天一時興起，帶著球爬上團花樹並且懸吊在河上，一不留神皮球掉落，黑天也躍入河中，此時 Kaliya 快速緊緊纏繞黑天的身體，但黑天突然變得巨大因而輕易掙

脫毒蛇的束縛。黑天不想讓蛇王危害村民，便躍到牠的頭上，以宇宙萬鈞之力用腳不斷地舞蹈著，正當蛇王氣絕之際，蛇王之妻雙手合十乞求黑天，黑天遂饒其夫不死，蛇王 Kaliya 感念恩德，發誓不再騷擾百姓，並離開 Yamuna 河遠赴 Ramanaka Dwipa，部分學者認為即今之 Fiji（斐濟）。

另說 Calinaga 由印度神話毀滅之神濕婆（Shiva）之妻 Parvati（雪山女神）的化身之一 Kali（迦梨、時母）與 naga（蛇）組合而成，雖然 Kali 常與毒蛇為伴，但兩者並無鮮明具體而又流傳甚廣的神話傳說，故 *Calinaga* 作 Kaliya 解較為適宜。

buddha

「佛陀」，佛教之創祖，即釋迦牟尼佛，梵語本意為「覺悟者、徹悟的」。本種由英國昆蟲學家 Frederic Moore（1830-1907，參見 *moorei*）於 1857 年命名，模式標本採集自印度北部。

formosana

「臺灣的」，由地名 Formosa「福爾摩沙、臺灣」加拉丁語陰性後綴 ana「…的、與…有關的」（通常表達身分、所有權或來源等關係）所組成，並刪減重複字母 a。又拉丁語 formosa 為 formosus「美麗的、英俊的、有美感的」之陰性詞。本亞種模式標本採集自臺灣，文獻中可見德國昆蟲學家 Hans Fruhstorfer（1866-1922）發表時興奮之情：「這是該屬在 Formosa 的新種！」

金鎧蛺蝶

Chitoria chrysolora

(Fruhstorfer, 1908)

TL: Kosempo

Chitoria

由印度古地名 Chitor 和拉丁語物種分類（屬）後綴 ia 所組成。Chitor（今稱 Chittor、Chittorgarh）位於今 Rajasthan 邦轄內，為 Rajput 人 Sisodia 氏族世居之地與 Sisodia 王朝首府，為維護獨立自主，建有許多堡壘防禦入侵，歷史上曾有三次因戰敗而採取獨特的殉國方式：男人身穿橘黃色長袍出城奮戰力竭而亡，婦孺則投火自焚（稱為 Jauhar）以免遭敵人蹂躪或奴役。Chittorgarh Fort 於 2013 年列為世界遺產。

本屬由英國昆蟲學家 Frederic Moore（1830-1907，參見 *moorei*）於 1896 年命名，模式種 *C. sordida* (Moore, [1866]) 產自 Sikkim（錫金）。

chrysolora

chryso 為希臘語前綴「金色的、黃色的」，solora 可能源自拉丁語 solaris「太陽」，若此，chrysolora 意為「金色太陽的」。又

♂

♀

蛺蝶

Chrysoloras 為姓氏，如中世紀晚期首將希臘文學引介至西歐之希臘外交官暨學者 Manuel Chrysoloras（c. 1355-1415）。

本種由德國昆蟲學家 Hans Fruhstorfer（1866-1922）於 1908 年命名，原列 *Apatura* 屬，可能配合屬名而將 Chrysoloras 之字尾字母 s 刪去成為 *chrysolora*，使其看似同詞性（*Apatura* 為陰性詞，希臘神話愛情女神 Aphrodite 之別名），抑或不明原因遺漏。模式標本於 1908 年 2 月採集雌蝶 1 隻、6 月採集雄蝶 2 隻，均在 Kosempo（甲仙埔，今高雄市甲仙區）。

Left ♀ 金鎧蛺蝶 *Chitoria chrysolora*
Right ♀ 武鎧蛺蝶 *Chitoria ulupi arakii*

武鎧蛺蝶

Chitoria ulupi arakii

Naritomi, 1959

TL: 新高山、埔里

ulupi

古印度梵文史詩《摩訶婆羅多》（Mahabharata）中，眼鏡蛇王 Kauravya 之女 Ulupi（人身蛇尾之意）迷戀上國王 Pandu 之三王子 Arjuna（參見 *naganum*、*pandava*），以具強力藥效的飲品使其沈醉，誘至地底王國成婚，成為 Arjuna 第二位妻子，生有一子 Iravan。其後 Ulupi 讓 Arjuna 回到第三位妻子 Chitrangada 身邊，又代為撫養 Chitrangada 之子 Babruvahana 並傳其武藝。多年後 Arjuna 舉行祭典，一匹祭祀之馬逃脫奔至 Babruvahana 領地，Arjuna 率軍隨後追來，Babruvahana 不知 Arjuna 為親生父親而於戰鬥中將他一箭射死，Ulupi 得知後立即趕到現場，以蛇族獨有的密術救活 Arjuna，並讓父子相認團聚。

♂

♀

本種由美國鱗翅目學家暨鳥類蒐集家 William Doherty（1857-1901）於 1889 年命名，文中注明：「偶見一二隻。」模式標本雄蝶 1 隻由德國鳥類學家 Ernst Johann Otto Hartert（1859-1933）採集自印度 Assam 邦東北部 Sadiya 附近之 Dikrang，另 Doherty 於 Sadiya 和 Margherita 之間 Kobong 一地採集雄蝶 1 隻。

arakii

本亞種由成富安信（Yasunobu Naritomi）於 1959 年命名，文末注明：「本亞種名獻給敬愛的蝶友荒木三郎」。完模標本雄蝶 1 隻於 1957 年 7 月 28 日採集自新高山（玉山）山腰，配模標本雌蝶 1 隻於同年 7 月 4 日採集自埔里，另有別模標本雄蝶 4 隻。另人名以 o、u、e、i、y 母音字母結尾時，字尾加 i，將主格轉換為屬格（所有格），即名詞之所有格，arakii 意為「荒木的」。

荒木三郎（Saburo Araki）曾命名三種臺灣產蝴蝶：赭灰蝶 *Ussuriana michaelis takarana* (Araki & Hirayama, 1941)、西風翠灰蝶 *Chrysozephyrus nishikaze* (Araki & Sibatani, 1941)、漣紋青灰蝶 *Tajuria illurgis tattaka* (Araki, 1949)。

黃襟蛺蝶　*Cupha erymanthis*

黃襟蛺蝶

Cupha erymanthis

(Drury, 1773)

Cupha

源自希臘語 kyphos「駝背、脊柱後凸、彎曲」。本屬由瑞典植物學家、動物學家暨解剖學家 Gustaf Johan Billberg（1772-1844）於 1820 年命名，模式種即 *C. erymanthis*。

erymanthis

希臘神話仙女 Callisto 因居住於 Arcadia 之 Erymanthus（山名、河名）一地，故別稱 Erymanthis。Callisto 為 Arcadia 國王 Lycaon 之女，追隨月神 Artemis 並誓言終身守貞，但天神 Zeus 被她美貌吸引，變成月神模樣與之共浴趁機親近，事後不讓天后 Hera 知曉，將 Callisto 變成一頭母熊，但一時疏忽未能善加保護，也或許是 Hera 早就得知而特意安排，Callisto 竟然被 Artemis 視為普通野獸追獵射殺。Zeus 愧疚之餘將 Callisto 之子 Arcas 交給信使 Hermes 的母親 Maia 撫養，另將 Callisto 化為星座以茲紀念。

某些羅馬神話版本中月神 Diana（希臘神話 Artemis）得知 Callisto 懷孕，盛怒之下將她逐出，Callisto 生產後被天后 Juno（參見 *Junonia*）變成一頭母熊，16 年後不幸遭自己兒子 Arcas 在森林中獵殺，天神 Jupiter 遂將母子二人化作星辰，是為大熊座與小熊座（參見 *tethys*）。

網絲蛺蝶

Cyrestis thyodamas formosana

Fruhstorfer, 1898

TL: Formosa

Cyrestis

源自 Crete 島之古名 Curetis，但誤加一個字母 s。Crete 為地中海第五大島，遠在 13 萬年前即有人類定居，孕育歐洲最古老的 Minos 文明（c. 2700 BC-1420 BC），西元前 1420 年 Mycenae 人稱霸於此，西元前 69 年古羅馬征服本島，其後歷經東羅馬帝國（Byzantine）與 Ottoman 帝國統治，現隸屬希臘；具豐富歷史與文化，亦是希臘羅馬神話泉源所在。參見 *Curetis* 銀灰蝶屬。

thyodamas

亦作 Theiodamas 或 Thiodamas，本意為「被神馴服的、神所驅使

的」。希臘神話中：

一、Dryopes 國王，與仙女 Menodice 生子 Hylas，參見 *hylas*。

二、古羅馬詩人 Publius Papinius Statius（c. 45-c. 96）所作《Thebaid》（底比斯戰記）詩集中，Theiodamas 為 Melampus 之子，具預言能力，當 Argos 兵分七路攻打 Thebes 時（參見 *argiades*），加入 Amphiaraus 陣營並在其陣亡後繼任指揮；被 Thebes 包圍時，天后 Juno（參見 *Junonia*）召喚睡神 Sleep 讓 Thebes 陣營的哨兵沉睡，不久 Theiodamas 受到狂烈靈動，得知 Amphiaraus 從地府傳來 Thebes 人熟睡而易受攻擊的訊息，立即帶領 30 人夜襲，大開殺戒成功突圍。

formosana

「臺灣的」。本亞種模式標本採集自臺灣，典藏於大英博物館。

金斑蝶
Danaus chrysippus
(Linnaeus, 1758)

Danaus

♂

♀

希臘神話中 Egypt 國王 Belus 與泉水仙女 Achiroe 之子，海神 Poseidon 與 Libya（參見 *Libythea*）之孫，天神 Zeus 與仙女 Io 之玄孫。Belus 將包含 Egypt 之 Arabia 傳給 Aegyptus，而將 Libya 一地傳給 Danaus，但 Aegyptus 覬覦 Danaus 的土地，要求自己 50 位兒子強娶 Danaus 的 50 位女兒（合稱 Danaids 或 Danaides），Danaus 明白孿生兄長之詭計，為避免鬩牆之禍，迅速建造一艘大船並得智慧女神 Athena 之助到達 Rhodes 島，在島上恭奉一尊 Athena 神像後啓程前往高祖母 Io 年輕時擔任天后 Hera 女祭司之 Argos 一地。到達 Argos 後 Danaus 與當地國王 Pelasgus（別號 Gelanor，大笑之人）為統治權發生爭執，雙方同意由人民表決，投票日破曉時，一頭野狼跳入一群在城牆邊吃草的牛群並攻擊領頭

♂

的公牛致死，國人認為這是神諭，於是擁護 Danaus 為王。Danaus 認為野狼是 Apollon 派遣而來，因此建造一座太陽神神廟以表感謝，另豎起天神 Zeus 和月神 Artemis 的木像，又將盾牌獻給天后 Hera（參見 *lyncida*）。不久 Aegyptus 帶著 50 位兒子追來，Danaus 為避免 Argos 人民遭受無謂的戰爭只好答應婚事，但在婚禮當天突然想起「會被女婿所殺」的古老預言，於是命令女兒們在新婚之夜刺殺丈夫，但長女 Hypermnestra 違抗父命，保全丈夫 Lynceus。Lynceus 為報兄弟之仇，怒殺 49 位公主和國王 Danaus，預言成真。參見 *hypermnestra*。

chrysippus

由希臘語前綴 chrys「金色的、黃色的」和拉丁語後綴 hippus「馬」（源自希臘語 hippos）所組合，並省略字母 h，「黃金寶馬」之意。古希臘常見男子名，如 Stoic 學派哲學家 Chrysippus（c. 279 BC-c. 206 BC）。希臘神話中：

一、Egypt 國王 Aegyptus 之子，被妻子 Chrysippe 所殺，參見 *Danaus*、*atlites*、*hypermnestra*。

二、風神 Aeolus 之子。

三、Peloponnese 地區 Pisa 國王 Pelops 之子，為一悲劇英雄人物。參見 *laius*。

本種由 Carl Linnaeus（1707-1778）於 1758 年命名，文中注明：「*Habitat in* Aegypto, America.」是以此種小名作 Egypt 國王 Aegyptus 之子解。

虎斑蝶

Danaus genutia

(Cramer, 1779)

genutia

古羅馬人名 Genutius 之陰性詞。如羅馬建城 411 年（A. C. U. 411，羅馬於西元前 753 年建城）之平民護民官 L. Genutius 曾制定律法 Genutia Lex，規定「任何人於十年內僅能出任相同之民選官職乙次，且任期一年內不得兼任它職。」「兩位執政官（Consul）得由公民階層（the Commons）經選舉出任。」

♂

流星蛺蝶

Dichorragia nesimachus formosanus

Fruhstorfer, 1909

TL: Polisha

Dichorragia

由拉丁語前綴 dicho「分成兩半、分開、散開」和後綴 rragia（rrhagia）「飛濺、洩出、爆裂、撕裂」所組成。應指本屬背翅有如流星般飛濺的斑點與短線紋。模式種 *D. nesimachus* (Doyère, [1840]) 產自印度北部。

nesimachus

或作 Mnesimachus，古羅馬作家 Gaius Julius Hyginus（c. 64 BC-17 AD）《Fabulae》（傳說集）提及他是（希臘神話中）Hippomedon

之父。古希臘悲劇詩人 Aeschylus（c. 525/524 BC-c. 456/455 BC）所著以 Oedipus 為主題之三部曲終篇《Seven Against Thebes》：當 Thebes 國王 Oedipus 得知自己在不知情的情況下娶母為妻，羞愧悲憤而刺瞎雙眼，並要求兩子 Polynices 與 Eteocles 立誓不得分裂國土，兄弟二人為避免血肉相殘，協議輪流擔任國王，然而 Eteocles 繼位一年後不但拒絕交出王權，更放逐 Polynices。Polynices 幾經漂泊到達 Argos，受到國王 Adrastus 款待，又娶公主 Argia 為妻，之後 Adrastus 召集七支大軍幫助 Polynices 進攻 Thebes，身材高大孔武有力的 Hippomedon 為七位名將之一。參見 *argiades*、*hyperbius*、*laius*。

formosanus

「臺灣的」，由地名 Formosa「福爾摩沙、臺灣」加拉丁語陽性後綴 anus「…的、與…有關的」（通常表達身分、所有權或來源等關係）所組成，並刪減重複字母 a。又拉丁語 formosa 為 formosus「美麗的、英俊的、有美感的」之陰性詞。本亞種模式標本於 1908 年 7 月採集自 Polisha（今南投縣埔里鎮），德國昆蟲學家 Hans Fruhstorfer（1866-1922）在報告中興奮地表示：「這是在 Formosa 發現的新種！」

李思霖　攝影

方環蝶

Discophora sondaica tulliana Stichel, 1905

Discophora

由拉丁語前綴 disco「鐵餅、圓盤、環」和後綴 phora「承載、含有、搬運、傳送」（係指生物具有的某種組織或結構）所組成。本屬由法國鱗翅目學家、植物學家暨醫生 Jean Baptiste Boisduval（1799-1879）於 1836 年命名，Boisduval 文獻中僅有 *D. menetho* (Fabricius, 1793)（*D. celinde* (Stoll, [1790]) 之同物異名）幼蟲和蛹圖版，以及 *D. sondaica* Boisduval, 1836 雄蝶背翅圖版，研判本屬名應指雄蝶後翅背面中央有一黑色橢圓形性標之特徵。

sondaica

拉丁語「Sonda的、巽他的」，由拉丁語地名Sonda和拉丁語陰性後綴ica「歸屬於、關聯於、與…有關、具有某種特徵或本質」所組成。Sonda（Sunda、Sonde）為爪哇西部古國名（669-1579）、種族名、群島名、島弧名，生物地理學上亦有「巽他古陸」一詞，其東界為Wallace線，即東洋界與澳新界動物群之分界線。14、15世紀世界地圖記有Sondai島，以產香料肉豆蔻聞名。本種由法國鱗翅目學家、植物學家暨醫生Jean Baptiste Boisduval（1799-1879）於1836年命名，模式標本採集自Java（爪哇）。

tulliana

由tullia加拉丁語陰性後綴ana「…的、與…有關的」（通常表達身分、所有權或來源等關係）所組成，並刪減重複字母a。Tullia（陽性詞Tullius）拉丁語原意「傾盆大雨、暴雨、噴泉」，為古羅馬著名氏族名（nomen，參見*attilia*），遍及貴族與平民，代表性人物為古羅馬王國（753 BC-509 BC）第六任傳奇國王Servius Tullius（575 BC-535 BC在位）、哲學家Marcus Tullius Cicero（106 BC-43 BC），以及Cicero之女Tullia。

另*Papilio tullia* Cramer, [1775]（preocc. *Papilio tullia* Müller, 1764）為*D. sondaica* Boisduval, 1836之同物異名（synonym）。德國昆蟲學家Hans Stichel（1862-1936）曾於1902年詳加研究當時*Discophora*屬已知所有蝶種並劃分族群，或許*tulliana*有紀念*P. tullia*之意味。

藍紋鋸眼蝶

Elymnias hypermnestra hainana

Moore, 1878

Elymnias

由希臘語 elymus（elymnus）之字首 elymn 與後綴 ias「由…做成的、歸屬於」所組成。elymus 或有三說：

一、希臘神話盲人先知 Anchises 之子 Elymus，Troy 戰爭結束後逃難至 Sicily 島，定居在 Crinisus 河畔，當兄長 Aeneas 帶領若干倖存者隨後到達時，Elymus 建造 Segesta（Aegesta）和 Elyme 兩座城鎮安置同胞，因此在 Sicily 島的 Troy 人自稱 Elymi，以紀念 Elymus。另古羅馬時代希臘歷史學暨地理學家 Strabo（64/63 BC-c. AD 24）稱其為 Elymnus，是以觀之，*Elymnias* 之字母 n 應非誤加。

二、古羅馬管樂器，源自古希臘直笛（aulos），單管或一長一短之雙管，尾端安裝一個用獸角製成的喇叭口，聲音渾厚明亮如「嗡嗡」狀，別稱 Phrygian tibia、Phrygian aulos、elymos aulos，經常於酒神慶典中使用。

三、古希臘著名醫學家 Hippocrates（c. 460 BC-c. 370 BC）命名之一種雜糧。Carl Linnaeus（1707-1778）於 1753 年命名為 *Elymus*（禾本科披鹼草屬）。

本屬模式種為產自 Java 之 *E. hypermnestra* (Linnaeus, 1763)，食草為棕櫚科（Arecaceae）之省藤屬（*Calamus*）、可可椰子屬（*Cocos*）、刺軸櫚屬（*Licuala*）、海棗屬（*Phoenix*）等植物。本屬名應以一、二項釋義較佳。

hypermnestra

希臘語「衆人追求之女子」。希臘神話 Hypermnestra 概有三位：

一、Thestius 和 Eurythemis 之女，與 Althaea 和 Leda（Helen 之母，參見 *leda*）為三姊妹。Argos 國王 Oecles 之妻，Amphiaraus（參見 *thyodamas*）之母。

二、Erysichthon 之女 Mestra 的別名。

三、Argos 國王 Danaus 與 Pieria（一說 Elephantis）所生之長女，新婚之夜 Hypermnestra 因丈夫 Lynceus 敬重她保有處子之身的意願而違背父親之命，拒絕殺害夫婿，Danaus 盛怒之下將女兒關入大牢。Lynceus 為報兄弟之仇，怒殺 49 位公主和國王 Danaus。49 位公主死後發配到冥府 Tartarus，受罰注水到永遠不可能灌滿的無底之桶，而 Hypermnestra 經美神 Aphrodite 相救與丈夫團圓，死後則至極樂世界（Elysiom）。參見 *Danaus*、*lyncida*。

雨季型 Wet-season form

本種由 Carl Linnaeus（1707-1778）於 1763 年命名，雖列於 Papilio Nymphalis 之內，依 Linnaeus 命名特性，以 Danaus 之女解為宜。

hainana

「海南島的」，由地名 Hainan「海南」加拉丁語陰性後綴 ana「…的、與…有關的」（通常表達身分、所有權或來源等關係）所組成，並刪減重複字母 a。本亞種由英國昆蟲學家 Frederic Moore（1830-1907，參見 *moorei*）於 1878 年命名，模式標本雄雌蝶一對由英國外交官暨博物學家 Robert Swinhoe（1836-1877，參見 *swinhoei*）（於 1868 年 4 月）採集自海南島。

乾季型　Dry-season form

圓翅紫斑蝶

Euploea eunice hobsoni

(Butler, 1877)

TL: North Formosa

Euploea

源自希臘語前綴 eu「良好的、宜人的、適當的、正確的」和 ploion「船」之組合。希臘語 euploia（拉丁語作 euploea）意為「順暢的旅程」（fair voyage），希臘神話中 Euploia 是掌管愛與美之著名女神 Aphrodite（羅馬神話 Venus）的別名，多處建有 Aphrodite Euploia 神廟，因此 Aphrodite 亦是船員的保護神。

eunice

「勝利的」，源自希臘語 eunike，此由希臘語前綴 eu「良好、優

秀、正確、真正」與 nike「勝利」所組成。希臘神話中概有三位女子名為 Eunice：

一、海神 Nereus 與海洋仙女 Doris 所生 50 位女兒（合稱 Nereides）之一。

二、為祭祀 Crete 島牛頭人身之 Minotaur 而準備犧牲的少女之一，參見 *ariadne*。

三、被 Hylas 容貌吸引的泉水仙女之一，參見 *hylas*。

hobsoni

本亞種與雙色帶蛺蝶 *A. c. zoroastres* 和幻蛺蝶 *H. b. kezia* 均由英國昆蟲學家、蜘蛛學家暨鳥類學家 Arthur Gardiner Butler（1844-1925，參見 *butleri*）於 1877 年同篇報告命名，模式標本雄蝶 1 隻由英國駐中國海關官員 Herbert Elgar Hobson（1844-1922）採集自臺灣北部，Butler 以此名感謝之。人名 Hobson 字尾加 i，為古典拉丁文變格（declension）處理方式，可成為第二類變格之單數屬格（genitive singular），意為「Hobson 的」。

Hobson 於 1862 年進入大清皇家海關總稅務司，1877 年抵臺，工作之餘在淡水、高雄、恆春地區共採集兩百多種蝴蝶，送回大英博物館供 Butler 和 Frederic Moore（1830-1907，參見 *moorei*）等人研究，1912 年退休。Hobson 旅華 50 年拍下數百張中國官員、百姓、建築和風景照片，後人透過照片與照片背面注解，得以一窺晚清面貌。

異紋紫斑蝶

Euploea mulciber barsine

Fruhstorfer, 1904

TL: Ku-Sia

mulciber

源自拉丁語動詞 mulceo「使其軟化」，特指鐵匠工作，故 mulciber 具「煉鋼師」之意，Mulciber 為羅馬神話天神 Jupiter 與天后 Juno（參見 *Junonia*）之子火神 Vulcan 的別名，常見於拉丁詩詞中，可能是種委婉的稱呼，以免火神降下祝融之災損及百姓生命與財產，抑或祈求火神慷慨賜福。

barsine

波斯語「三葉草」（clover），可作女子名，最具知名者為古波

♂

斯 Hellespontine Phrygia 總督 Artabazus 之女 Barsine（c. 363 BC-309 BC），因同盟聯姻下嫁 Rhodes 島傭兵領袖 Mentor 為妻，Mentor 死後改嫁其弟 Memnon（參見 *memnon*）。西元前 336 年，Memnon 戰勝馬其頓國王 Philip 二世，被波斯國王 Darius 三世任命為波斯軍統帥。西元前 334 年，Alexande 大帝東征，Memnon 將妻兒送給 Darius 三世作為人質，以表忠誠。次年 Memnon 驟逝，接著 Alexande 大帝攻陷 Damascus，出身高貴、貌美嫻淑、氣質高雅，又受過良好希臘教育的 Barsine 立即受到大帝垂愛成為情婦，據傳大帝之子 Heracles（與神話人物同名）為 Barsine 所生。西元前 323 年，Alexande 大帝駕崩，眾將奪權，Heracles 未能繼位。西元前 309 年，大帝部將 Polyperchon 謀害母子二人，向 Cassander（305 BC-297 BC 在位為馬其頓國王）交換奪權所需之武力與援助。

本亞種模式標本雌蝶 1 隻於 1902 年 10 月 1 至 10 日間採集自臺灣南部 Ku-sia。

♀

雙標紫斑蝶

Euploea sylvester swinhoei

Wallace & Moore, 1866

TL: Takow

sylvester

拉丁語「森林的、樹林的、荒野的」，或作 silvester。

swinhoei

最早來臺灣進行學術性採集的英國首任駐臺領事 Robert Swinhoe（1836-1877，中譯郇和、斯文豪、史溫侯、斯溫侯），在臺前後 4 年期間廣泛採集動植物，並以西方分類法進行鑑定、整理及分類，他於 1862 年發表〈On the mammals of the Island of Formosa〉，咸認

♀

是首篇有關臺灣產動物的研究報告。親自命名或因他有系統地採集而發表的臺灣物種，包含 227 種鳥類、近 40 種哺乳動物、246 種植物、200 多種陸生蝸牛與淡水貝類、400 多種昆蟲，以及一些兩棲爬蟲類、魚類、無脊椎動物，堪稱臺灣動物學的奠基者。1863 年發表〈Catalogue of the birds of China, with remarks principally on their geographical distribution〉的報告中，探討臺灣在動物地理學上的特異性，並指出臺灣的動物相與日本、菲律賓地域關係不深，而與（中國西部）喜瑪拉雅山區系有密切關係，此論點從後人研究調查中得以證實。Swinhoe 具備探險家精神與敏銳觀察力，生態筆記深入詳實，對於臺灣原住民生活觀察入微，為後人留存珍貴史料。

本亞種由英國著名生物地理學之父與博物學家 Alfred Russel Wallace（1823-1913）和英國昆蟲學家 Frederic Moore（1830-1907，參見 *moorei*）於 1866 年命名，該篇〈List of Lepidopterous Insects collected at Takow, Formosa, by Mr. Robert Swinhoe〉發表於 Proceedings of Zoological Society of London，是關於臺灣昆蟲最早的學術報告。模式標本 1 隻由 Swinhoe 採集自 Takow（今高雄）內陸（距離港口）數英里之山腳下。另人名以 o、u、e、i、y 母音字母結尾時，字尾加 i，將主格轉換為屬格（所有格），即名詞之所有格，本種小名意謂「Swinhoe 的」。

小紫斑蝶

Euploea tulliolus koxinga

Fruhstorfer, 1908

TL: Suisha-See

tulliolus

tulliola 由 tullia 刪去字尾 a 加拉丁語後綴 ola 所組成（參見 *tulliana*），其陽性詞為 Tulliolus。olus 為 ulus「小型的、年輕的」之變體，加在字尾為母音的名詞之後，同具暱稱之意。

Tulliola 和 Tulliolus 可作人名。如 Cicero 暱稱愛女 Tullia 為 Tulliola。又西班牙人文主義學者 Juan Luis Vives（1493-1540）《Exercitatio linguae latinae》（拉丁語練習，英譯 Tudor School-Boy Life: The Dialogues of Juan Luis Vives）一書〈對話六〉中，以母親、三位男孩 Tulliolus、Lentulus、Scipio 和女孩 Corneliola 之間的互動，闡述在遊戲中學習的重要性。都鐸時期的英國教師會為學生撰寫戲劇台詞，試圖透過戲劇來輔助教育的學習模式，而 Vives 撰寫人物對話作為練習語言的方法，以增進學童精通拉丁語會話，《拉丁語練習》在 1539 年出版後便大獲好評。

koxinga

荷蘭語「國姓爺」，即鄭成功。本亞種由德國昆蟲學家 Hans Fruhstorfer（1866-1922）於 1908 年命名，文中特別注明：「以國姓爺命名，該島民族英雄，曾是中國海盜，1661 年驅逐荷蘭人後治理福爾摩沙。」模式標本雄雌蝶一對於 1907 年 9 月底採集自 Suisha-See（水社海，即日月潭）。

臺灣翠蛺蝶

Euthalia formosana

Fruhstorfer, 1908

TL: Kosempo

Euthalia

源自希臘語 euthaleia「花朵、盛開」，而 euthaleia 由前綴 eu「良好的、宜人的、適當的、正確的」和源自 thallo「發芽、開花」之 thaleia 所組成。

♂

formosana

「臺灣的」，由地名 Formosa「福爾摩沙、臺灣」加拉丁語陰性後綴 ana「…的、與…有關的」（通常表達身分、所有權或來源等關係）所組成，並刪減重複字母 a。又拉丁語 formosa 為 formosus「美麗的、英俊的、有美感的」之陰性詞。本種模式標本於 1908 年 6 月 2 至 10 日採集自 Kosempo（甲仙埔，今高雄市甲仙區）。

♀

窄帶翠蛺蝶

Euthalia insulae

Hall, 1930

TL: Formosa

insulae

拉丁語「島嶼的」。本亞種模式標本採集自臺灣。

紅玉翠蛺蝶

Euthalia irrubescens fulguralis

(Matsumura, 1909)

TL: Horisha

李思霖　攝影

irrubescens

由拉丁語前綴 ir「不、不是」和 rubescens「變成紅色的、微紅的、略帶紅色的」所組成。前綴 in、il、im、ir 詞意皆同，均表否定，用法端視其後所接形容詞字首字母而定。本種由英國昆蟲學家 Henley Grose-Smith（1833-1911）於 1893 年命名，模式標本雄蝶 1 隻採集自 Omei-shan（峨眉山），Grose-Smith 於報告中多次使用 crimson「深紅色」描寫翅膀斑點和斑塊，取名 *irrubescens* 頗有與本意相反之「不是微紅，而是深紅」的趣味性。

fulguralis

拉丁語「閃電般的、快速的」，由拉丁語名詞 fulgur「閃電、霹靂、雷電」加後綴 alis「有關於、歸屬於、…的、具有…特性」所組成。本亞種由日本昆蟲學先驅松村松年（Shōnen Matsumura, 1872-1960，參見 *matsumurae*）於 1909 年命名，模式標本雄雌一對採集自 Horisha（今南投縣埔里鎮），雌蝶由素木得一（Tokuichi Shiraki, 1882-1970，參見 *shirakiana*）採集，雄蝶由松村僱用之採集人採集。

甲仙翠蛺蝶

Euthalia kosempona

(Fruhstorfer, 1908)

TL: Kosempo

♂

kosempona

「甲仙埔的」，由地名 Kosempo「甲仙埔」加拉丁語陰性後綴 ana「…的、與…有關的」（通常表達身分、所有權或來源等關係）所組成，並刪除發音近似 o 之字母 a。本種模式標本雌蝶 1 隻於 1908 年 6 月 24 至 30 日採集自 Kosempo（今高雄市甲仙區）。

♂

串珠環蝶

Faunis eumeus

(Drury, 1773)

Faunis

Faunus 之到格（與格，dative case）或從格（奪格、離格，ablative case）之複數型。羅馬神話中 Faunus 原為具有傳達神諭能力的 Latium 國王，死後升格為森林、原野與草原等土地的保護神，掌管農業、牧羊人與牛群繁殖，是最古老的神祇之一。西元前 3 世紀，古羅馬人開始將古羅馬神祇對應古希臘神祇時，Faunus 即連結到希臘神話牧神 Pan，描述成來自 Arcadia 的牧羊人保護神，具有羊角、人身與羊腿等外型。而 Faun 為一群追隨 Faunus 的林間精靈，個性癡傻愚蠢，會憑著一時喜惡，幫助或作弄旅人。參見 *Satyrium*（灑灰蝶屬）。

eumeus

亦作 Eumaeus，Homer 史詩《Odyssey》中 Eumaeus 原為 Syria 島上的王子，照顧他的保母受到一位來自家鄉（Phoenicia）的水手慫恿，帶著年幼的王子逃跑，Eumaeus 輾轉淪落到 Ithaca，被 Odysseus 的父親、國王 Laertes 收養，和 Odysseus 一同長大。當 Odysseus 歷經 10 年戰爭與 10 年漂泊後回到故鄉 Ithaca，喬裝成乞丐投宿豬農 Eumaeus 家中，忠實的僕人一時未能認出仍然熱心提供食宿，之後 Odysseus 與兒子 Telemachus（參見 *Ypthima*、*phedima*）和 Eumaeus 相認，共謀回到王宮剷除眾多追求愛妻 Penelope 的貴族，終於全家團圓。

本種由英國昆蟲學家 Dru Drury（1724-1803，參見 *phalantha*）於 1773 年命名，僅有圖版而無文字敘述；有趣的是，德國昆蟲學家 Jacob Hübner（1761-1826）於 1819 年以本種為模式種命名新屬 *Faunis* 時，可能從 *eumeus* 獲得靈感，並於同篇報告命名另一新屬 *Eumaeus*，其模式種為 *E. minyas* (Hübner, [1809])。

普氏白蛺蝶

Helcyra plesseni

(Fruhstorfer, 1913)

TL: Formosa

Helcyra

本屬由奧地利昆蟲學家 Cajetan Felder（1814-1894）於 1860 年命名（模式種 *H. chionippe* Felder, 1860），由源自希臘語 helkos「潰瘍、傷口、腐爛物」之拉丁語前綴 helco 與源自希臘語 oura「尾、具有尾部」之拉丁語後綴 ura 所組成，並刪減字母 o，本應寫成 *Helcura*，但美國地質學家 Edward Hitchcock（1793-1864）已於 1848 年依據古生物爬痕化石，命名一種具尾部拖曳特徵之海龜類屬名為 *Helcura*，由源自希臘語 helktos「拖曳」之拉丁語前綴 helcto 與拉丁語後綴 ura 組成，並刪減字母 to，「尾部拖曳」之意。故 Felder 將 u 改為 y 而

成 *Helcyra*。本屬名可能指其翅腹面黑褐色與黃橙色小紋形似潰瘍傷口而言。

plesseni

據白水隆（1960）稱：本種係由德國昆蟲學家 Hans Fruhstorfer（1866-1922）以居住在德國慕尼黑 Baron von Plessen 所收藏 1 隻標注產地為臺灣的雄蝶所發表，故本種小名表達感謝（或紀念）之意。人名 Plessen 字尾加 i，為古典拉丁文變格（declension）處理方式，可成為第二類變格之單數屬格（genitive singular），意為「Plessen 的」。

Fruhstorfer 於 1913 年〈Neue indo-australische Rhopaloceren〉一文中記錄曙鳳蝶雌蝶 1 隻，注明：「如此不凡的蝶種以往僅見雄蝶，Baron von Plessen 先生非常幸運地在臺灣東部發現 1 隻雌蝶。」同篇報告亦命名若干由 von Plessen 採集或收藏之新種，其中 *Euthalia irrubescens gustavi*（即紅玉翠蛺蝶之同物異名）以人名 Gustav 為新亞種名（雄蝶 1 隻採集自臺灣）；又 *Radena juventa messana*（即 *Ideopsis juventa* (Cramer, [1777]) 之同物異名）注記為 Baron G. v. Plessen, München 所收藏。故合理推測此人應是 Baron Gustav von Plessen。

von Plessen 熱愛熱帶蝴蝶，收藏鱗翅目標本高達 15000 隻，多數品項良好，單就 1897 至 1909 年採集、交換或收購之熱帶蝴蝶標本價值當時 10860 馬克（約合今日 65000 歐元），許多南美洲蝴蝶標本更是研究演化的珍貴材料，其所有標本於 1920 年捐贈德國基爾動物博物館（Zoologische Museum Kiel）。

白蛺蝶

Helcyra superba takamukui

Matsumura, 1919

TL: 埔里社

superba

拉丁語「燦爛的、卓越的、傑出的、顯著的、華麗的」。本種由英國昆蟲學家 John Henry Leech（1862-1900）於 1890 年命名，模式標本雄雌蝶數隻由英國探險家暨標本採集者 Antwerp Edgar Pratt（1852-1924）和助手 Franz Kricheldorff（1853/54-1924）於 1889 年 7 月採集自 Setchuen（四川）Chia-Kou-Ho（金口河，今四川省樂山市金口河區），文中注記：「一組燦爛標本採集自 Chia-Kou-Ho。」是為命名原由。

takamukui

本亞種由日本昆蟲學先驅松村松年（Shōnen Matsumura, 1872-1960，參見 *matsumurae*）於 1919 年命名，模式標本雄蝶 1 隻（圖版標注為雌蝶）由高椋悌吉採集自埔里社（今南投縣埔里鎮），文中注明：「產於臺灣埔里社地區，不僅非常稀有，還會高飛，難以捕獲。」另人名以 o、u、e、i、y 母音字母結尾時，字尾加 i，將主格轉換為屬格（所有格），即名詞之所有格，本亞種名意謂「高椋的」。

日本昆蟲標本商高椋悌吉（Teikichi Takamuku, 1875-1930）和朝倉喜代松（參見劍鳳蝶）等人都是德國昆蟲學家、採集者暨標本商 Hans Sauter（1871-1943，參見 *sauteri*）培育的採集名人，後來各立門戶成為標本商，奠定臺灣昆蟲標本加工業的基礎。

紅斑脈蛺蝶

Hestina assimilis formosana

(Moore, 1895)

TL: Formosa

Hestina

由希臘語 hestia「爐灶、壁爐、家庭、房屋」加上拉丁語分類名稱陰性後綴 ina「屬於、相關於、類似於、具…特徵」所組成。

希臘神話中爐灶與家庭的保護女神 Hestia，是 Titan 神 Cronus 和 Rhea 之長女、Zeus 之姊，代表女性的貞潔、賢惠、善良、勤勞，相當於羅馬神話中的 Vesta。Hestia 拒絕海神 Poseidon 和太陽神 Apollon 的追求，不認同美神 Aphrodite 的價值觀，誓言永守處子之身，與月神 Artemis 和智慧女神 Athena 並列三大處女神。天神 Zeus 請她守護 Olympia 爐火，並優先享用祭祀物品。另古希臘家庭中的壁爐亦是擺放犧牲之祭壇。

本屬成員翅紋與斑蝶類相似，具有擬態關係。

assimilis

拉丁語「類似的、相似的」。由前綴 as 與 similis「類似、相似」所組成。前綴 as 等同前綴 ad「朝向、傾向」，但 as 之後接以 s 開頭之字詞。本種由 Carl Linnaeus（1707-1778）於 1758 年命名，文中描述：「非常類似 *P. Simili*。」*P. Simili* 應為 *P. Similis*，即旖斑蝶 *Ideopsis similis*，參見 *similis*。

formosana

「臺灣的」，由地名 Formosa「福爾摩沙、臺灣」加拉丁語陰性後綴 ana「…的、與…有關的」（通常表達身分、所有權或來源等關係）所組成，並刪減重複字母 a。又拉丁語 formosa 為 formosus「美麗的、英俊的、有美感的」之陰性詞。本亞種模式標本雄蝶（1 隻）採集自臺灣。

幻蛺蝶

Hypolimnas bolina kezia

(Butler, 1877)

TL: North Formosa

Hypolimnas

由希臘語 hypo「…之後、…之下、在下面的」與屬名 *Limnas* 所組成。*Limnas* 與 *Hypolimnas* 由德國昆蟲學家 Jacob Hübner（1761-1826）先後於 1806、1819 年命名，故 *Hypolimnas* 意為「*Limnas* 屬之後」。*Limnas* 為 *Danaus* Kluk, 1780 之同物異名（synonym），*Limnas* 之模式種為金斑蝶 *Danaus chrysippus* (Linnaeus, 1758)。*Danaus* 之模式種為 *D. plexippus* (Linnaeus, 1758)。*Hypolimnas* 之模式種為 *H. pandarus* (Linnaeus, 1758)。

希臘語 limnas 為「溼地、沼澤、湖泊」之意，希臘神話中 Limnas 為湖泊仙女。

本屬有明顯的雌雄異型性，雌蝶與斑蝶類具擬態關係，如雌擬幻蛺蝶（*H. misippus*）之雌蝶擬態成金斑蝶。

bolina

依據古羅馬時代希臘地理學家暨旅行家 Pausanias（c. 110-180）記載，希臘神話中住在 Achaea 的平凡少女 Bolina 受到太陽神 Apollon 愛戀，當太陽神想要一親芳澤時，她卻跳入海中逃離 Apollon 的追求，最後太陽神為了救她而賦予她不朽的神性，成為海洋仙女。希臘 Achaea 北部濱海古城 Bolina 即以她為名。

kezia

出自希伯來語 Keziah「肉桂」，古羅馬時代希臘藥理學家 Pedanius Dioscorides（c. 40-c. 90）轉譯為希臘語 Cassia。Keziah 亦為女子名，象徵女性平等，如《舊約聖經》約伯之次女（Job 42:14）。

本亞種與雙色帶蛺蝶 *A. c. zoroastres* 和圓翅紫斑蝶 *E. e. hobsoni* 均由英國昆蟲學家、蜘蛛學家暨鳥類學家 Arthur Gardiner Butler（1844-1925，參見 *butleri*）於 1877 年同篇報告命名，模式標本由英國駐中國海關官員 Herbert Elgar Hobson（1844-1922，參見 *hobsoni*）採集自臺灣北部。Butler 並注記：「普蝶。」

♂

♂

雌擬幻蛺蝶

Hypolimnas misippus

(Linnaeus, 1764)

misippus

語源不詳。本種由 Carl Linnaeus（1707-1778）於 1764 年命名。可能由源自希臘語 misos「憎恨、仇恨、憎惡」之前綴 mis 與拉丁語 hippus「馬」之字尾 ippus 所組成。另參考同物異名 *diocippus* Cramer, [1775]，*misippus* 或許與拉丁語 cippus「樁、柱、碑、墓碑、柵欄、地標」有關。又拉丁語 dio「神祇的、像神的」。

♂ ♀

♂ ♀

大白斑蝶

Idea leuconoe clara

(Butler, 1867)

Idea

希臘語「觀念、想法、圖案型態」。拉丁語 idea 源自希臘語，同義，另有「原型、內心圖像、顯露」之意。本屬由丹麥動物學家 Johan Christian Fabricius（1745-1808）於 1807 年命名，模式種為 *Idea idea* (Linnaeus, 1763)，可見 Fabricius 以 Linnaeus 命名之種小名為屬名，故 *Idea* 具「原型」意涵。

leuconoe

由拉丁語前綴 leuco「白色的、沒有色彩的、淡色的」和 noe「含

意、感受」，可引申為「純潔的內涵」。希臘神話中 Leuconoe 為多位女子名，較知名者為 Boeotia 地區 Orchomenus 國王 Minyas 的次女，又稱作 Leucippe。古羅馬詩人 Ovid（43 BC-17/18 AD）《Metamorphoses》（變形記）述說 Minyas 三個女兒（合稱 Minyades）在酒神節慶時紡紗織布不去祭祀，藐視酒神好意逕自聊天說事，被酒神 Bacchus 懲罰變成蝙蝠。

clara

拉丁語 clarus「清晰的、明亮的、聞名的、受尊敬的」之陰性詞。本亞種由英國昆蟲學家、蜘蛛學家暨鳥類學家 Arthur Gardiner Butler（1844-1925，參見 *butleri*）於 1867 年命名，文中敘明：「翅面潔白如雪……」應是命名原由。

旖斑蝶

Ideopsis similis

(Linnaeus, 1758)

Ideopsis

由白斑蝶屬 *Idea* 刪除字母 a 和拉丁語後綴 opsis「外貌、相似」組合而成，「形似白斑蝶屬」之意。本屬由美國醫生暨博物學家 Thomas Horsfield（1773-1859）於 1857 年命名，模式種為 Horsfield 於 1829 年命名、原列在 *Idea* 屬之 *Ideopsis gaura*（白旖斑蝶）。*Ideopsis* 與 *Idea* 兩屬差異在於：*Ideopsis* 觸角明顯成棍棒狀，且足爪無 *Idea* 般具有爪墊（pulvillus）。然而大白斑蝶 *Idea leuconoe clara* 雖和旖斑蝶 *Ideopsis similis* 外觀迥異，卻與白旖斑蝶 *Ideopsis gaura* 相當類似。

similis

拉丁語「類似的、相似的」。Carl Linnaeus（1707-1778）於 1758 年同篇同頁連續命名三種蝶類 *similis*、*assimilis*、*dissimilis*，具有「像、很像、不像」之文字趣味，其中 *assimilis* 即紅斑脈蛺蝶 *Hestina assimilis*，*dissimilis* 則是 *Papilio clytia* Linnaeus, 1758 之同物異名（synonym）。

眼蛺蝶

Junonia almana

(Linnaeus, 1758)

Junonia

由羅馬神話天后 Junon（Juno）之名和拉丁語物種分類（屬）後綴 ia 所組成。Juno 為天神 Jupiter（別名 Jove）之妻、戰神 Mars 和火神 Vulcan 之母，相當於希臘神話主神 Zeus 之妻 Hera，孔雀為其主要象徵物。古羅馬詩人 Ovid（43 BC-17/18 AD）《Metamorphoses》（變形記）中描述 Juno 曾命百眼巨人 Argus 看守遭丈夫 Jupiter 誘拐並變成小母牛的仙女 Io，於是 Jupiter 囑咐信使 Mercurius（即 Mercury）前往營救，Mercurius 用音樂、故事和催眠杖讓巨人閉目睏睡後割其首級，Juno 憐憫 Argus 之忠心，將其百眼鑲在坐騎孔雀的羽毛上作為紀念。因此 Junonia 另有「Juno 之鳥」即「孔雀」之意，此時後綴 ia 可釋為「歸屬於、來自於、有關於」。

almana

希臘神話某仙女名，事蹟不詳。另希伯來語 almana 為「單獨、孤獨、寡婦」之意。本種由 Carl Linnaeus（1707-1778）於 1758 年命名，模式標本來自亞洲（中國廣東）。

雨季型　Wet-season form

乾季型　Dry-season form

波紋眼蛺蝶

Junonia atlites

(Linnaeus, 1763)

atlites

即 Athletes，法語譯為 Atlitès，消除重音符（grave accent）「`」成為種小名 *atlites*，希臘神話 Egypt 國王 Aegyptus 的 50 位兒子之一（Hyginus 版），被妻子 Europome 所殺。本種小名與鋸眼蝶屬 *Elymnias* 之 *hypermnestra* 均由 Carl Linnaeus（1707-1778）於 1763 年同篇同頁命名。參見 *Danaus*、*celeno*、*hypermnestra*。

另說 *atlites* 由希臘神話 Altas 之字首 alt 和拉丁語後綴 ites「天然的、居民的、定居的、後裔的、子孫的」所組成。Altas 屬 Titan 神族，與天神 Zeus 率領之 Olympus 眾神抗爭失敗後，被 Zeus 處罰以頭肩支撐蒼天。

黯眼蛺蝶

Junonia iphita

(Cramer, 1779)

iphita

拉丁語 Iphitus（同希臘語 Iphitos）之陰性詞，源自希臘語 iphi「勇敢的、偉大的」。希臘神話 Iphitos 概有下列數位：

一、Oechalia 國王 Eurytus 之子，當 Heracles 贏得國王為公主 Iole 舉辦之招親射箭比賽，Eurytus 卻發覺 Heracles 曾誤殺前妻 Megara，深怕愛女受到傷害，因此拒絕許配公主，王子 Iphitos 卻認為父王應該信守承諾，然而 Heracles 終究懷恨離去。不久，國內丟失牛群，咸認 Heracles 涉嫌，只有 Iphitos 不信，其實是神偷 Autolycus 所為。Autolycus 將牛群賣給不知情的 Heracles，當 Iphitos 尋牛時遇到 Heracles，卻被 Heracles 誤解以為 Iphitos 視他為竊賊，Iphitos 不幸被勃然大怒的 Heracles 誤殺而亡。

二、Elis 人，為 Copreus 所殺。

三、Naubolus 之子、Phocis 國王，奉 Delphi 神殿中之神諭款待

雨季型　Wet-season form

乾季型　Dry-season form

Jason，其後加入尋找金羊毛的 Argo 號。其子 Schedius 和 Epistrophus 在 Troy 戰爭中領導 Phocis 人作戰。

四、Elis 國王，曾請示神諭如何將希臘從戰爭和疾病的苦難中拯救出來，Delphi 神殿女祭司告知他須籌辦競技比賽以彰顯希臘諸神的榮耀，是為奧林匹克競賽。

五、Troy 戰爭中一位年長 Troy 人，其子 Archeptolemus 曾為 Hector 駕駛戰車。

鱗紋眼蛺蝶 *Junonia lemonias aenaria*

鱗紋眼蛺蝶

Junonia lemonias aenaria

(Fruhstorfer, 1912)

TL: Formosa

lemonias

本種由 Carl Linnaeus（1707-1778）於 1758 年命名，概有三解：

一、希臘語 lemonias 為 lemonia「檸檬樹」之單數屬格。Linnaeus 於文中描述：「翅面帶有淡黃色斑點」，斑點顏色類似檸檬或為命名原由。

二、平嶋義宏（1999）認為是 lemnias「Lemnos 島的女子」誤加字母 o 而來。而 Lemnias 特指 Lemnos 島上的公主 Hypsipyle。見於古羅馬詩人 Ovid（43 BC-17/18 AD）書信體詩集《Heroides》第 6 首第 1 行開頭「Lemnias Hypsipyle……」。

三、Heller（1983）認為源自 Lemoniades「草地或草原仙女」。Lemoniades 或作 Limoniades、Limniades。

aenaria

義大利 Naples 西南方 30 公里之 Ischia 火山島，西元前 8 世紀即有古希臘人遷徙至此發展貿易，古希臘稱 Pithekousai，古羅馬稱 Aenaria；古羅馬哲學家與博物學家 Gaius Plinius Secundus（23-79，參見 *plinius*）認為此名應與 Aeneas 登陸之地有所關聯，實則此字源自拉丁語 aenum「銅、青銅」。

青眼蛺蝶

Junonia orithya

(Linnaeus, 1758)

orithya

亦作 Orithyia、Oreithyia，希臘語原意為「狂行山林間的女子」。希臘神話中：

一、雅典國王 Erechtheus 之女 Orithyia 在河邊採花，北風之神 Boreas 一見傾心並擄走公主。Orithyia 原為凡人，自此成為不朽的「冷冽山風女神」，她為 Boreas 生下二男（Calais、Zetes）二女（Chione、Cleopatra），Calais 和 Zetes 遺傳父親特徵，頭腳皆有飛翼，加入尋找金羊毛的 Argo 號，並且幫助 Jason 趕走眾多人身鳥首 Harpy 女妖（參見 *celeno*）。

二、海神 Nereus 與海洋仙女 Doris 所生 50 位女兒（合稱 Nereides）之一。

三、山林仙女，Adonis 的外曾祖母。

四、希臘和羅馬傳說中繼承母親 Marpesia 成為 Amazon 女王，以永保童貞、善於戰技、以無比勇氣力抗希臘而聞名。

♂

♀

蛺蝶

枯葉蝶

Kallima inachus formosana

Fruhstorfer, 1912

TL: Formosa

Kallima

希臘語 kallimos「美麗的」之陰性詞。

inachus

希臘神話大洋神 Oceanus 與海神 Tethys（參見 *tethys*）之子，Argos 第一任國王，仙女 Io（參見 *Junonia*）之父。相傳天神 Zeus 得知 Inachus 未能善待 Io 時非常憤怒，派遣怒火女神狂追 Inachus，國王不得已躲入河中避難，故此河改名同稱 Inachus，國王亦成為河神。另當海神 Poseidon 和天后 Hera 爭執誰擁有 Argos 時，Inachus 與兩位

河神 Cephissus 和 Asterion 調解仲裁，將國土判歸 Hera，Poseidon 因此遷怒抽光三河河水（一說氾濫成災）作為報復。

formosana

「臺灣的」，由地名 Formosa「福爾摩沙、臺灣」加拉丁語陰性後綴 ana「…的、與…有關的」（通常表達身分、所有權或來源等關係）所組成，並刪減重複字母 a。又拉丁語 formosa 為 formosus「美麗的、英俊的、有美感的」之陰性詞。本亞種模式標本採集自臺灣。

琉璃蛺蝶

Kaniska canace drilon

(Fruhstorfer, 1908)

TL: Candidius

Kaniska

西元 2 世紀中亞貴霜帝國（Kushan）著名君主迦膩色伽一世（Kanishka I），約 127 至 163 年在位（或曰西元前 58 年即位，在位 28 年）。他致力發展佛教，招攬學者、編修佛典、興建塔寺，召開第四次結集（僧伽集會合誦經典），使佛教遠傳各國，並經絲路向東傳至中國。貴霜帝國（月氏）在他和後續幾任國王統治之下達到鼎盛，疆域從今日的塔吉克綿延至裡海、阿富汗及恆河流域，曾擁有千萬人口，是當時歐亞四大強國之一，與漢朝、羅馬、安息並列。據《後漢書・班梁列傳》，漢和帝永元二年（西元 90 年），月氏遣使貢奉求漢公主不成，怨恨在心發兵七萬，班超以智取降服，此後年年

向漢廷進貢。

canace

根據古羅馬詩人 Ovid（43 BC-17/18 AD）《Heroides》（女傑書簡或女英雄書信集），希臘神話中 Canace 為風神 Aeolus 之女，因與其兄 Macareus 亂倫相愛懷孕，Macareus 答應娶她卻反悔，嬰兒出生後褓姆將之放入籃中準備攜出王宮，卻因啼哭被風神發現，Aeolus 盛怒之下賜劍女兒強令自殺，新生兒亦無法倖免於難。

drilon

古河流名，亦稱 Drin、Drio，全長 335 公里，位於古羅馬 Illyricum 行省（西元前 27 年設置）境內，為今 Albania 第一長河；另 Drilon 可作姓氏、人名或別名。本亞種模式標本於 1907 年 9 月 25 日至 10 月 10 日期間採集自 Candidius 湖（日月潭）。

巴氏黛眼蝶

Lethe butleri periscelis

(Fruhstorfer, 1908)

TL: Taihanroku

Lethe

希臘語「遺忘、忘卻、湮沒無聞」之意。希臘神話冥界與極樂世界之間有五條河流：Acheron（悲傷之河）、Cocytus（感嘆之河）、Lethe（遺忘之河）、Phlegethon（火焰之河）、Styx（憎恨之河）。古羅馬詩人 Virgil（70 BC-19 BC）《Aeneid》書中表示亡靈必須飲下忘川之水，掃除前世記憶才能再生。古羅馬詩人 Ovid（43 BC-17/18 AD）《Metamorphoses》（變形記）則說河水或其汩流之聲有使人昏睡的效果，如大英雄 Jason 就用忘川之水混以女魔法師 Medea 的魔藥，使看守金羊毛的惡龍昏睡，進而取得至寶。古希臘詩人 Hesiod（8th-7th C. BC）《Theogony》（神譜）則將 Lethe 擬人化為爭吵女神 Eris 眾多女兒之一的忘卻女神。

butleri

本種由英國昆蟲學家 John Henry Leech（1862-1900）於 1889 年命名，模式標本雄雌蝶一對由英國探險家暨標本採集者 Antwerp Edgar Pratt（1852-1924）於 1887 年 4 至 7 月採集自 Kiukiang（今江西省九江市）附近，種小名係向 Arthur Gardiner Butler（1844-1925）致敬。人名 Butler 之 er 字尾加 i，為古典拉丁文變格（declension）處理方式，可成為第二類變格之單數屬格（genitive singular），意為「Butler 的」。

Butler 為英國昆蟲學家、蜘蛛學家暨鳥類學家，曾在大英博物館從事分類研究，1878 年僅憑 Montague Arthur Fenton（1850-1937）從日本寄來的精緻蝴蝶繪圖，就命名二新種 *Pararge achinoides*（即 *Lopinga achine achinoides*）和 *Neptis excellens*（即 *N. philyra excellens*，參見鑲紋環蛺蝶）。

periscelis

拉丁語「腳鐲、膝環、襪帶」，古希臘羅馬婦女喜用鐲或鍊裝飾腳踝和膝蓋，貴族用金質，平民多用銀質。本亞種模式標本雌蝶 1 隻於 1908 年 8 月 3 至 10 日採集自 Taihanroku（大板埒，今屏東縣恆春鎮南灣里）。

曲紋黛眼蝶

Lethe chandica ratnacri

Fruhstorfer, 1908

TL: Kagi

chandica

梵語本意為「憤怒之人、可怕之人、熱情之人、易怒之人、潑婦」，係指古印度經典《Devi Mahatmya》（女神頌）中至高無上的女神 Chandika（亦作 Chandi，另稱 Ambika、Durga）。《女神頌》第二章精采描述：衆天神（Devas）與衆阿修羅（Asuras）大戰百年，Mahishasura 領導的阿修羅僥倖險勝，統治天界。戰敗的衆天神向創造之神梵天（Brahma）、保護之神毗濕奴（Vishnu）和毀滅之神濕婆（Shiva）求援，三神前額射出萬丈光芒，聚集成一女子形象，是為 Chandika。衆天神均將武器獻給女神，女神大喝一聲，令天地戰慄不已，回聲亦使三界為之震動。Mahishasura 集結阿修羅大軍攻向女神，女神騎著獅子從容應戰，每次呼吸湧出無數戰士奮勇向前；吹著號角震碎衆多阿修羅的心臟；揚起千手擲出各種法寶，敵軍頓時血流成河，無情地摧殘邪惡勢力，最終以三叉戟刺殺 Mahishasura，迎向光明的勝利。女神的光輝如朝陽般，接受衆天神致意的花朵。

本種由英國昆蟲學家 Frederic Moore（1830-1907，參見 *moorei*）於 1858 年命名，模式標本雄雌蝶一對來自印度 Darjeeling（大吉嶺），雄蝶於 1855 年巴黎萬國博覽會中展出；另於 Java（爪哇）採集雄蝶 1 隻。

ratnacri

由梵語 ratna「珠寶、寶石、珍貴的」和 sri「美人、珍貴的、幸運的」所組成，並將 s 轉成 c，「珍寶」之意；用於人名記為 Ratnaçri 或 Ratnaśrī。本亞種模式標本雄蝶 1 隻於（1907 年）8 月 7 日採集自 Kagi（嘉義）。

♂
曲紋黛眼蝶
L. c. ratnacri

♀
曲紋黛眼蝶
L. c. ratnacri

柯氏黛眼蝶
L. c. hanako
李思霖　攝影

柯氏黛眼蝶

Lethe christophi hanako

Fruhstorfer, 1908

TL: Candidius

christophi

本種由英國昆蟲學家 John Henry Leech（1862-1900）於 1891 年命名，應是獻給德裔俄人昆蟲學家 Hugo Theodor Christoph（1831-1894），模式標本雄雌蝶一對由英國探險家暨標本採集者 Antwerp Edgar Pratt（1852-1924）和助手 Franz Kricheldorff（1853/54-1924）於 1889 年 8 至 9 月採集自 Omei-Shan（峨眉山）。另人名 Christoph 字尾加 i，為古典拉丁文變格（declension）處理方式，可成為第二類變格之單數屬格（genitive singular），意為「Christoph 的」。

hanako

日語女子名「花子、華子」。本亞種由德國昆蟲學家 Hans Fruhstorfer（1866-1922）於 1908 年命名，文中注明：「此名獻給日本女藝人先驅 Sada-Yakko。」模式標本於 1907 年 9 至 10 月採集自 Candidius 湖（日月潭）。

川上貞奴（Sadayakko Kawakami，本名川上貞，1871-1946）為日本明治至昭和年間著名藝妓、舞者暨女演員。1899-1900 年赴美歐巡迴公演，在《安珍．清姫伝説》（The Maiden at Dōjō-ji Temple）中擔任清姫（Kiyohime）一角，轟動一時。劇中清姫為追尋心上人少僧安珍，喬裝成一位募款朝聖旅費之舞者 Hanako，在道成寺為新鐘祈福而舞，幻化九妝，曼妙九舞，驚豔四座。

長紋黛眼蝶

Lethe europa pavida

Fruhstorfer, 1908

TL: Kagi

europa

源自希臘語 europe，一般認為改寫自希臘語前綴 eury「寬廣、廣闊」和後綴 ops「眼、臉」之組合，歐洲 Europe 之名即從此而來。古羅馬詩人 Ovid（43 BC-17/18 AD）《Metamorphoses》（變形記）中，Europa 為 Phoenicia 國王 Agenor 之女，天神 Jove（等同希臘神話 Zeus）迷戀她的美貌，化身一頭白色公牛混入牛群之中，以素白結實的身軀、玲瓏剔透的牛角吸引公主目光。Europa 以鮮花餵食，又以花環裝飾牛角，卸下心防之際跨上牛背，此時公牛信步走向淺灘，旋即飛奔入海，強行擄走嚇得花容失色的 Europa。天神將公主藏在 Crete 島，生下 Minos、Rhadamanthus、Sarpedon 等三子。參見 *hellotia*、*sarpedon*。

pavida

拉丁語「懼怕的、恐怖的、顫抖的、膽小的、羞怯的」。本亞種由德國昆蟲學家 Hans Fruhstorfer（1866-1922）於 1908 年與波紋黛眼蝶（參見 *daemoniaca*）同篇發表，模式標本雌雄蝶共 6 隻於 1907 年 8 月採集自 Kagi（嘉義），文中注記：「分布全島。」

深山黛眼蝶

Lethe insana formosana

Fruhstorfer, 1908

TL: Larachi

insana

由拉丁語前綴 in「不是」與 sana「生理健康的、心理健全的」所組成，引伸為「瘋狂的、精神錯亂的、心智不健全的」。本種與 *verma*（參見玉帶黛眼蝶）由奧地利昆蟲學家 Vincenz Kollar（1797-1860）於 1844 年同篇報告命名，文中描述：「非常類似 *Sat. Europa*……本蝶有可能只是 *Pap. N. Rohria* Fabr.，雖然與其描述並非完全一致。」Kollar 於鑑別上之疑難或許是命名原由。另 *Sat. Europa* 為 *L. europa* (Fabricius, 1775)，參見 *europa*；*Pap. N. Rohria* 為 *L. rohria* (Fabricius, 1787)，參見 *rohria*。

♂ 中高海拔型 Intermediate-high altitude

♀ 中高海拔型 Intermediate-high altitude

formosana

「臺灣的」，由地名 Formosa「福爾摩沙、臺灣」加拉丁語陰性後綴 ana「…的、與…有關的」（通常表達身分、所有權或來源等關係）所組成，並刪減重複字母 a。又拉丁語 formosa 為 formosus「美麗的、英俊的、有美感的」之陰性詞。本亞種模式標本於 1907 年 9 月 20 日採集自玉山海拔 5000 英尺處之 Larachi。

♂　低海拔型　Low altitude

♀　低海拔型　Low altitude

臺灣黛眼蝶

Lethe mataja

Fruhstorfer, 1908

TL: Candidius

mataja

語源不詳，可能源自梵語。本種由德國昆蟲學家 Hans Fruhstorfer（1866-1922）於 1908 年命名，模式標本雄蝶 1 隻於 1907 年 9 月底至 10 月 10 日採集自 Candidius 湖（日月潭）。

♂

♀

李思霖　攝影

波紋黛眼蝶

Lethe rohria daemoniaca

Fruhstorfer, 1908

TL: Formosa

rohria

由姓氏 Rohr 加拉丁語後綴 ia「歸屬於、衍生於、有關於」所組成。本種由丹麥動物學家 Johan Christian Fabricius（1745-1808）於 1787 年命名，模式標本雖採集自印度，種小名可能係向 Julius von Röhr 致敬。Fabricius 於 1775 年命名之 *Bruchus maculatus*（*Callosobruchus maculatus*，四紋豆象），即由 von Röhr 採集自美洲。

Julius Philipp Benjamin von Röhr（1737-1793）生於普魯士，為著名之植物學家、博物學家、醫師暨水彩畫家，移民丹麥後於 1757 年被政府派任至丹屬西印度群島（今美屬維京群島）工作，並接受王室委託在南美洲和西印度群島採集植物和昆蟲，送回大量標本；他曾在 St. Croix 島首府 Christiansted 設立一座植物園，有關植物文獻中署名 J. P. Rohr。

daemoniaca

拉丁語 daemoniacus「有魔力的、如惡魔般的、可怕的、著魔的」之陰性詞。本亞種與長紋黛眼蝶（參見 *pavida*）均由德國昆蟲學家 Hans Fruhstorfer（1866-1922）於 1908 年同篇報告發表，模式標本雄雌蝶一對採集自臺灣，文中注記：「分布全島、數量頗多，每批運來的標本皆可見到。」

♂
波紋黛眼蝶
L. c. daemoniaca

♀
波紋黛眼蝶
L. c. daemoniaca

玉帶黛眼蝶
L. v. cintamani

玉帶黛眼蝶

Lethe verma cintamani

Fruhstorfer, 1909

TL: See von Lehiku

verma

梵語「盾牌、防禦、甲冑、盔甲」，在印度與東南亞用於人名。另芬蘭語為「信心、堅定」之意，亦用於人名。本種與 *insana*（參見深山黛眼蝶）由奧地利昆蟲學家 Vincenz Kollar（1797-1860）於 1844 年同篇報告命名，模式標本 3 隻採集自印度北部喜瑪拉雅山區之 Simla（今稱 Shimla），故 *verma* 宜作梵語解。

cintamani

或作 Chintamani，梵語「如意寶珠」之意，據佛光大辭典所述：「指能如自己意願，而變現出種種珍寶之寶珠。此寶珠尚有除病、去苦等功德。一般用以譬喻法與佛德，及表徵經典之功德。關於此寶珠之出處，據雜寶藏經卷六載，如意寶珠出自摩竭魚之腦中。另據大智度論卷五十九載，如意寶珠或由龍王之腦中而出；或為帝釋天所持之金剛，破碎後掉落而得；或為佛之舍利變化而成，以利益眾生。此如意寶珠係如意輪觀音、馬頭觀音、地藏菩薩等之持物，能滿足眾生之意願。」參見 *indra*。

本亞種模式標本雄蝶 1 隻於 1908 年 7 月採集自 Lehiku 湖（鄰日月潭）。

東方喙蝶

Libythea lepita formosana

Fruhstorfer, 1908

TL: Horisha

Libythea

由希臘語 libys「北非人、異國的」之字首 liby 和 thea「風景、面貌」所組成，「北非風情、異國風貌」之意。又希臘羅馬神話中 Libya 為埃及國王 Epaphus（天神 Zeus 與仙女 Io 之子）之女，曾統領尼羅河谷以西之廣大土地，今北非國家 Libya 之名即由此而來。又希臘語 thea 另有「女神」之意；希臘神話中 Thea（或作 Theia、Thia）為 12 位 Titan 神之一，和兄長太陽神 Hyperion 結合，育有日神 Helios、月神 Selene 和黎明女神 Eos。

lepita

古印度 Pali 語動詞 lepeti「塗抹、弄髒成汙點、抹擦使變模糊」之過去分詞，意為「塗抹的、抹上灰泥的、汙跡的」。本種由英國昆蟲學家 Frederic Moore（1830-1907，參見 *moorei*）於 1858 年命名，模式標本雄雌蝶共 5 隻來自印度北部與 Bootan（不丹），文中描述：「近似 *Libythea myrrha*，但本種前翅有一鐵鏽色條紋將翅面分成兩部分，第一部分包含中室，第二部分於翅端有一圓形斑點。」或為命名原由。

formosana

「臺灣的」。本亞種模式標本雄蝶 1 隻採集自 Horisha（今南投縣埔里鎮）。

殘眉線蛺蝶

Limenitis sulpitia tricula

(Fruhstorfer, 1908)

TL: Formosa

Limenitis

希臘語 limenites 之複數詞。limenites 則由希臘語 limen「港灣、避難所」和後綴 ites「天然的、居民的、定居的、後裔的、子孫的」所組成。希臘神話中 Limenites、Limenitis、Limenia、Limenoscopus 皆指港灣的保護神。例如 Limenia 為美神 Aphrodite 之別名，Limenoscopus 為天神 Zeus 之別名；另月神 Artemis、豐饒之神 Priapus、牧神 Pan 皆曾奉為港口保護神。

sulpitia

或作 sulpicia，拉丁語 sulpitius（sulpicius）「閃閃發光的、閃爍的」之陰性詞。Sulpicia 為古羅馬著名貴族之氏族名（nomen，參見 *attilia*），繁衍衆多家族，自西元前 500 年起之 650 年間，氏族中多人擔任執政官（Consul）、裁判官（Praetor）、財務官（Quaestor），以及總督與將軍等要職。活躍文壇者所在多有，如西元一世紀古羅馬女詩人 Sulpicia（Calenus 之妻），古羅馬文學家 Martial（38-41 - 102-104）稱讚她為賢妻的典範，詩藝媲美 Sappho（參見 *sappho*）。另法國奇才 Constantine Samuel Rafinesque（1783-1840）所著《Flora Telluriana》一書中表示 Sulpitia 源自一仙女名。

tricula

由拉丁語前綴 tri「三、三個部分、三次、三種方式」和後綴 culus「小的、小型的」之陰性詞 cula 所組成。本亞種由德國昆蟲學家 Hans Fruhstorfer（1866-1922）於 1908 年命名，文中描述：「令人注目的 tricula 是 sulpitia Cramer 非常獨特的海島型，不同之處在於：前翅較為狹長、亞頂區（subapikal）白色線紋（strigae）較為分離、後翅亞外緣白色斑列亦大幅減退。」此三處特徵或許是命名原由，亦或獨指亞頂區較為狹長的三道白色線紋。本亞種模式標本應採集自臺灣。

暮眼蝶
Melanitis leda
(Linnaeus, 1758)

雨季型　Wet-season form

乾季型　Dry-season form

Melanitis

由希臘語前綴 melan「黑色、深色、黑色素形成之斑點」和後綴 itis「發炎」所組成。本屬由丹麥動物學家 Johan Christian Fabricius（1745-1808）於 1807 年命名，模式種即 *M. leda* (Linnaeus, 1758)。

leda

希臘神話中 Sparta 王后 Leda 在河中沐浴，天神 Zeus 覬覦她的美貌，化作一隻被老鷹追殺的天鵝投入王后懷中尋求保護，卻趁機與 Leda 翻雲覆雨一番；當晚王后又與國王 Tyndareus 燕好，卻因此懷了兩顆鵝蛋，各有一對龍鳳胎：一顆孵出 Castor 和 Clytemnestra（二人生父為國王），一顆孵出 Pollux（Polydeuces）和 Helen（二人生父為 Zeus）。參見 *agamemnon*、*castor*、*karsandra*、*lyncida*。

森林暮眼蝶

Melanitis phedima polishana

Fruhstorfer, 1908

TL: Polisha, Kagi

phedima

人名 Phedimus 之陰性詞。希臘神話 Phedimus（或作 Phaedimus）為 Niobe（參見 *niobe*）之子，古羅馬詩人 Ovid（43 BC-17/18 AD）《Metamorphoses》（變形記）中描述：Phedimus 和 Tantalus（與外祖父同名）兩兄弟做完日常的馬術功課，轉往摔角練習場，那是年輕人最熱衷的運動，兩人扭在一起，胸抵著胸，纏功鎖臂難分難解，突然天外飛來神箭，把兩位摔角好手牢牢串在一起，他們同聲呻吟，一起倒地，四眼相望，同時嚥氣。

另 Homer 史詩《Odyssey》中 Sidonians 國王 Phaedimus 曾熱情款待 Menelaus（參見 *agamemnon*、*helenus*），並相贈由火神

♂

Hephaestus（參見 *memnon*）精製的酒甕，後來 Menelaus 將此酒甕贈送給即將歸鄉的 Telemachus（參見 *Ypthima*、*eumeus*）。

polishana

「埔裏社的」，為地名 Polisha 與加拉丁語陰性後綴 ana「…的、與…有關的」（通常表達身分、所有權或來源等關係）所組成，並刪減重複字母 a。本亞種模式標本於（可能是 1907 年）7 月 21 日在 Polisha（今南投縣埔里鎮）採集雄蝶 1 隻，8 月 25 日在 Kagi（嘉義）採集雌蝶 1 隻。

「埔裏社」為原住民部落名，首見於清乾隆 6 年（1741 年）代理福建分巡臺灣道劉良璧《重修福建臺灣府志》卷五〈城池〉（附）番社：「彰化縣……埔裏社……（自夬裏社至此二十四社，在水沙連山內；為歸化生番）……」清光緒元年（1875 年）置「埔裏社廳」，隸屬臺灣府；日治初期於 1896 年改設「埔裏社支廳」；臺灣光復後於 1949 年改制為南投縣埔里鎮。

♀

眉眼蝶

Mycalesis francisca formosana

Fruhstorfer, 1908

TL: Tainan, Kanshirei

Mycalesis

由古希臘 Ionia 地區 Samos 島（今屬希臘）對岸之山名 Mycale（今屬土耳其）和通俗拉丁語（Vulgar Latin）後綴 esis「起源於、原產於、有關於」所組成，並刪除一個字母 e；esis 則源自拉丁語後綴 ensis。本屬由德國昆蟲學家 Jacob Hübner（1761-1826）於 1818 年命名，模式種 *M. francisca* (Stoll, [1780]) 採集自中國。

西元前 479 年夏，第二次波希戰爭（480 BC-479 BC）進入尾聲，希臘聯軍展開著名之 Plataea 和 Mycale 戰役。希臘艦隊航向 Samos 島，準備攻擊駐紮在 Mycale 山下士氣低落的波斯陸軍與駐紮岸邊的波斯艦隊。8 月 27 日，希臘艦隊司令 Leotychides（斯巴達國王）下令重裝步兵奮勇登陸，波斯軍營遭受猛烈攻擊，死傷無數，波斯艦隊全軍覆沒。另 Boeotia 境內之 Plataea 一役希臘亦大獲全勝，自此波斯已無力進犯希臘，希臘則逐漸建立地中海霸權。

francisca

Francisca 首次出現在西班牙總主教 Isidore（c. 560-636，1598 年封聖）所著 Etymologiae（詞源）第 18 卷《戰爭與競賽》之中，原是西班牙人稱呼住在萊因河中下游之間 Francia 地區之日耳曼人 Frank 部落於中世紀前期所使用的一種擲斧，原意為「由 Frank 人使用的」。frank 則有「誠實的、真摯的、正直的」等義，其衆多衍生字為許多語言中的人名。

formosana

「臺灣的」，由地名 Formosa「福爾摩沙、臺灣」加拉丁語陰性後綴 ana「…的、與…有關的」（通常表達身分、所有權或來源等關係）所組成，並刪減重複字母 a。又拉丁語 formosa 為 formosus「美麗的、英俊的、有美感的」之陰性詞。本亞種模式標本於（1907年）5 月 9 日在 Tainan（台南）採集乾季型雄蝶 1 隻，7 月 28 日在 Kanshirei（關子嶺）採集雨季型雄雌蝶一對。

雨季型　Wet-season form

乾季型　Dry-season form

稻眉眼蝶

Mycalesis gotama nanda

Fruhstorfer, 1908

TL: Kagi, Tainan

gotama

由梵語 gah「亮光」和 tama「黑暗」所組成，意味某人經由自我良知的光明面去除無知的黑暗面，引申為「智者之最」之意，拼寫成人名 Gotama、Gautam、Gautama、Gauthama，佛陀釋迦牟尼原名即 Siddhartha Gautama，另相傳仙人 Gautama（喬答摩）作《尼夜耶經》（Nyāya Sūtras，又稱正理經），為印度六派哲學尼夜耶學派之聖典，將正理學說歸納為 16 諦 84 主題，主張依 16 諦之真實知識即可獲得解脫。

本種由英國昆蟲學家 Frederic Moore（1830-1907，參見 *moorei*）於 1857 年命名，模式標本由丹麥醫生、動物學家暨植物學家 Theodore Edward Cantor（1809-1860）採集自 Chusan（今浙江省舟山市）。

nanda

梵語「喜悅、快樂」，中譯「難陀」，人名、王朝名。

一、印度教天神 Krishna（黑天）之養父名。印度神話黑天為 Vasudeva（富天）與 Devaki（提婆吉）第八子，亦是保護之神毗濕奴（Vishnu）之再生肉身。暴君 Kansa 聽聞神諭將被胞妹提婆吉第八子所弒，故黑天誕生後遭致追殺，牧人領袖 Nanda（難陀）夫婦正巧生一女，富天便用黑天換取胞弟難陀之女，無辜女嬰慘遭替死之後，難陀即撫養黑天成人。

二、佛陀胞弟 Nanda（難陀）之妻孫陀利國色天香，難陀疼愛異常，然佛陀用善巧方便度化難陀，使難陀七日證得阿羅漢果，見於《雜寶藏經》卷八。

三、古印度 Magadha（摩揭陀）王國之 Nanda（難陀）王朝（345 BC-321 BC），建立者為 Mahapadma Nanda（c. 400 BC-c. 329 BC），在位期間整飭軍政、擴大領土、設立稅制、興建水利，全盛時期武力有 20 萬步兵、8 萬騎兵、8000 輛戰車及 6000 頭戰象。Nanda 死後國力驟降，終究不敵馬其頓 Alexander 大帝東征。

本亞種模式標本於 1907 年 9 月底在 Kagi（嘉義）、10 月 31 日在 Tainan（台南）共採集雄雌蝶一對。

乾季型　Dry-season form

雨季型　Wet-season form

曲斑眉眼蝶

Mycalesis perseus blasius

(Fabricius, 1798)

perseus

即希臘神話著名英雄人物 Perseus。Argos 國王 Acrisius（Lynceus 之孫，參見 *hypermnestra*）始終未能得子，赴神殿請示原委，神諭說他將來會被外孫所殺。Acrisius 遂將女兒 Danae 關在銅塔上一間無門窗、只有屋頂些許透光的密室，欲保其處子之身。然而天神 Zeus 化身黃金雨潛入密室臨幸 Danae，Perseus 於是誕生。Acrisius 恐懼之下將母子裝入木箱流放海上，避免手刃至親而受天譴。木箱漂至 Serifos 島被漁夫所救，Perseus 成年後，島上國王 Polydectes 覬覦 Danae 姿色，設計加害 Perseus，命其割取蛇髮女妖 Medusa 頭顱。

雨季型　Wet-season form

Perseus 歷經艱難並得衆神之助完成使命，回程又在 Aethiopia 海邊的礁石上營救被捆綁的公主 Andromeda（參見 *protenor*），Perseus 凱旋回到 Serifos 島王宮，以正義之姿取出妖女頭顱，Polydectes 和邪臣惡將皆變成石頭。Perseus 攜美妻 Andromeda（參見 *limniace*）返回故鄉 Argos 途中，在 Larissa 參加運動比賽，所擲鐵餅不幸砸中坐在觀衆席的 Acrisius，應驗神諭。Perseus 難忍悲痛厚葬外祖父，放棄 Argos 王位，另建 Mycenae 王國（參見 *Everes*、*agamemnon*）。Perseus 死後受 Zeus 封為英仙座，Andromeda 為仙女座，而大英雄 Heracles 為 Perseus 之曾孫。

blasius

源自拉丁語 blaesus「口吃的、口齒不清的」，古羅馬個人名（praenomen）或家族名（cognomen），今作姓氏或男子名，參見 *attilia*。

乾季型　Dry-season form

淺色眉眼蝶

Mycalesis sangaica mara

Fruhstorfer, 1908

TL: Kanshirei, Taihanroku

sangaica

可能改寫自 sangarius 之陰性詞 sangaria，或由 sangarius 之字首 sanga 加拉丁語陰性後綴 ica「歸屬於、關聯於、與…有關、具有某種特徵或本質」所組成。希臘神話河神 Sangarius 為大洋神 Oceanus 和海洋女神 Tethys（參見 *tethys*）之子；另說 Sangas 因得罪 Titan 神 Rhea（天神 Zeus 之母）而被懲罰變成河水，稱作 Sangarius。另 Sangarius 亦是古時 Phrygia 境內河流名，別稱 Sangaris 或 Sagaris，今名 Sakarya，為土耳其第三長河。

本亞種由英國昆蟲學家、蜘蛛學家暨鳥類學家 Arthur Gardiner Butler（1844-1925，參見 *butleri*）於 1877 年命名，模式標本採集自 Mongolia（蒙古）。

mara

許多語言皆有此字，多為人名、地名、神名、部落名、少數種族語言名。梵語 mara 亦有多義：「奪命、障礙、擾亂、破壞」等，中譯「魔羅、魔」，釋迦牟尼佛成道前，魔羅曾化為美女（一說指派三個女兒）前來誘惑並企圖阻止太子修行證悟，但終遭驅散，而 mara 亦關聯至「死亡、重生、慾望」等義。本亞種模式標本雄蝶 1 隻於 1908 年 6 月 15 至 30 日採集自 Kanshirei，雌蝶 1 隻於 7 月 1 至 7 日採集自 Taihanroku（大板埒，今屏東縣恆春鎮南灣里）。

罕眉眼蝶　*Mycalesis suavolens kagina*

罕眉眼蝶

Mycalesis suaveolens kagina

Fruhstorfer, 1908

TL: Kagi

suaveolens

拉丁語「香甜的氣味、芳香的、馥郁的、愉快的」，本種由英國昆蟲學家 James Wood-Mason（1846-1893）和 Lionel de Nicéville（1852-1901）於 1882 年命名，模式標本雄蝶 1 隻由 Wood-Mason 於（某年）9 月採集自印度東北部 Cachar 北邊海拔 3300 英尺之 Nemotha。Wood-Mason 特別注明：「此蝶香腺（scent-glands）與毛束（fans）均較 *M. malsara* Moore 為多，死後數小時內會強烈散發一種類似香草（vanilla）的甜美氣味。」是為命名原由。

kagina

「嘉義的」，由地名 Kagi「嘉義」（臺語或日語發音）與拉丁語陰性後綴 ina「屬於、相關於、類似於、具…特徵」所組成，並刪減重複字母 i。本亞種模式標本雄蝶 1 隻於 1907 年 8 月 25 日採集自 Kagi。

切翅眉眼蝶

Mycalesis zonata

Matsumura, 1909

TL: Horisha

zonata

雨季型 Wet-season form 李思霖 攝影

乾季型 Dry-season form

拉丁語「帶狀的、環狀的、圍繞的」。本種由日本昆蟲學先驅松村松年（Shōnen Matsumura, 1872-1960，參見 *matsumurae*）於 1909 年命名，文中描述：「斑紋非常類似 Kershaw《Butterflies of Hongkong》(pl. 11 Fig. 9) 圖片，但翅腹面中央到翅基之區域顏色較深，該部位有如深色寬帶。」是為命名原由。模式標本雌蝶 1 隻由松村採集自 Horisha（今南投縣埔里鎮）。

蛺蝶

白斑蔭眼蝶

Neope armandii lacticolora

(Fruhstorfer, 1908)

TL: Formosa

Neope

李思霖　攝影

英國昆蟲學家 Francis Walker（1809-1874）曾於 1854 年命名一種蛾類屬名為 *Enope*（*Trichela* Herrich-Schäffer, [1853] 之同物異名），英國昆蟲學家 Frederic Moore（1830-1907，參見 *moorei*）於 1886 年命名本屬時原本採用 *Enope*，但發現已由 Walker 捷足先登，故將 enope 前二字母對調且於報告中注明「olim Enope」（之前的 Enope），即為此意並帶有謎語趣味。

希臘語 enope 有「叫喊、耳環、臉、面貌」、古希臘古城名（位於希臘 Messenia 州境內）和部分學者認為是希臘神話九位 Muse 女神之一等多義。

armandii

本種由法國昆蟲學家 Charles Oberthür（1845-1924）於 1876 年命名，文中注明：「謹將此採集自 Mou-Pin 之非凡物種（之名）獻給 Armand David 神父。」人名以子音字母結尾，字尾加 ii，將主格轉換為屬格（所有格），成為人名之所有格形式，本種小名意為「Armand 的」。

Armand David（1826-1900，參見 *davidii*）為法國天主教遣使會傳教士、動物學家暨植物學家，Oberthür 於〈Études d'entomologie〉該篇論文序言中表彰他：「Armand David 神父是位卓越的博物學家、經驗豐富的觀察家與孜孜不倦的探險家，研究範疇遍及自然界各領域，採集哺乳類、鳥類、昆蟲、礦物、植物等各式種屬，身臨險境、備極辛勞，並將眾多極具科學價值之標本贈予國立博物館珍藏。」

lacticolora

由拉丁語前綴 lacti「牛奶的、乳汁的」和 colora「顏色、顏料」所組成。本亞種由德國昆蟲學家 Hans Fruhstorfer（1866-1922）於 1908 年命名，模式標本雄蝶 1 隻採集自臺灣，文中描述：「翅背面近似 *armandi* Oberth.……後翅遍布乳白色，後翅後側呈奶油色（淡黃色）；翅腹面近似 *armandia*，前翅帶有白色而非淡黃色斑點。」是為命名原由。文中 *armandi*、*armandia* 皆為誤植，應指 *armandii*。

布氏蔭眼蝶

Neope bremeri taiwana

Matsumura, 1919

TL: Horisha, Gyochi

bremeri

本種由奧地利昆蟲學家 Cajetan Felder（1814-1894）與 Rudolf Felder（1842-1871）父子於 1862 年命名，模式標本產自 Ning-Po（寧波），應是向俄羅斯建築師暨業餘鱗翅目學家 Otto Vasilievich Bremer（1812-1873）致敬。人名 Bremer 之 er 字尾加 i，為古典拉丁文變格（declension）處理方式，可成為第二類變格之單數屬格（genitive singular），意為「Bremer 的」。

Bremer 著有多篇專論關於旁人採集之中國華北與俄羅斯西伯利亞東部地區（主要為中俄邊境之 Amur 州）產蝶蛾，標本藏品甚豐，現存於聖彼得堡之俄羅斯科學院動物博物館。

taiwana

「臺灣的」，由 Taiwan 加拉丁語陰性後綴 ana「…的、與…有關的」（通常表達身分、所有權或來源等關係）所組成，並刪減重複字母 an。本亞種模式標本雄雌蝶一對由松村松年（Shōnen Matsumura, 1872-1960，參見 *matsumurae*）於某年 6 月中旬分別採集自 Horisha（今南投縣埔里鎮）、Gyochi（魚池庄，今南投縣魚池鄉），文中敘述：「本蝶雖在臺灣埔里社捕獲，但很稀有。」

雨季型　Wet-season form

乾季型　Dry-season form

褐翅蔭眼蝶

Neope muirheadii nagasawae

Matsumura, 1919

TL: 大麻里社

muirheadii

本種小名由奧地利昆蟲學家 Cajetan Felder（1814-1894）與 Rudolf Felder（1842-1871）父子於 1862 年發表，係誠摯感謝英國倫敦傳道會（London Missionary Society）傳教士 William Muirhead（1822-1900）提供模式標本（棲地為浙江省寧波附近山區）。人名以子音字母結尾，字尾加 ii，將主格轉換為屬格（所有格），成為人名之所有格形式。

Muirhead 奉派中國，於 1847 年 8 月 26 日抵達上海宣教，取名慕維廉，來華 53 年間孜孜不倦巡迴傳道，北到黃河一帶，亦遠至

蒙古旅遊；創立上海英華學校；編譯著有中文福音書冊與《地理全志》、《大英國志》等 39 項，1900 年逝於上海。《地理全志》共 2 冊 15 本，係第一部中文版西方地理學百科全書，上冊 5 本參酌 José Martinho Marques《地理備覽》、徐繼畬（1795-1873）《瀛環志畧》與 Thomas Milner《A Universal Geography》；下冊 10 本，包括自然地理、人文地理、區域地理、地理學史、地圖集、數學地理學、地質學與天文學綱要等，並簡介氣候學、水文學與民族學。

nagasawae

「永澤的」，人名字母結尾為母音 a 時，加字母 e 成為名詞所有格。本亞種由日本昆蟲學先驅松村松年（Shōnen Matsumura, 1872-1960，參見 *matsumurae*）於 1919 年命名，文中記載：「模式標本雌蝶 1 隻於（1897 年）8 月由永澤定一採集自大麻里社（Taimarisha，今台東縣太麻里鄉），為稀有之珍種。」然而該標本實為多田綱輔（Tsunasuke Tada）所採集，但命名者松村松年誤以為是永澤定一（Teiichi Nagasawa）。

多田綱輔於 1896 年 8 月至 1897 年 12 月來臺，足跡遍及臺北、宜蘭、花蓮港、臺東、高雄、澎湖和紅頭嶼（今蘭嶼），為日人在臺採集動物之先驅。1897 年〈臺東探險紀行〉記述：「8 月 21 至 30 日……大麻里……蕃社附近的昆蟲頗多，特別是蝶類群飛於林中。……」1899 年彙編《臺灣鳥類一斑》一書，共記載 196 種鳥類的分布與習性，包含自己採集的 80 多種。

永澤定一時為臺灣總督府國語學校修身科教授及愛蝶人士，也是當時動植物學界相當活躍且具知名度的人物，參見 *myakei*。

黃斑蔭眼蝶

Neope pulaha didia

Fruhstorfer, 1909

TL: Formosa

pulaha

印度教中 Prajapati（生主，眾生之主，即創造神或造物主）神祇之一，中譯「補羅訶」。古印度著名梵文史詩《摩訶婆羅多》（Mahabharata）列為七仙人（Saptarishi）之一。《薄伽梵往世書》（Bhagavata Purana）記為創造之神梵天（Brahma）純粹由心靈力量所生眾子之一。本種由英國昆蟲學家 Frederic Moore（1830-1907，參見 *moorei*）於 1858 年命名，模式標本雄蝶 1 隻採集自 Bootan（不丹）。

didia

古羅馬共和國晚期崛起之平民氏族名（參見 *attilia*），Didius 為陽性詞，曾有一位擔任執政官（Titus Didius，98 BC），多位擔任護民官（Tribune）、裁判官（Praetor）、總督與將軍等要職。西元 193 年，禁衛軍殺害羅馬皇帝 Pertinax（126-193），竟將皇位拍賣競標，資深執政官（Proconsul）Marcus Didius Severus Julianus（133/137-193）以重金標下寶座，消息一出，帝國嘩然，義軍紛起，Julianus 登基僅 66 天就被推翻殺害，遺言為：「吾造何孽？殺害何人？」自此氏族逐漸沒落。

本亞種模式標本採集自臺灣；命名者德國昆蟲學家 Hans Fruhstorfer（1866-1922）另於 1913 年以平民氏族名命名細帶環蛺蝶，參見 *lutatia*。

李思霖　攝影

蓮花環蛺蝶

Neptis hesione podarces

Nire, 1920

TL: 埔里社蕃界

Neptis

拉丁語「孫女、姪兒」。丹麥動物學家 Johan Christian Fabricius（1745-1808）於 1807 年命名此屬，時年 62 歲。另說 *Neptis* 似由希伯來語音譯而來，即古埃及著名之家宅與葬禮女神 Nephthys，她是天空之神 Nut 與大地之神 Geb 之女，與生育之神 Isis、冥王 Osiris 和戰神 Set 同為手足，其子為亡者與墓地的守護神 Anubis。當 Osiris 被 Set 殺害後，Nephthys 與 Isis 一起將 Osiris 屍首縫合並做成木乃伊，其後又養育守護神 Horus，甚受古埃及人敬重與崇拜。

hesione

希臘神話多位女子名，其中以 Troy 國王 Laomedon 之女、Hesione 公主最為著名。Laomedon 闢建新城之際，太陽神 Apollon 和海神 Poseidon 眼見工程浩大，於是化為凡人相助，雙方約定以一筆黃金為酬勞。新城竣工後 Laomedon 卻否認當初承諾，於是太陽神以瘟疫、海神以洪水懲罰 Troy。國王奉神諭將 Hesione 捆綁於礁岩之上祭獻海怪以平息災難，此時大英雄 Heracles 戰勝 Amazon 歸來，願意相救公主，報酬則是數匹神駒（參見 *Troides*，Ganymedes 為 Laomedon 之叔父）。大英雄奮力救回公主，但 Laomedon 不捨割愛，試圖以凡馬取代。Heracles 因此怒攻 Troy，斬殺國王與衆王子，獨留小王子 Podarces 存活，並將 Hesione 贈給率先進城的 Telamon 作為獎賞。Heracles 同意公主挑選任何俘虜隨夫君回希臘，Hesione 於是選擇其兄 Podarces，大英雄認為 Podarces 必須以奴隸身分由公主贖回，於是 Hesione 以金質頭紗為贖金救回其兄並改其名為 Priam（Priamus，學者各有「非凡勇氣」或「被贖回者」之說）。

多年後 Priam 返回 Troy 繼承王位，遣使 Antenor 和 Anchises 赴希臘欲接回 Hesione，二人遭受拒絕並被驅逐。Priam 接著又指派 Paris 和 Aeneas 賦予同樣任務，但 Paris 卻在途中和 Sparta 王后 Helen 相戀，旋即私奔回 Troy。Priam 最後接納 Helen，部分原因乃希臘人拒絕 Hesione 回歸故里。參見 *agamemnon*、*paris*、*podarces*。

podarces

本亞種由日本鱗翅目學家仁禮景雄（Kageo Nire, 1884-1926，參見 *nirei*）於 1920 年命名，模式標本雄蝶 1 隻 1918 年 6 月 13 日採集自埔里社蕃界（今南投縣埔里鎮山區）。

希臘神話概有二位 Podarces：

一、Homer 史詩《Iliad》中，Podarces 為 Iphicles 之子、Protesilaus

之弟，兄弟二人同是 Helen 的追求者。當 Helen 與 Paris 私奔至 Troy，兩人加入希臘聯軍進攻 Troy，在 Protesilaus 被 Troy 王子 Hector 殺死之後，Podarces 率領族人擊退 Troy 的逆襲。

二、《Bibliotheca》（文庫，即 pseudo-Apollondorus）中，Podarces（意謂「飛毛腿」）為 Troy 國王 Priam 幼年之名。Troy 戰爭期間，當 Achilles 擊敗 Hector 之後，希臘人侮辱王子屍首並拒絕歸還，國王 Priam 在天神 Zeus 所派信使 Hermes 的保護下到 Achilles 軍帳，泣求 Achilles 悲憫一位喪子之痛的單純父親，Achilles 受其感動，也深知此為天神之意，命人潔淨 Hector 屍首，抹以油膏縛以罩袍，交由 Priam 帶回舉辦隆重喪禮。Troy 城陷之後，Priam 遭 Achilles 之子 Neoptolemus 殺害於 Zeus 祭壇之前。參見 *hecabe*、*hesione*、*karsandra*。

亞種名 *podarces* 以對應種小名 *hesione* 觀之，宜作 Priam 幼年之名解。

豆環蛺蝶 *Neptis hylas luculenta*

豆環蛺蝶

Neptis hylas luculenta

(Fruhstorfer, 1907)

hylas

希臘神話中 Hylas 為 Dryopes 國王 Theiodamas（參見 *thyodamas*）之子。某日飢餓難耐的 Heracles 撞見國王驅策二牛犁田，索性強取一頭宰殺食之，國王憤而挑戰反遭殺害，Heracles 遂帶走 Hylas 作為隨侍並教導武藝，加入尋找金羊毛的探險旅程。當 Argo 號停泊 Mysia 海岸時，Hylas 到陸上一處湧泉為 Heracles 打水，正當彎腰汲水時，一位泉水仙女藉著滿月銀光，看到 Hylas 容光煥發的俊俏臉龐與充滿誘惑的高貴氣質，瞬間欲望滿懷，仙女趁著泉水汩汩流入水罐之際，躍出水面以左手環繞 Hylas 脖子，溫柔地吻著青年的雙唇，右手輕拉他的胳臂沉入水底，永結愛侶。

luculenta

拉丁語「光亮的、燦爛的、卓越的、優秀的」。本亞種模式標本雄蝶 1 隻採集自 Ishigaki（石垣島）；另有標本雨季型雄雌蝶共 6 隻採集自 Takau（高雄）。

奇環蛺蝶

Neptis ilos nirei

Nomura, 1935

TL: 埔里

ilos

源自希臘神話中多位男子名 Ilus，其中以 Troy 國王 Ilus 最為著名。Ilus 為 Dardania 國王 Tros（參見 *Troides*）長子，贏得 Phrygia 國王舉辦之角力比賽，獲贈少男少女各 50 位，國王遵奉神諭再行賞賜母牛並建議 Ilus 在母牛躺下休息之地自立，Ilus 於是在 Ate 建造新城，並以自己之名命名此城為 Ilios。Tros 過世後 Ilus 並未返回 Dardania 繼承王位，而是在 Ilios 稱王，並改城名為 Troy 以紀念先父。Ilus 過世後王位由其子 Laomedon（Priam 之父）繼承。參見 *hesione*、*podarces*。

nirei

本亞種由日本昆蟲學家野村健一（Kenichi Nomura, 1914-1993）於1937年命名，正模標本雌蝶1隻於1919年6月11日採集自埔里，為仁禮景雄之蒐集品。副模標本（Paratype）雌蝶1隻由野村健一於1932年7月21日採集自太平山クツシヤ（據鹿野忠雄記載為中央尖山與畢祿山之間，高3421公尺之無名峰），雄蝶1隻由金丸英一於1931年7月27日採集自臺中州東勢郡バロン（Baron，巴崙？巴陵？），雄蝶1隻由江崎悌三（Teiso Esaki, 1899-1957，參見*esakii*）於1932年7月20日採集自臺北州鞍部ピヤナン（埤亞南）至シキクン（四季）之間。

父親為日本海軍大臣仁禮景範（Kagenori Nire, 1831-1900）的日本鱗翅目學家仁禮景雄（Kageo Nire, 1884-1926），專門研究朝鮮半島和臺灣蝶類，於1920年同篇報告命名蓮花環蛺蝶*Neptis hesione podarces*、堇彩燕灰蝶*Rapala caerulea liliacea*、朗灰蝶*Ravenna nivea*、褐翅青灰蝶*Tajuria caeruleae*等4新種，曾明確列舉並嚴厲批評松村松年（Shōnen Matsumura, 1872-1960，參見*matsumurae*）所著《日本千蟲圖解》第4卷、《新日本千蟲圖解》第3卷有關蝶類部分謬誤之處。

細帶環蛺蝶

Neptis nata lutatia

Fruhstorfer, 1913

TL: Formosa

nata

拉丁語「女兒」；梵語「表演、戲劇、舞蹈、自在（Ishvara）、統治者」。英國昆蟲學家 Frederic Moore（1830-1907，參見 *moorei*）於 1857 年生有一女 Rosa Martha Moore，1858 命名此種，設想如此結合兩種語言語意，表達感謝蒼天喜獲千金手舞足蹈之情，頗有一語雙關的趣味。模式標本雄蝶 1 隻於 1857 年採集自 Borneo（婆羅洲）。

lutatia

古羅馬平民氏族名（參見 *attilia*），Lutatius 為陽性詞。西元前

264 至 241 年，古羅馬和古迦太基（Carthage）為爭奪 Sicily 島周遭地中海水域霸權興兵交戰，西元前 242 年當選古羅馬執政官之 Gaius Lutatius Catulus 領導一支由公民捐款打造的艦隊，以精良訓練、靈活戰術、料敵機先，於西元前 241 年在 Sicily 島西方 Aegates 群島海戰中險勝，進而簽署和平條約（Treaty of Lutatius）：古迦太基必須撤離 Sicily 島、釋放所有古羅馬戰俘並分期 20 年賠償總額近 70 噸白銀，此決定性戰役迫使古迦太基再無反擊能力，結束長達 23 年之第一次 Punic 戰爭（264 BC-241 BC，參見 *epijarbas*、*myla*、*panormus*），Lutatia 氏族因此崛起。

本亞種模式標本採集自臺灣；命名者德國昆蟲學家 Hans Fruhstorfer（1866-1922）另於 1909 年以平民氏族名命名黃斑蔭眼蝶，參見 *didia*。

鑲紋環蛺蝶

Neptis philyroides sonani

Murayama, 1941

TL: 霧社

philyroides

本種由德國昆蟲學家 Otto Staudinger（1830-1900）於 1887 年命名，文中描述：「本種和 *philyra* 非常相似。」故 *philyroides* 由種小名 *philyra* 和拉丁語後綴 oides「相似、類似、具有某種形式或外觀」所組成，並刪除字母 a，意謂「類似 *philyra* 的」。另 *Philyra* 為玉蟹科拳蟹屬屬名。

希臘神話中較具知名的 Philyra 為 Titan 神 Oceanus 和 Tethys（參見 *tethys*）所生之女，她受到叔父 Cronus 追求，兩人隱滿 Rhea 私會多時，但 Rhea 終究懷疑丈夫不軌，當場查獲姦情，此時 Cronus 變成

一匹種馬如閃電般逃遁，嘶鳴聲久久迴盪於 Pelion 山。Philyra 卻因此生下半人半馬 Chiron，見到如此奇特的嬰兒滿懷羞愧，哀求衆神將她變成任何形體，於是 Cronus 將 Philyra 化作一棵椴樹（linden）以安撫她的心靈。然而 Chiron 不同於一般貪杯縱慾、兇殘野蠻的人馬族，被太陽神 Apollon 撫養期間學習醫藥、音樂、箭術、狩獵等技能，具有預言能力，充滿智慧與和善，是許多英雄人物的導師，諸如 Achilles、Ajax、Asclepius、Heracles、Jason、Patroclus、Perseus、Theseus 等。

sonani

德國昆蟲學家 Hans Fruhstorfer（1866-1922）於 1908 年命名新種 *Neptis nandina formosana*（後改列 *sappho* 之亞種，即小環蛺蝶）。

日本昆蟲學家楚南仁博（Jinhaku Sonan, 1892-1984）於 1930 年發表新種 *Neptis philyroides formosanus*，模式標本雄蝶 1 隻由楚南於 1919 年 5 月 18 至 6 月 15 日間採集，地點可能在霧社。

村山修一（Shu-Iti Murayama）考量兩者有異物同名（homonym）之虞，於 1941 年發表〈臺灣產 *Neptis* 屬の蝶類二種について〉一文時，除命名新種 *N. philyra splendens*（槭環蛺蝶）外，另將 *N. philyroides formosanus* 更名為 *N. philyroides sonani*。是以將此發現新種的成就歸於楚南。人名 Sonan 字尾加 i，為古典拉丁文變格（declension）處理方式，可成為第二類變格之單數屬格（genitive singular），意為「Sonan 的、楚南的」。

因當時臺灣尚未有 *N. philyra* 蝶種記錄，村山修一拿到一批剛採集到的標本，其中一隻他最初認為是 *N. philyroides formosanus*，經比對之後判定屬於 *N. philyra* 之亞種。但此蝶與 *N. philyra philyra* 和 *N. philyra excellens* 仍有明顯差異，所以命名為新亞種 *N. philyra splendens*（槭環蛺蝶）。他在平山修次郎（Shūjiro Hirayama, 1887-

1954）和九州大學收藏的標本中，發現有些應該是 *N. philyra splendens* 卻標成 *N. philyroides formosanus*，因為兩者非常類似，村山利用半個篇幅詳述各個蝶種分辨方式。村山似乎不滿意楚南未能描述蝶種之間的差異，他可能認為這是 *N. philyra splendens* 在他之前未被發現的主因。

楚南仁博自小喜歡採集昆蟲，前後在臺 30 多年一直以素木得一（Tokuichi Shiraki, 1882-1970，參見 *shirakiana*）部屬身分從事害蟲調查及昆蟲分類學研究，主要針對茶樹、稻作、篦麻、金雞納樹等害蟲，另為推動害蟲生物防治，亦對臺灣產蜂類之分類、分布、生活習性進行廣泛研究，發表約 50 篇報告。蝶類方面發表 40 多篇臺灣產蝶類分布與分類報告，其中最富盛名為 1934 年與素木共同發表臺灣寬尾鳳蝶；蛾類方面亦發表不少重要報告。楚南待人誠懇和藹，提攜後進，山中正夫、野村健一（Kenichi Nomura, 1914-1993）、池田成實（Narumi Ikeda, 1911-1991）等人皆在楚南指導和鼓勵之下進入蝴蝶研究領域。

黑星環蛺蝶

Neptis pryeri jucundita

Fruhstorfer, 1908

TL: See von Lehiku

pryeri

本種模式標本來自 Shanghai（上海），由英國業餘昆蟲學家 William Burgess Pryer（1843-1899）寄送 Arthur Gardiner Butler（1844-1925，參見 *butleri*）研究，Butler 於 1871 年發表並以此名感謝之。人名以 er 結尾時，字尾加 i，將主格轉換為屬格（所有格），即人名之所有格，本種小名意為「Pryer 的」。

Pryer 早年熱衷採集英國鱗翅目，約 1860 年遠赴上海協助親戚有關蠶絲與茶葉事業，客居期間專注蒐集當地多數仍不為人知的蝶蛾，曾命名若干新種，Butler、Moore（參見 *moorei*）與其他學者藉

由他所提供的標本發表許多新種。Pryer 於 1874 年在上海創立皇家亞洲學會華北分會博物館，1877 年前往北婆羅洲經商，是定居該地的第一位英國人，採集當地鱗翅目與鞘翅目若干年後，因致力首府山打根（Sandakan）的現代化而逐漸淡出昆蟲研究。Pryer 之弟為英國昆蟲學家 Henry James Stovin Pryer（1850-1888，參見 *hamada*、*japonica*）。

jucundita

源自拉丁語陰性名詞 jucunditas（iucunditas）「愉快、歡樂、高興」；形容詞為 jucunda（iucunda）。本亞種由德國昆蟲學家 Hans Fruhstorfer（1866-1922）於 1908 年命名，模式標本雄蝶 1 隻於 1908 年 7 月採集自海拔 4000 英尺處之 Lehiku 湖（鄰日月潭）附近山區，文中可見 Fruhstorfer 興奮之情：「非常傑出的發現！真正古北界物種，中國至臺灣皆可見。」

無邊環蛺蝶

Neptis reducta

Fruhstorfer, 1908

TL: See von Lehiku

reducta

拉丁語「減少的、稀少的」。本種由德國昆蟲學家 Hans Fruhstorfer（1866-1922）於 1908 年命名，模式標本於 1908 年 7 月採集自臺灣中部 Lehiku 湖（鄰日月潭），文中描述：「Matsumura（參見 *matsumurae*）和 Miyake（參見 *myakei*）先生在臺灣檢視後將本蝶交給我……所有白色斑點減退……後翅沿翅緣之白色帶狀條紋亦大幅減退。」是為命名原由。

眉紋環蛺蝶

Neptis sankara shirakiana

Matsumura, 1929

TL: Hori

sankara

梵語「充滿喜悅的、喜樂的泉源」，亦作 shankara。Sankara 為印度神話毀滅之神濕婆（Shiva）衆多別名之一，因祂能帶來繁榮、成功與喜悅。本種由奧地利昆蟲學家 Vincenz Kollar（1797-1860）於 1844 年命名，模式標本採集自印度北部 Massuri（Mussoorie）附近 Himaleya（Himalaya）山區。

shirakiana

「屬於素木的」，由姓氏 Shiraki 加拉丁語陰性後綴 ana「…的、與…有關的」（通常表達身分、所有權或來源等關係）所組成。本亞種由松村松年（Shōnen Matsumura, 1872-1960，參見 *matsumurae*）於

1929 年命名，模式標本雄蝶 1 隻由素木得一（Tokuichi Shiraki, 1882-1970）於 1920 年 6 月 22 日採集自 Hori（今南投縣埔里鎮）。

素木得一就讀札幌農學校時師事松村松年，進行直翅目昆蟲分類。1907 年接任臺灣總督府農事試驗場昆蟲部長。1908 年自海南島引進楓蠶試育，並進行水稻害蟲三化螟（*Scirpophaga incertulas*）之全島大規模調查與防治工作。1909 年自夏威夷引進澳洲瓢蟲（*Rodolia cardinalis*），防治柑橘蟲害吹棉介殼蟲（*Icerya purchasi*），是亞洲地區以天敵防治害蟲之首例。1913-1916 攜帶約 2 萬隻臺灣產昆蟲標本至大英博物館從事種名鑑定工作，奠定臺灣產昆蟲之分類學基礎。1918-1920 年進行全島性採集調查以充實昆蟲標本。1926-1928 年二度赴歐進行研究。1947 年返日。素木畢生發表約 150 餘篇、總計超過 1 萬 5000 頁論文，著書數冊，其中於臺灣光復後留用臺灣省編譯館臺灣研究組編纂，著有《臺灣昆蟲誌》乙書：「以世界所產昆蟲約四十萬之分類為基礎，關於各目各科的特徵，對於臺灣產的昆蟲每屬記一種，藉以說明全體。」素木在臺 40 年間，有效防治蟲害、奠定昆蟲分類、充實研究設備、培養專業人才、創立博物學會，可謂臺灣昆蟲史上重要人物之一。

小環蛺蝶

Neptis sappho formosana

Fruhstorfer, 1908

TL: Formosa

sappho

來自古希臘抒情女詩人 Sappho（c. 630 BC-c. 570 BC）之名。Homer 史詩之後的古希臘詩歌演進成豎琴（lyre）伴奏下演唱之抒情詩（lyric），分為合唱與獨曲兩類，Sappho 所作多是獨曲且自成一體，率真質樸而又熱情洋溢地歌頌愛神 Eros 和婚姻之神 Hymen，她的抒情詩描寫古希臘女人的世界，包括少女情懷、婚姻與戀愛，特別是姊妹情誼的摯愛以及嫁為人婦的離苦。古代雅典政治家與立法者 Solon（c. 638 BC-c. 558 BC）讚賞其作品，曾說：「此生學之，死而無憾。」古希臘哲學家 Plato（428/427, 424/423 BC-348/347 BC）讚賞其為第十位 Muse。西元前三世紀學者將其作品按格律編成九卷藏於古埃及 Alexandria 圖書館，其中一卷據說可達 1300 餘行，可惜

今多散佚，僅存完整一首與殘篇 200 餘首。Sappho 之愛情與性向，依不同時代、不同性別的人，而有不同的詮釋與演繹，然而「女同性戀」一詞（lesbian）卻來自其家鄉 Lesbos 島之名。

formosana

「臺灣的」，由地名 Formosa「福爾摩沙、臺灣」加拉丁語陰性後綴 ana「…的、與…有關的」（通常表達身分、所有權或來源等關係）所組成，並刪減重複字母 a。又拉丁語 formosa 為 formosus「美麗的、英俊的、有美感的」之陰性詞。本亞種模式標本雄雌蝶一對於 1907 年 9 月採集自臺灣海拔 4000 英尺之山區。

李思霖　攝影

斷線環蛺蝶

Neptis soma tayalina

Murayama & Shimonoya, 1968

TL: 臺灣

soma

眾多語言皆有此字。主要為：

一、希臘語「身體」，主要包含頭、頸、驅幹、尾部等中軸線之肉體而言。

二、古印度 veda（吠陀）文化中祭祀 Soma 神之飲品，係壓取同名植物莖部汁液而成，具有酩酊與幻覺效果，飲者會有如同置身仙界般之感官體驗，且有成為不朽身軀之說。此 soma 一字源自吠陀梵語「蒸餾、榨汁」。

三、吠陀經典中之印度神話月神 Soma，印度經文中描述月亮受太陽滋養而放出光芒，故神祇將長生不老之甘露存放於此。參見 *badra*、*chandra*、*chandrana*。

四、Soma 有時另指保護之神毗濕奴（Vishnu）、毀滅之神濕婆（Shiva）、死神（Yama）或財神（Kubera），亦是飛天女神 Apsara 之別稱。

本種由英國昆蟲學家 Frederic Moore（1830-1907，參見 *moorei*）於 1858 年命名，模式標本採集自印度北部 Silhet（即 Sylhet，位於孟加拉東北部，英國統治印度時期劃入 Assam 邦）。因 *badra*、*chandra*、*chandrana*、*soma* 皆由 Moore 命名，故本種小名 *soma* 宜作「月神」解。

tayalina

由原住民族名 Tayal「泰雅」加拉丁語陰性後綴 ina「屬於、相關於、類似於、具…特徵」所組成，意為「泰雅族的」。

深山環蛺蝶

Neptis sylvana esakii

Nomura, 1935

TL: 東勢郡

sylvana

「森林的」，由拉丁語 sylva（silva）「森林、樹林」加陰性後綴 ana「…的、與…有關的」（通常表達身分、所有權或來源等關係）所組成，並刪減重複字母 a。本種由法國昆蟲學家 Charles Oberthür（1845-1924）於 1906 年命名，模式標本雄蝶 6 隻採集自 Tsekou（茨姑，今雲南省迪慶州德欽縣燕門鄉茨中村南 15 公里處）。

羅馬神話中原野與森林之神 Silvanus 統轄農園與森林的滋長、阻擋狼群，亦是農夫與牧人的保護神；並且熱愛音樂，擅長排笛（syrinx）。後人常將 Silvanus 等同於希臘神話牧神 Pan 或羅馬神話牧神 Faunus（參見 *Faunis*）。

esakii

「江崎的」。人名以子音字母結尾，字尾加 ii，將主格轉換為屬格（所有格），成為人名之所有格形式。本亞種由野村健一（Kenichi Nomura, 1914-1993）於 1935 命名，文中述明：「江崎博士鼎力協助，謹此表達深摯謝忱。」故亞種名係向江崎悌三致謝。模式標本雄蝶 1 隻由江崎悌三於 1932 年 7 月 16 日採集自臺中州東勢郡ウライ（烏來，今青山）—ピスタン（約中橫達見，今德基大壩）—サラマオ（沙拉茂，今梨山）之間（位於日治時期埤亞南越嶺警備道大甲溪支線，均今臺中市和平區轄內）。

日本昆蟲學家江崎悌三（Teiso Esaki, 1899-1957）年少早慧，熱愛昆蟲，1923 至 1957 年任教於日本九州帝國大學農業部，為國際知名水棲異翅亞目昆蟲專家，亦以愛蝶人士自居，曾於 1921、1932 年兩次來臺採集旅行，在自創刊物《Zephyrus》發表多篇有關臺灣產鱗翅目昆蟲報告（參見 *shonen*）。江崎不僅在昆蟲分類學上卓然有成，也鑽研昆蟲學史，對書誌學、生物學史、動物地理學多所涉獵，並極具語言天分，熟諳德文、英文、匈牙利文、義大利文和法文，自 1953 年起接續素木得一（Tokuichi Shiraki, 1882-1970，參見 *shirakiana*）擔任「動物命名國際委員會」委員。野村健一、白水隆（Takashi Shirôzu, 1917-2004，參見 *shirozui*）皆其門生。

蓬萊環蛺蝶

Neptis taiwana
Fruhstorfer, 1908
TL: Chip-Chip

taiwana

「臺灣的」，由 Taiwan 加拉丁語陰性後綴 ana「…的、與…有關的」（通常表達身分、所有權或來源等關係）所組成，並刪減重複字母 an。本種模式標本雄蝶 3 隻於 1908 年 7 月 3 至 15 日採集自 Chip-Chip（前水沙連原住民部落 Chip Chip 社，今南投縣集集鎮）。文獻中可見德國昆蟲學家 Hans Fruhstorfer（1866-1922）發表時興奮之情：「Formosa 的新種！」

緋蛺蝶

Nymphalis xanthomelas formosana

(Matsumura, 1925)

TL: Mt. Tahke, Horisha

Nymphalis

由拉丁語 nympha 加後綴 alis「有關於、歸屬於、…的、具有…特性」所組成。nympha 源自希臘語 nymphe，原意為「新娘、少婦」，引申為「美麗的年輕女子」。希臘神話中 nymphe 為一群倘佯在海洋、河川、泉水、湖泊、山林、季節等大自然中具有神性，但並非全然不朽的仙女。本屬為蛺蝶科（Nymphalidae）之模式屬。

xanthomelas

由希臘語前綴 xantho「黃色」與希臘語 melas「黑色、深色」組

成。本種由德國昆蟲學家 Eugen Johann Christoph Esper（1842-1810）於 1781 年命名，文中描述：「角狀翅膀具黃 [淡] 黑色斑點。前翅背面 4 [至 6] 枚黑斑，翅頂有奶白色斑。」是為命名原由。

formosana

「臺灣的」，由地名 Formosa「福爾摩沙、臺灣」加拉丁語陰性後綴 ana「…的、與…有關的」（通常表達身分、所有權或來源等關係）所組成，並刪減重複字母 a。又拉丁語 formosa 為 formosus「美麗的、英俊的、有美感的」之陰性詞。本亞種模式標本雄蝶 1 隻於（某年）4 月下旬採集自 Horisha（今南投縣埔里鎮）附近之 Tahke 山。

古眼蝶

Palaeonympha opalina macrophthalmia

Fruhstorfer, 1911

TL: Formosa

Palaeonympha

由希臘語前綴 palaeo「古代、古老」和拉丁語 nympha 所組成。nympha 源自希臘語 nymphe，原意為「新娘、少婦」，引申為「美麗的年輕女子」。希臘神話中 nymphe 為一群倘佯在海洋、河川、泉水、湖泊、山林、季節等大自然中具有神性，但並非全然不朽的仙女。

本屬由英國昆蟲學家、蜘蛛學家暨鳥類學家 Arthur Gardiner Butler（1844-1925，參見 *butleri*）於 1871 年命名，報告以拉丁語和英語發

表，拉丁語部分開頭為「Affinissimum *Euptychiæ* (Sect. *Neonympha*) differt alis dense pilosis...」，是以本屬名為對應 *Neonympha* Hübner, 1818 而來。模式種 *P. opalina* Butler, 1871 來自 Shanghai（上海）。

opalina

由拉丁語 opalus「寶石」之字首 opal 和拉丁語陰性後綴 ina「屬於、相關於、類似於、具…特徵」所組成，意為「如寶石般的」。英語 opal 指有玻璃光澤的蛋白石（$SiO_2 \cdot n\ H_2O$），可向上溯源拉丁語 opalus、希臘語 opallios 以至梵語 upala「寶石」。

macrophthalmia

由拉丁語前綴 macro「大的、長的」和後綴 ophthalmia（複數型）「眼睛」，「許多碩大眼紋」之意。另英語 ophthalmia 為「眼睛發炎、結膜炎」。本亞種模式標本採集自臺灣。

金環蛺蝶

Pantoporia hordonia rihodona

(Moore, 1878)

Pantoporia

由希臘語前綴 panto「所有的、每一個的」和 poria（poreia）「旅程、前進的方向、追求的目標」所組成，引伸為「全面發展」之意。本屬由德國昆蟲學家 Jacob Hübner（1761-1826）於 1819 年命名，模式種即 *P. hordonia* (Stoll, [1790])。

hordonia

語源不詳。本種由荷蘭業餘鱗翅目學家 Caspar Stoll（1725/1730-1791）於 1790 年命名，模式標本為 N. Burmanus 之藏品，應來自孟加拉（Bengal）。

rihodona

本亞種由英國昆蟲學家 Frederic Moore（1830-1907，參見 *moorei*）於 1878 年命名，文中描述：「類似 *hordonia* Stoll」，故 *rihodona* 為 *hordonia* 之易位構詞（anagram），即重新排列 *hordonia* 之字母以構成 *rihodona*。模式標本雄雌蝶皆有，採集自 Hainan（海南島）。

絹斑蝶

Parantica aglea maghaba

(Fruhstorfer, 1909)

TL: Formosa

Parantica

一說來自印度神話毀滅之神濕婆（Shiva）的別名 Parantaka。另說由希臘語 para「平行、並排、在…旁邊、與…相比」與拉丁語 antica「在前面的、最前面的、最初的、先前的」所組成，並省略一個字母 a，但其義不明。

本屬由英國昆蟲學家 Frederic Moore（1830-1907，參見 *moorei*）於 1880 年命名，模式種 *P. aglea* (Stoll, [1782]) 採集自印度東南部 Madras 沿岸（今 Chennai）。*Parantica* 與型態相似之 *Tirumala*（青斑蝶屬）共同刊載於《The Lepidoptera of Ceylon》（錫蘭鱗翅目）一書；按 Moore 命名特性，*Parantica* 以濕婆神之別名解為宜。

♂

aglea

源自希臘語 aglaia「光輝、壯麗、漂亮」，可作女子名，較具知名者為希臘神話 Graces（Kharites）三女神之一的 Aglaia（或作 Aglaea），具有「漂亮、光輝、華麗、裝扮」特質，亦稱為 Kharis（優雅）或 Kale（美麗）女神。

maghaba

據 Wilford（1811）：位於 Sumatra（蘇門答臘）之 Indra 山因雲霧壟罩山頂，別稱 Maghaba，與 megha「雲」同義；又雷雨之神 Indra（帝釋天，參見 *indra*）能騰雲駕霧，掌管雲雨，故別稱 Meghavahana、Meghabahana，或口語簡稱 Meghaban，意為「產生雲霧」。

平嶋義宏（1999）認為 maghaba 改寫自梵語 maghavan，原意為「慷慨的、寬大的、饋贈禮物之人」，或特指 Indra。另梵語 maghava 為「屬於 Indra 的、受 Indra 統治的」。

本亞種模式標本雄蝶 4 隻雌蝶 7 隻採集自臺灣，文獻中注明：「全島常見種，尤其平原處終年可見其飛翔。」

♀

大絹斑蝶

Parantica sita niphonica

(Moore, 1883)

sita

梵語「犁溝」，印度神話中 Sita 為農耕與豐收女神。古印度梵文史詩《羅摩衍那》（Ramayana）描述 Janakpur 國王 Janaka 於求子祭典之犁田過程中，在田間犁溝拾獲女嬰 Sita，認為是天神恩賜而寵愛有加。Sita 成年後，國王舉辦比武招親，只有 Ayodhya 王子 Rama 能張開毀滅之神濕婆（Shiva）的巨弓，自此 Sita 與 Rama 恩愛相隨。新婚燕爾未幾，Lanka 國王 Ravana 覬覦 Sita 美貌將之虜走，Rama 尋覓一年終於得知藏匿之所，歷經苦戰殺死 Ravana 救回愛妻，卻懷疑她的忠誠與貞節，Sita 只得投火自清，然而火神 Agni 安全護送 Sita

♂

離開火堆，Sita 毫髮無傷地證明自己的清白，但 Rama 仍未完全釋懷。Rama 回國登基後，人民卻質疑王后是否真能不被 Ravana 凌辱，此時 Rama 疑心又起但不知 Sita 已有身孕，將她流放森林之中。Sita 幾經漂泊終於受仙人 Valmiki 庇護生下雙胞胎 Kusha 與 Lava。多年後，在仙人幫助之下，父子相認，Rama 期盼 Sita 返回王宮並允諾詔告天下王后的清白，但 Sita 卻向大地之母 Bhumi 祈禱，Bhumi 不忍讓女兒仍舊待在不公不義的世上，於是裂開大地接回 Sita。自古以來，Sita 忠貞純潔而又堅忍不拔的形象皆是印度與尼泊爾婦女崇敬的典範。

本種由奧地利昆蟲學家 Vincenz Kollar（1797-1860）於 1844 年命名，模式標本採集自印度北部 Massuri（Mussoorie）附近 Himaleya（Himalaya）山區。

niphonica

「來自日本的」，由 Niphon「日本」和拉丁語陰性後綴 ica「歸屬於、關聯於、與…有關、具有某種特徵或本質」所組成。德國自然學家、探險家暨醫生 Engelbert Kaempfer（1651-1716）逝世後於 1727 年出版之《日本史》一書中，誤用 Niphon 稱呼日本第一大島本州（Hondo、Honshu），致使 18 至 19 世紀西方各國沿用與訛傳，本亞種模式標本雄雌蝶一對採集自日本 Nikko（位於本州之栃木縣日光市），採用 *niphonica* 頗有兼具「日本」與「本州」一語雙關之趣。

斯氏絹斑蝶

Parantica swinhoei

(Moore, 1883)

TL: N. Formosa

swinhoei

本種由英國昆蟲學家 Frederic Moore（1830-1907，參見 *moorei*）於 1883 年命名，模式標本由 Robert Swinhoe（1836-1877，參見雙標紫斑蝶）採集自臺灣北部。

♀

紫俳蛺蝶

Parasarpa dudu jinamitra

(Fruhstorfer, 1908)

TL: Polisha

Parasarpa

由拉丁語前綴或希臘語 para「平行、並排」與梵語 sarpa「蛇」組合而成。可能指其翅面明顯白色帶紋而言。本屬由英國昆蟲學家 Frederic Moore（1830-1907，參見 *moorei*）於 1898 年命名，模式種 *P. zayla* (Doubleday, [1848]) 產自孟加拉東北部之 Sylhet（位於孟加拉東北部，英屬印度時期劃入 Assam 邦）。

dudu

本種由英國昆蟲學暨考古學家 John Obadiah Westwood（1805-1893）於 1850 年命名，模式標本採集自孟加拉東北部之 Silhet。

英軍於 1819 年探勘與測量印度河重要支流 Setlej 河（Satlej、Sutlej）之流域時，在 Rupin 一地僅有幾戶房舍之 Dudu 小村進行整補，並提及：「該村並非理想之駐留地點，但有一事值得一提，當地有一吝嗇地霸，在英國統治之前即經常強索物資，令鄰居相當畏懼。」Dudu 之座標為東經 78°03′39″，北緯 31°11′05″，海拔 8732 英尺。

另希伯來語中將字母開頭為 D 之人名暱稱作 Dudu；葡萄牙語 Dudu 為 Eduardo 之暱稱。

jinamitra

梵語「Jina 之友、結交 Jina 為友」（參見 *jina*），亦為人名，如西元 9 世紀 Kashmir 毘婆沙宗（Vaibhasika）經師 Jinamitra 受大蕃贊普赤祖德贊（Ralpacan, 802-838）邀請至西藏弘法，並與其他經師共同重新審定經書古譯本，包括般若經（Prajnaparamita）、大部分「律藏」（Vinaya，毘奈耶）和衆多契經（sutra），並統一詞彙使其更易解讀，貢獻卓著。另古印度 Nalanda 一地之尊者勝友（Jinamitra），於西元 630 年編成 14 卷《根本薩婆多部律攝》（Sarvastivada vinaya samgraha）。

本亞種模式標本雄蝶 2 隻於 1907 年 10 月 3 日採集自 Polisha（今南投縣埔里鎮）。

臺灣斑眼蝶

Penthema formosanum

(Rothschild, 1898)

TL: Taipeh to Kuchu

Penthema

希臘語「悲痛、哀傷」。本屬由英國昆蟲學暨鳥類學家 Edward Doubleday（1811-1849）於 1848 年發表，可能有感於翅面如淚痕般之白色條紋與斑點而命名，模式種 *P. lisarda* (Doubleday, 1845)。

與 penthema 之字源同為 penthos「悲痛、哀傷」的希臘神話 Thebes 國王 Pentheus（意為「憂傷之人」），對盲人先知 Tiresias 的預言嗤之以鼻，並禁止國人崇拜自己的堂兄 Bacchus，避免沉迷於美酒、享樂與祭儀；又親登 Cithaeron 山欲掃除秘教儀式，正當偷窺一群婦女進行聖禮時，被誤認為褻瀆神靈的野豬而遭憤怒人群徒手肢解，其中竟有自己的母親 Agave、姨母 Ino 和 Autonoë，不幸印證先知的預

言。其後，Bacchus 被尊為酒神，Thebes 婦女紛紛在其祭壇前獻香膜拜。

formosanum

「臺灣的」，由地名 Formosa「福爾摩沙、臺灣」加拉丁語中性後綴 anum「…的、與…有關的」（通常表達身分、所有權或來源等關係）所組成，並刪減重複字母 a。又拉丁語 formosa 為 formosus「美麗的、英俊的、有美感的」之陰性詞。

本亞種由英國政治家、銀行家暨動物學家 Walter Rothschild（1868-1937）於 1898 年命名，模式標本雄蝶 2 隻於 1896 年 7 月由英國雪茄商暨業餘昆蟲學者 Frederick Maurice Jonas（1851-1924）採集自 Taipeh（臺北）至 Kuchu（Kusshaku，屈尺，今新北市烏來區）一帶，文中注明：「其中一隻白色條斑大幅減退。」

琺蛺蝶

Phalanta phalantha

(Drury, 1773)

Phalanta

梵語「竹、竹莖、竹條、竹筒」。本屬由美國醫生暨博物學家 Thomas Horsfield（1773-1859）於 1829 年命名，模式種 *P. phalantha* (Drury, [1773])，若種小名 *phalantha* 來自梵語 phalanta，則較晚命名之屬名 *Phalanta* 似有改正之趣。另平嶋義宏（1999）釋為希臘語 phalanthos「禿頭」之陰性詞 phalantha，但遺漏字尾字母 h。

phalantha

可能來自梵語 phalanta「竹、竹莖、竹條、竹筒」；另 Phalantha

可視為人名 Phalanthus 之陰性詞，例如希臘神話中來自 Tanagra 的勇士 Phalanthus，在防衛 Thebes 時被 Hippomedon（參見 *nesimachus*）所殺。

本種由英國昆蟲學家 Dru Drury（1724-1803）於 1773 年命名，模式標本來自中國。Drury 於 1748 年承接父親銀匠家業，業餘對昆蟲極有興趣，1770 至 1787 年出版三冊自然史圖鑑，展現逾 240 幅異國昆蟲樣貌。1780 至 1782 年擔任倫敦昆蟲學會主席，1789 年退休後致力於昆蟲研究，與丹麥動物學家 Johan Christian Fabricius（1745-1808）結為至交。Drury 亦是著名標本藏家，全盛時期超過 11000 隻，包含眾多珍貴單一標本，價值非凡，以當時氣候與技術條件而言，實屬不易。

♀

突尾鉤蛺蝶

Polygonia c-album asakurai

Nakahara, 1920

TL: Horisha

Polygonia

由拉丁語前綴 poly「多數的、許多的」和希臘語 gonia「角、角落」組合而成，意為「多角形」。本屬由德國昆蟲學家 Jacob Hübner（1761-1826）於 1819 年命名，模式種 *P. c-aureum* (Linnaeus, 1758)，文中描述：「翅膀有許多折角，翅面有漂亮白斑。」故本屬名係形容翅緣鋸齒形（多折角）之特色。

c-album

拉丁語 album「白色的、潔白的、明亮的」。本種由 Carl Linnaeus

（1707-1778）於 1758 年命名（與 *c-aureum* 同頁），描述：「後翅腹面有一 C 形白色斑點。」是為命名原由。

asakurai

日人朝倉喜代松（Kiyomatsu Asakura）於 1904 年 4 月到埔里採集昆蟲，並從事標本生意，促使埔里在往後七、八十年成為昆蟲標本產業重鎮，木生昆蟲博物館創辦人余木生（1903-1974），即是朝倉僱用的採集人之一。本亞種模式標本由朝倉於 1919 年 4 月 23 日採集自 Horisha（今南投縣埔里鎮），後由命名者中原和郎（Waro Nakahara, 1896-1976）收藏。

突尾鉤蛺蝶
P. c. asakurai

黃鉤蛺蝶
P. c. lunulata

黃鉤蛺蝶

Polygonia c-aureum lunulata

Esaki & Nakahara, 1924

TL: Formosa

c-aureum

拉丁語 aureum「黃金的、金色的、閃爍的」。本種由 Carl Linnaeus（1707-1778）於 1758 年命名（與 *c-album* 同頁），描述：「後翅腹面有一 C 形金色斑點。」是為命名原由。

lunulata

拉丁語「新月形的、新月的形狀」。本種模式標本採集自臺灣。

雙尾蛺蝶

Polyura eudamippus formosana

(Rothschild, 1899)

TL: Keelung, Patchima

Polyura

由拉丁語前綴 poly「多數的、許多的」和後綴 ura「尾巴、具有尾部」所組成。

eudamippus

古希臘男子名，例如古希臘著名田園詩人 Theocritus（c. 315 BC-c. 250 BC）所著詩集《Idyll》（牧歌集）第二篇，敘述女孩 Simaetha 想要藉由魔力挽回牧羊人 Delphis 的心意，其中：「在往 Lycon 莊園的半路上／我看到 Delphis 和 Eudamippus 結伴而來／他們的鬍鬚比黃菊還耀眼／胸膛閃爍著健壯的光澤／月神啊／他們猶如剛從角力比賽得勝歸來／看吶　月神　請聽我傾訴　我的愛來自何處／我看見了我張狂了　我的心被烈火貫穿了　我的美貌凋零了」Eudamippus 為詩中與主人翁 Delphis 結伴而行之年輕男子。

英國昆蟲學暨鳥類學家 Edward Doubleday（1811-1849）於 1843 年同篇報告先後命名 *delphis* 和 *eudamippus* 二新種。參見 *thestylis*。

formosana

「臺灣的」。本亞種模式標本雄蝶 2 隻雌蝶 3 隻由英國雪茄商暨業餘昆蟲學者 Frederick Maurice Jonas（1851-1924）於 1896 年 7 月 25 日、1897 年 8 月採集自 Keelung（基隆），1896 年 7 月採集自 Patchima。

雙尾蛺蝶
P. e. formosana

雙尾蛺蝶
P. e. formosana
李思霖　攝影

小雙尾蛺蝶
P. n. meghaduta

小雙尾蛺蝶
P. n. meghaduta
李思霖　攝影

小雙尾蛺蝶

Polyura narcaea meghaduta

(Fruhstorfer, 1908)

TL: Chip-Chip

narcaea

希臘神話中酒神 Dionysus 與 Physcoa（一說 Narcaea）之子 Narcaeus，征服 Elis 鄰近地區成為一方霸主後，以 Narcaea 之名建造神殿祭祀智慧女神 Athena。相傳 Physcoa 和 Narcaeus 亦是當地第一批尊奉 Dionysus 為酒神的凡人。

meghaduta

由梵語 megha「雲」和 duta「使者、特使」所組成，意為「雲使」，為西元前 4 世紀古印度詩人 Kalidasa（迦梨陀娑）所著知名詩篇，共 111 首，描寫一位原為財富之神的夜叉 Kubera（俱毗羅）因失職貶謫外地一年，非常掛念故鄉的愛妻，只得託付一片飄向北方家園的雲彩轉達自己的思念，他將雲朵視為好友，殷盼能攜著自己平安的訊息撫慰獨自神傷的妻子。全篇情感真摯、構思奇絕，後人仿作不斷。

本亞種由德國昆蟲學家 Hans Fruhstorfer（1866-1922）於 1908 年命名，模式標本雄蝶 3 隻於 1908 年 6 月採集自 Chip-Chip（今南投縣集集鎮），文中注明：「Meghaduta 來自印度神話，德語為『雲之使者』。」文獻亦可見 Fruhstorfer 發表時興奮之情：「Formosa 的新種！」

大紫蛺蝶

Sasakia charonda formosana

Shirôzu, 1963

TL: Gohôgô, Sankyôchin, Sensekigô

Sasakia

由日本姓氏佐佐木（ささき）之音譯 Sasaki 和拉丁語物種分類（屬）後綴 ia 所組成，並刪減一個字母 i。本屬由英國昆蟲學家 Frederic Moore（1830-1907，參見 *moorei*）於 1896 年命名，模式種 *S. charonda* (Hewitson, 1863) 採集自日本，尊為日本國蝶。

佐佐木忠次郎（Chujiro Sasaki, 1857-1938）時任日本東京帝國大學教授，為應用昆蟲學泰斗與近代養蠶製絲學開拓者，有趣的是：佐佐木《日本樹木害蟲篇》共列舉約 60 種害蟲，其中以竹類害蟲介紹日本國蝶，惟有「發生不多」之注。

charonda

源自西元前 6 世紀 Sicily 島東方 Catana 城邦著名立法者 Charondas 之名，生卒年不詳，其法律條文採詩歌體。古希臘哲學家 Aristotle（384 BC-322 BC）認為其制定之法律除處罰偽證外並無特別之處，但對其精準特性給予高度評價。或許因為 Charondas 倡議「以牙還牙」所致，為防止有心人士任意修改他所制定的新法，Charondas 曾頒布命令，規定任何提案修法之人在立法者會議討論議案時，必須在脖子套上繩索於公眾場所等候，直到會議決議是否同意修改，若遭否決，立即勒死提案人，因此在他當權時，歷史上僅見三次提議修改法典之紀錄。然而 Charondas 卻因自己的死法而留名：他立法禁止在公共集會時配劍，以免爆發衝突產生傷亡，違者處死。一日，他帶劍途經盜匪出沒的鄉村時，有人急忙通知他參加緊急會議，當他到達會場一時疏忽未能卸下武器，無意間觸犯法條進而遭受具敵意的市民指控，於是 Charondas 抬頭大喊一聲：「天神 Zeus 啊，我將捍衛自己的法律！」，當著驚駭的衆人面前，拔劍刺進自己心臟，自我正法。

本種由英國博物學家 William Chapman Hewitson（1806-1878）於 1863 年命名，原列 *Diadema* 屬，Hewitson 命名時遺漏或刪去 Charondas 之字尾字母 s 成為 *charonda*，原因不明。又拉丁語 diadema「王冠、王權」，中性主格（nominative）、呼格（vocative）、賓格（accusative）單數。

formosana

「臺灣的」，由地名 Formosa「福爾摩沙、臺灣」加拉丁語陰性後綴 ana「…的、與…有關的」（通常表達身分、所有權或來源等關係）所組成，並刪減重複字母 a。又拉丁語 formosa 為 formosus「美麗的、英俊的、有美感的」之陰性詞。本亞種正模標本（Holotype）雄蝶 1 隻由余清金（1926-2012，參見 *yuchingkinus*）於 1962 年 8 月採集自 Gohôgô（今新竹縣五峰鄉）；副模標本（Paratype）雄蝶 4 隻：2 隻於同年 8 月採集自 Sankyôchin（三峽鎮，今新北市三峽區）、2 隻於同年 7 月 18 日、8 月採集自 Sensekigô（今新竹縣尖石鄉）。

♂ ♀

♂

♀

燦蛺蝶

Sephisa chandra androdamas

Fruhstorfer, 1908

TL: Kosempo

Sephisa

語源不詳。本屬由英國昆蟲學家 Frederic Moore（1830-1907，參見 *moorei*）於 1882 年命名，模式種 *S. dichroa* (Kollar, [1844]) 產自印度北部 Massuri（Mussoorie）附近 Himaleya（Himalaya）山區。

chandra

梵語「月亮、光亮的、燦爛的」，源自動詞 chand「照耀」。印度神話月神 Chandra（參見 *badra*、*chandrana*、*soma*）年輕美貌、手持蓮花與棒槌，每晚駕馭 10 匹駿馬（或羚羊）牽引之馬車橫過天際，

♂

等同於吠陀（Veda）經典中之月神 Soma；另 Chandra 為男女皆宜之常見人名。

本種由英國昆蟲學家 Frederic Moore（1830-1907，參見 *moorei*）於 1858 年命名，模式標本雄蝶數隻採集自印度 Darjeeling（大吉嶺）。*S. chandra* 雌蝶係擬態 *Euploea*（紫斑蝶屬）。

androdamas

拉丁語「銀輝色的白鐵礦、立方體銀色寶石」。本亞種由德國昆蟲學家 Hans Fruhstorfer（1866-1922）於 1908 年命名，模式標本雄雌蝶一對於 1908 年 6 月 2 至 14 日採集自 Kosempo（甲仙埔，今高雄市甲仙區），文章開頭便說明：「取名 androdamas，係指男性專用之銀灰色寶石，即白鐵礦（Marcasite）」文章末尾更以興奮語氣提及：「臺灣新蝶種！非常傑出的發現，謹向採集者致敬。此在動物地理學上具重大意義，因本蝶至今尚未發現於泰國北部以東地區，中國缺乏採集紀錄，可能僅限於 Tonkin（北圻，越南北部）與臺灣等地！」

♀　　李思霖　攝影

臺灣燦蛺蝶

Sephisa daimio

Matsumura, 1910

TL: Horisha

daimio

來自日文 daimyō「大名」，由 dai「大」和 myōden「名田」之縮寫 myō 所組合，「廣大私有土地」之意。日本封建時代稱呼擁有大片土地之領主為「大名」，相當中國古代之諸侯，地位僅次於幕府將軍（Shogun），是西元 10 世紀到 19 世紀中葉最有權勢的統治者，以招募武士（samurai）保衛家園。本種模式標本雌蝶 1 隻採集自 Horisha（今南投縣埔里鎮）。另 *Daimio* 為玉帶弄蝶屬屬名。

♂

箭環蝶

Stichophthalma howqua formosana

Fruhstorfer, 1908

TL: Candidius

Stichophthalma

由拉丁語 stich「一行、一列、線狀排列」與後綴 ophthalma「眼睛、眼界、理解」組成，本屬由奧地利昆蟲學家 Cajetan Felder（1814-1894）與 Rudolf Felder（1842-1871）父子於 1862 年命名，模式種 *S. howqua* (Westwood, 1851)，文中描述：「翅腹面眾多眼紋排成一行。」是為命名原由。

howqua

清朝中葉廣東商人伍國瑩（1731-1810）於廣州創立「怡和行」

（十三行之一，十三行各有商名，如廣利行商名「茂官」、同文行商名「啓官」）與外商交易，因洋人難以唸出伍國瑩其名，故以中文商名「浩官」、粵語音譯 Howqua 稱之。歷史上人稱浩官共有四位，即伍國瑩、伍國瑩三子伍秉鑒（1769-1843）、伍秉鑒四子伍元華（1800-1833）、伍秉鑒五子伍崇曜（本名元薇，1810-1863）。其中伍秉鑒經營有道成為洋人眼中之世界首富，人稱「伍浩官」，故「浩官」一般係指伍秉鑑。

本種由英國昆蟲學暨考古學家 John Obadiah Westwood（1805-1893）於 1851 年命名，模式標本採集自上海。

formosana

「臺灣的」，由地名 Formosa「福爾摩沙、臺灣」加拉丁語陰性後綴 ana「…的、與…有關的」（通常表達身分、所有權或來源等關係）所組成，並刪減重複字母 a。又拉丁語 formosa 為 formosus「美麗的、英俊的、有美感的」之陰性詞。本亞種模式標本雄蝶 2 隻於 1907 年 9、10 月採集自 Candidius 湖（日月潭）。

花豹盛蛺蝶

Symbrenthia hypselis scatinia

Fruhstorfer, 1908

TL: Chip Chip

Symbrenthia

由拉丁語前綴 sym「和、一起、同時」和蛺蝶科屬名 *Brenthis* 與拉丁語物種分類（屬）後綴 ia 組合而成，並刪減字母 is；brenthis 源自希臘語 brenthos「自大、傲慢」。另古希臘詩人 Hesiod 所著《Theogony》（神譜）一書中，天神 Uranus 與地神 Gaia 最初生有三位獨眼巨人（Cyclope）：Brontes（雷）、Steropes（電）和 Arges（明亮）。德國昆蟲學家 Jacob Hübner（1761-1826）於 1819 年先後命名 *Brenthis* 和 *Symbrenthia* 兩屬。

hypselis

或有二解：其一由希臘語 hypsi「高處、位於高處的」之字首 hyp 和 selis「紙草之一葉、書之一頁、一張紙」所組成，意為「高處的葉子」。其二源自希臘語 hypselos「高處、高度」。另 Hypselis 為位於上埃及（Upper Egypt）尼羅河西岸之古城（約北緯 27 度），亦稱 Hypsela 或 Hypsele。本種由法國昆蟲學家 Jean-Baptiste Godart（1775-1825）於 1824 年命名，模式標本來自 Java（爪哇）。

scatinia

古羅馬人名 Scatinius（Scantinius）之陰性詞，另 Marcus Tullius Cicero（106 BC-43 BC）時代有部 Lex Scantinia（Lex Scatinia）專法，係由某位護民官（Tribune）Scantinius 所制定。本亞種模式標本雄蝶 4 隻於 1908 年 6 月採集自 Chip Chip（前水沙連原住民部落 Chip Chip 社，今南投縣集集鎮）附近海拔約 4000 英尺之山區。

散紋盛蛺蝶

Symbrenthia lilaea formosanus

Fruhstorfer, 1908

TL: Candidius

lilaea

希臘神話泉水仙女之名，河神 Cephissus 之女。

formosanus

「臺灣的」。本亞種模式標本雌蝶 1 隻於 1907 年 9 月 25 日採集自 Candidius 湖（日月潭）。

散紋盛蛺蝶華南亞種

Symbrenthia lilaea lucina

M. J. Bascombe, G. Johnston & F. S. Bascombe, 1999

lucina

拉丁語「帶來光明的女子」。羅馬神話中 Lucina 為光明女神暨分娩女神，意謂「將嬰兒帶至光明之處」，為勞動階層婦女之保護神，等同希臘神話分娩女神 Eileithyia。另 Lucina 亦是天后 Juno（參見 *Junonia*）和月神 Diana 的別稱。

本亞種後翅鋸齒狀外緣和腹面大理石斑紋與指明亞種 *S. lilaea lilaea* (Hewitson, 1864) 明顯不同，易於區分；前翅中室條帶連續而不分斷，翅背面橙黃色斑帶較寬。*S. l. lucina* Bascombe, Johnston & Bascombe, 1999 為 *Papilio lucina* Stoll, [1780]（模式標本產自華南）之替代名（replacement name），因 Stoll 之學名已被 *Papilio lucina* Linnaeus, 1758（現歸於 *Hamearis* 屬）先行佔用（preoccupied）。

白裳貓蛺蝶

Timelaea albescens formosana

Fruhstorfer, 1908

TL: Kagi, Kanshirei

Timelaea

本屬由法國昆蟲學家 Hippolyte Lucas（1814-1899）於 1883 年命名，模式種 *T. maculata* (Bremer & Grey, [1852]) 原列 *Melitaea* 屬，*Timelaea* 係由 *Melitaea* 前 5 個字母以易位構詞（anagram）處理方式重新排列而成。

Melitaea 詞源有二：

一、由地中海 Malta 島之古名 Melita（或作 Melite）加拉丁語後綴 ea「由…組成的、具有…性質的、類似的」所組成。西元前 5200 年即有居民從 Sicily 島移入 Malta 島，因位居地中海中央，極具重要之貿易和戰略地位，歷來成為兵家必爭之地。

二、古希臘 Thessaly 地區 Phthiotis 境內之古鎮名 Melitaea，鄰近

Hellas 鎮與 Enipeus 河。古時 Melitaea 當地居民認為鎮名本作 Pyrrha，且聲稱歷劫大洪水倖存的 Deucalion 和 Pyrrha 兩人之子、國王 Hellen 陵墓即位於該鎮市場內（似象徵回到母親懷抱）。參見 *xuthus*。

albescens

拉丁語「使成白色的、被白色所覆蓋著」，albescens 為動詞 albesco 之現在分詞。本種小名由法國昆蟲學家 Charles Oberthür（1845-1924）於 1886 年發表，文中描述：「後翅背面與腹面中室皆為純白色。」是為命名原由。Oberthür 曾命名 42 個蛾類新屬，生前擁有 500 萬隻標本，為當時世上第二多之個人收藏。

formosana

「臺灣的」。本亞種模式標本雄蝶 1 隻於 1907 年 7 月 22 日或 8 月 20 日採集自 Kagi、雄蝶 1 隻於同年 8 月 18 日採集自 Kanshirei（關子嶺）。

淡紋青斑蝶

Tirumala limniace

(Cramer, 1775)

Tirumala

由通行於印度南部、斯里蘭卡東北部之 Tamil 語 tiru「神聖的、莊嚴的」和 mala「丘陵」所組成。印度東南部大城 Tirupati 附近山丘上有座 Tirumala 小鎮，以 Venkateswara（毗濕奴之化身）廟宇為名；Tiru 亦指保護之神毗濕奴（Vishnu）的妻子 Lakshmi（吉祥天女），為印度教中掌管物質和性靈上之富有與繁榮女神。

本屬由英國昆蟲學家 Frederic Moore（1830-1907，參見 *moorei*）於 1880 年命名，模式種 *T. limniace* (Cramer, [1775]) 來自中國。另說本屬名可能誤記或改寫自梵語 trimala「被三種不潔的東西所影響、有三個污點」，但 Moore 描述此屬特徵強調翅形翅脈，並未述及斑點。

♂

limniace

希臘神話湖水仙女，亦作 Limnaee、Limnate，為印度 Ganges（恆河）河神之女。Limniace 於波光瀲灩中生下 Athis（Atys），16 歲時已是高頭大馬，面貌俊美，儀表出衆，善擲標槍與射箭，跟隨 Phineus 前往 Perseus（參見 *perseus*）和 Andromeda 的婚禮鬧場（參見 *protenor*），Athis 正準備舉弓時，不幸被 Perseus 以一塊從祭壇抓來的冒煙木頭重擊臉部身亡。

♀

小紋青斑蝶

Tirumala septentrionis

(Butler, 1874)

septentrionis

為拉丁語 septentrio「北方、北風、大熊座、小熊座」之單數屬格（genitive）。本種由英國昆蟲學家、蜘蛛學家暨鳥類學家 Arthur Gardiner Butler（1844-1925，參見 *butleri*）於 1874 年命名，模式標本來自 India（印度）、Nepal（尼泊爾）與 Penang（馬來西亞檳城），文中描述：「與 *D. hamata* MacLeay 近似……本種無疑是澳洲蝶種 *D. hamata* 之印度代表。」故相對於模式標本來自南半球澳洲之 *D. hamata*，本種小名 *septentrionis* 似有強調模式標本出自北半球之意，宜解釋為「北方的」。

小紅蛺蝶

Vanessa cardui

(Linnaeus, 1758)

Vanessa

本屬由丹麥動物學家 Johan Christian Fabricius（1745-1808）於 1807 年命名，模式種 *V. atalanta* (Linnaeus, 1758) 採集自瑞典。其語源有下列四種解釋：

一、Sodoffsky（1837）認為改寫自希臘神話愛神 Aphrodite（羅馬神話 Venus）之別名 Phanessa。

二、Spuler（1908）認為本屬蝶翼色彩鮮艷充滿光澤，應是改寫自希臘語 phane「透明、光線、明亮、火炬」。另 Phanes 為古希臘掌管生殖與生育新世代之太古神秘神祇，誕生自 Time 創造之宇宙蛋，是為二元一體（uroboric male-female）而無性別之分的光明與仁慈之神。Phanes 經由 Orphism 教傳入希臘神話中，嗣後演變成創造白晝之男神，其妻 Nyx 創造暗夜；Phanes 統領眾神並創造人類，將權杖傳給 Nyx，Nyx 傳給其子 Uranos，Uranos 傳至 Cronus，終由 Zeus 接掌。

三、《Gulliver's Travels》（格列佛遊記）作者、愛爾蘭裔文學家暨牧師 Jonathan Swift（1667-1745），暱稱其紅粉知己、荷蘭裔富商女 Esther Vanhomrigh（c. 1688-1723）為 Vanessa：Van 為姓氏 Vanhomrigh 前三字母，essa 為 Esther 之親密稱呼。Swift 將〈Cadenus and Vanessa〉（1712-13 年創作、1726 年出版）之自傳體長詩中的女主角稱作 Vanessa，自此成為常見女子名。平嶋義宏（1999）認為本屬名來自該暱稱。另 Cadenus 為拉丁語 de canus「潔白的」之易位構詞（anagram）。

四、Fernández-Rubio 等人（2001b）認為可能源自北歐神話 Vanes（Vanir）神族，本意為「朋友、愉悅、心願」，包含豐饒、繁榮、智慧、生殖、魔幻等神祇，與戰神 Odin、雷電神 Thor 為主的 Æsir 神族鑒戰多年後，雙方互換人質議和。

cardui

拉丁語「薊的」。carduus 為主格（nominative）單數型；cardui 為主格（nominative）、呼格（vocative）複數型，或屬格（genitive）單數型，此處作屬格解。本種幼蟲食草眾多，國外記錄寄主植物多達 20 科以上 300 多種，菊科方面包含牛蒡屬（*Arctium*）、蒿屬（*Artemisia*）、飛廉屬（*Carduus*）、矢車菊屬（*Centaurea*）、薊屬（*Cirsium*）、向日葵屬（*Helianthus*）等。Carl Linnaeus（1707-1778）於 1753 年命名飛廉屬，1758 年命名本蝶種。參見 *rapae*。

大紅蛺蝶

Vanessa indica

(Herbst, 1794)

indica

「印度的」，由地名 India「印度」之字首 Ind 和拉丁語陰性後綴 ica「歸屬於、關聯於、與…有關、具有某種特徵或本質」所組成。本種由德國博物學家暨昆蟲學家 Johann Friedrich Wilhelm Herbst（1743-1807）於 1794 年命名，模式標本採集自印度。

白帶波眼蝶

Ypthima akragas

Fruhstorfer, 1911

TL: Formosa

Ypthima

改寫自希臘語 iphthimos，本意為「堅強、英勇、穩重、結實」，形容女子則是「貌美、清秀」。希臘神話中 Iphthime 有二：一為海神 Nereus 與海洋仙女 Doris 所生 50 位女兒（合稱 Nereides）之一，羊人（Satyrs）Lycus 之母；另一為 Icarius 之女，Penelope（Odysseus 之妻）之姊。智慧女神 Athena 曾製造 Iphthime 的幻象進入 Penelope 夢中，安撫 Penelope 莫再擔憂愛子 Telemachus（參見 *eumeus*、*phedima*），女神會保護他平安歸來。

akragas

位於義大利 Sicily 島西南沿岸之古希臘著名城市，今名 Agrigento，西元前 582 年左右開始建城，因居民大多來自該島東南方的 Gela，故名 Akragas，源自希臘語前綴 akro「開始、尖端」與地名 Gela 之組合，西元前 5 世紀人口估計已達 20 至 80 萬人。Akragas 因位居要津，成為第一、二次 Punic 戰爭（264 BC-241 BC、218 BC-201 BC，參見 *epijarbas*）古羅馬與古迦太基（Carthage）必爭之地，西元前 210 年古羅馬佔領之後未再易手而逐漸繁榮，並改名為 Agrigentum。Akragas 南面留存眾多古希臘 Doric 柱式之神殿，號稱神殿谷（Valle dei Templi），部分遺跡之規模程度與保存狀況遠較希臘本土轄區更大更好，已於 1997 年列為世界文化遺產。本種模式標本應採集自臺灣。

狹翅波眼蝶 *Ypthima angustipennis*

狹翅波眼蝶

Ypthima angustipennis

Takahashi, 2000

TL: 藤枝、寶來、南山溪

angustipennis

由拉丁語（前綴）angusti「狹窄的」和 pennis「翅膀、羽毛（特指能飛行的羽毛）、鰭」所組成。本種小名由高橋真弓（Mayumí Takáhashi）於 2000 年發表，特別說明：「本種命名係因雄蝶前翅較為狹長所致」。正模標本（Holotype）雄蝶 1 隻（高溫型）由高橋於 1998 年 10 月 1 日採集自高雄縣桃源鄉藤枝（現存於大阪市立自然史博物館）；副模標本（Paratype）：雄蝶 1 隻（低溫型）由高橋於 1992 年 3 月 22 日採集自南投縣仁愛鄉南山溪、雄蝶 1 隻由高橋於 1998 年 10 月 1 日採集自藤枝、雌蝶 1 隻由陳文龍（1931-2008）於 1998 年 10 月 3 日採集自高雄縣桃源鄉寶來、雌蝶 1 隻由陳文龍於 1999 年 6 月 25 日採集自藤枝。

小波眼蝶

Ypthima baldus zodina

Fruhstorfer, 1911

TL: Formosa

baldus

荷蘭、丹麥及德國北部居民姓氏 Baldus，源自古姓氏 Balthasar（Balthazar）之變體或簡寫，西方基督教咸認耶穌誕生時前來朝聖之東方三賢（Magi）之一為 Balthazar。平嶋義宏（1999）認為 *baldus* 可能是拉丁語 balbus「口吃的、笨拙的」之誤寫。本種由丹麥動物學家 Johan Christian Fabricius（1745-1808）於 1775 年命名，模式標本來自印度。

♂ 雨季型 Wet-season form

zodina

♂ 乾季型 Dry-season form

語源不詳。本亞種模式標本採集自臺灣。另根據 Henry Yule（1820-1889）於 1857 年〈On the Geography of Burma and Its Tributary States, in Illustration of a New Map of Those Regions〉一文中（頁 106），注解某城市名「Zodinagara = Jyotinagara, City of Light」，Jyotinagara 由梵語 jyoti「光、光明、光亮」和 nagara「城市」所組成。*zodina* 若來源於此，可能取其義但誤斷其字，或者以前述為基礎進一步推論：由 zodi（梵語 jyoti）「光明」與拉丁語陰性後綴 ina「屬於、相關於、類似於、具…特徵」所組成，並刪減重複字母 i，意謂「屬於光明的」。

♀ 雨季型 Wet-season form

江崎波眼蝶

Ypthima esakii

Shirôzu, 1960

TL: Hori, Musha, Baibara, Kôiran

esakii

「江崎的」。人名以子音字母結尾，字尾加 ii，將主格轉換為屬格（所有格），成為人名之所有格形式。本種由日本昆蟲學家白水隆（Takashi Shirôzu, 1917-2004，參見 *shirozui*）於 1960 年命名，係紀念先師江崎悌三（Teiso Esaki, 1899-1957，參見碧翠灰蝶、深山環蛺蝶）。正模標本（Holotype）雄蝶 1 隻、配模標本（Allotype）雌蝶 1 隻，由日本數學教授暨業餘鱗翅目學家杉谷岩彥（Iwahiko Sugitani, 1888-1971，參見 *sugitanii*）於 1929 年 2 月 11 日採集自 Hori（埔里）；另有副模標本（Paratype）雄蝶 19 隻、雌蝶 3 隻採集自 Hori、Musha（霧社，今南投縣仁愛鄉鄉治）、Baibara（眉原，約今南投縣仁愛鄉境內）及 Kôiran（新竹州大溪郡カウイラン，高義蘭，今桃園市復興區高義里高義蘭部落）等地，其中雄蝶 3 隻最早由江崎悌三於 1921 年 8 月 16 日採集自 Musha。

寶島波眼蝶

Ypthima formosana

Fruhstorfer, 1908

TL: Formosa

formosana

「臺灣的」，由地名 Formosa「福爾摩沙、臺灣」加拉丁語陰性後綴 ana「…的、與…有關的」（通常表達身分、所有權或來源等關係）所組成，並刪減重複字母 a。又拉丁語 formosa 為 formosus「美麗的、英俊的、有美感的」之陰性詞。本種由德國昆蟲學家 Hans Fruhstorfer（1866-1922）於 1908 年命名，文中注記：「遍布全島各地，各季節可見，採集標本超過 200 隻。」

密紋波眼蝶

Ypthima multistriata

Butler, 1883

TL: N. Formosa

multistriata

由拉丁語 multi「許多的」和 striata「條紋的、波紋的、皺紋的、斑紋的」所組成。本亞種由英國昆蟲學家、蜘蛛學家暨鳥類學家 Arthur Gardiner Butler（1844-1925，參見 *butleri*）於 1883 年命名，描述：「翅腹面密布深棕色鮮明的條紋。」是為命名原由。模式標本 7 隻由英國駐中國海關官員 Herbert Elgar Hobson（1844-1922，參見 *hobsoni*）採集自臺灣北部。

♂

♀

♂

♀

巨波眼蝶北臺灣亞種

Ypthima praenubila kanonis

Matsumura, 1929

TL: Sozan

praenubila

由拉丁語前綴 prae「在…之前、預備的、起初的、非常」和 nubila「多雲的、黑暗的、憂鬱的」所組成，頗有「山雨欲來風滿樓」的況味。另 nubila 比喻「麻煩的、混亂的、困惑的、煩惱的、受蒙蔽的」。本種由英國昆蟲學家 John Henry Leech（1862-1900）於 1891 年命名，模式標本雄雌蝶皆有：5、6 月 Ta-chien-lu（打箭爐，今四川省甘孜藏族自治州康定市），7 月 Chia-Kow-Ho（金口河，今四川省樂山市金口河區）和 Moupin（穆坪，今四川省雅安市寶興縣穆坪鎮），7、8 月 Omei-Shan（峨眉山），8 月 Wa-Shan（大瓦山，樂山市金口河區永勝鄉南部，峨眉山西南方），Kiukiang（今江西省九江市）。

kanonis

「鹿野的」，由姓氏 Kano 加 nis 所組成，係拉丁語主格（nominative）轉換為屬格（genitive、所有格）之第三類單數變格（declension）處理。本亞種模式標本雌蝶 1 隻由鹿野忠雄（Tadao Kano, 1906-1945，參見 *kanoi*）於 1928 年 7 月 2 日採集自 Taihoku（臺北州）之 Sozan（草山，即陽明山）。

達邦波眼蝶

Ypthima tappana

Matsumura, 1909

TL: Tappan

tappana

「達邦的」，由地名 Tappan（Taban，即吳鳳，今嘉義縣阿里山鄉舊稱吳鳳鄉）加拉丁語陰性後綴 ana「…的、與…有關的」（通常表達身分、所有權或來源等關係）所組成，並刪減重複字母 an。本種由日本昆蟲學先驅松村松年（Shōnen Matsumura, 1872-1960，參見 *matsumurae*）於 1909 年命名，模式標本雌蝶 1 隻由松村於 1907 年 6 月 24 日採集自 Tappan 海拔 4000 英尺處。另本篇以德文發表，若參酌松村以日英文發表之地名，此 Tappan 應指達邦社（今嘉義縣阿里山鄉達邦村境內），參見 *kuyaniana*。

♂

♀

♂

♀

大幽眼蝶

Zophoessa dura neoclides

(Fruhstorfer, 1909)

TL: Formosa

Zophoessa

由希臘語 zophos「幽暗、黑暗、陰沈」之字首 zopho 與拉丁語後綴 essa 所組成。essa 本義為「女性、陰性」，係將陽性名詞轉成陰性名詞，有時帶有「小型的」意味。本屬由英國昆蟲學家暨鳥類學家 Edward Doubleday（1811-1849）於 1849 年命名，有圖而無文，模式種 *Z. sura* Doubleday, [1849]。

dura

拉丁語「艱難的、精力充沛的、不屈的、沈重的」。英國博物學家 George Frederick Leycester Marshall（1843-1934，時任駐印陸軍少校）於 1882 年命名時，描述翅腹面近似 *sura*（拉丁語「小腿肚」），取名 *dura* 頗有文字對比之趣。另本種模式標本雄蝶 1 隻由英國昆蟲學家 Charles Thomas Bingham（1848-1908，時任駐印陸軍上尉）於（某年）5 月採集自 Upper Tenasserim（馬來半島北部泰緬交界處）之 Thoungyeen 森林，故 *dura* 應是反映採集之艱辛。

neoclides

由人名 Neocles 之字首 Neocl 和拉丁語後綴 ides「子嗣、後代、父系後裔、源於父姓之名」組合而成，意為「Neocles 之子」，古希臘名人有二：

一、雅典傑出政治家與軍事家 Themistocles（c. 524 BC-459 BC），

Neocles 之子。政治上，因出身平民，深獲中下階層支持，西元前 493 年當選執政官，與貴族勢力抗衡，推展雅典式民主（古典民主）體制。軍事上，第一次波希戰爭（492 BC-490 BC）時率軍投入 Marathon 戰役獲勝，嗣後力主發展海軍，第二次波希戰爭（480 BC-479 BC）時指揮聯軍艦隊，並善用心理戰與假情資計誘波斯艦隊，西元前 480 年於 Salamis 海峽獲得決定性勝利，逆轉波斯的侵略，也為次年 Plataea 陸戰奠定基礎（參見 *Mycalesis*），更樹立其後百年雅典海上霸權。

二、哲學家 Epicurus（341 BC-270 BC），Neocles 之子，創立 Epicureanism（伊比鳩魯學派）。他相信哲學的重點就是讓人生變得更好；哲學並非單純學習，而是重在實踐：簡單生活、仁慈待人、結交好友，如此就能滿足大多數的欲求，得到真正的快樂，甚至能夠克服死亡的恐懼。然而現代 Epicurean（伊比鳩魯氏、享樂主義的）一詞，是指熱愛美食、沉浸於奢華與感官享樂的人，這與他的主張南轅北轍。Epicurus 的墓誌銘總結了他的全部哲學：「我原本不在，我曾經存在，我現已不存，我並不掛懷。」（*non fui, fui, non sum, non curo*. I was not; I was; I am not; I do not care.）

本亞種模式標本雄蝶 1 隻採集自臺灣。

玉山幽眼蝶

Zophoessa niitakana

(Matsumura, 1906)

TL: Niitaka

niitakana

「新高山的」，即「玉山的」，由山名 Niitaka 加拉丁語陰性後綴 ana「…的、與…有關的」（通常表達身分、所有權或來源等關係）所組成，並刪減重複字母 a。日治時期日本參謀本部陸地測量部於 1896 年 9 月完成臺灣全島勘測，發現モリソン（Morrison，參見 *morisonensis*）山高於富士山，成為日本帝國境內最高峰，1897 年 6 月 28 日明治天皇賜名為「新高山」（ニイタカ山，Niitaka-yama），拓殖務省大臣高島鞆之助於同日轉知參謀本部，拓殖務省另於 7 月 6 日發布第六號告示周知。

本種由日本昆蟲學先驅松村松年（Shōnen Matsumura, 1872-1960，參見 *matsumurae*）於 1906 年命名，文中記載：「本蝶標本僅 1 隻，由永澤定一（Teiichi Nagasawa，參見 *nagasawae*）先生採集自 Niitaka 山頂海拔 9141 英尺處。因保存狀況不佳，以致若干細節描述不盡理想。」另松村於同篇發表永澤蛇眼蝶，注記該蝶標本由永澤於 1905 年 10 月 31 日採集自新高山頂海拔 9141 英尺處，故推測玉山幽眼蝶採集於同日。

圓翅幽眼蝶

Zophoessa siderea kanoi

(Esaki & Nomura, 1937)

TL: ララ山

siderea

拉丁語「星星的、星際的、太陽的」，引伸為「明亮的、閃耀的、燦爛的」。本種由英國博物學家 George Frederick Leycester Marshall（1843-1934，時任駐印陸軍上尉）於 1880 年命名，模式標本雄蝶 1 隻採集自 Sikkim（錫金），文中描述：「前翅（腹面）亞外緣有三枚微小的白斑……」或許是命名原由。

kanoi

本種由日本昆蟲學家江崎悌三（Teiso Esaki, 1899-1957，參見

esakii）和野村健一（Kenichi Nomura, 1914-1993）於 1937 年命名，模式標本雌蝶 1 隻由鹿野忠雄（Tadao Kano, 1906-1945）於 1928 年 10 月 26 日採集自臺北州文山郡ララ山（拉拉山）。人名以 o、u、e、i、y 母音字母結尾時，字尾加 i，將主格轉換為屬格（所有格），即名詞之所有格，故本亞種名意為「鹿野的」。

鹿野忠雄為日本博物學與民族地理學者，在臺期間勤於登山採集，足跡遍至各山地、綠島與蘭嶼，研究範圍橫跨昆蟲、鳥類、哺乳類、動物地理學與民族學等領域。單就對臺灣昆蟲學貢獻概有三項：一、進行高山地帶昆蟲分布調查，例如 1928 年所著〈新高山彙の動物學的研究（豫報）〉是分析高山地域生物相重要參考資料。二、1931 至 1936 年從事蘭嶼生物地理學研究，發現蘭嶼動物相與菲律賓有不少共同之處，而將華萊士線（Wallace Line）的北端延伸至臺灣本島與蘭嶼之間。三、發表多種甲蟲新種，擴展臺灣甲蟲相的視野。

Troides aeacus formosanus 黃裳鳳蝶 Left ♂ Right ♀

4 鳳蝶

曙鳳蝶

Atrophaneura horisbana

(Matsumura, 1910)

TL: Habun

Atrophaneura

李思霖　攝影

由希臘語前綴 a「不是、沒有」和前綴 tropho「營養的」及拉丁語後綴 neura「翅脈、神經、肌腱」（源自希臘語 neuron）所組成，但將 tropho 寫為 tropha，故本屬名偶誤作 *Atrophoneura*。美國昆蟲學家 Tryon Reakirt（1844-after 1871）於 1865 年發表本屬，報告中描述產自菲律賓之模式種 *A. erythrosoma*，其後翅中室外側下緣翅脈（lower disco-cellular nervule）不甚發達，具有類似萎縮現象之特徵，應是命名原由。

horishana

「埔裏社的」，由地名 Horisha「埔裏社」加拉丁語陰性後綴 ana「…的、與…有關的」（通常表達身分、所有權或來源等關係）所組成，並刪減重複字母 a。參見 *horisha*。本種由日本昆蟲學先驅松村松年（Shōnen Matsumura, 1872-1960，參見 *matsumurae*）於 1910 年命名，文中記載：「地點：Formosa，模式標本雌蝶 1 隻採集自 Horisha 附近之 Habun（哈盆，泰雅語，河谷平坦地或兩溪交會之意），最近一年內攻克之番地。」另本種發表時學名為 *Papilio horishanus*，後歸 *Atrophaneura* 屬，種小名配合陰性屬名調整為陰性詞 *horishana*。

麝鳳蝶

Byasa alcinous mansonensis

(Fruhstorfer, 1901)

Byasa

概有二說：其一來自梵語 vyasa「編輯者」，印度傳統思想認為 Vyasa（毗耶娑）生在西元前 3000 年，編著《往世書》（Purana）、《吠陀經》（Vedas）和史詩《摩訶婆羅多》（Mahabharata），為保護之神 Vishnu（毗濕奴）之化身，亦是七仙人（Chiranjivi）中之廣博仙人。其二來自古希臘七賢之一、生於西元前 6 世紀古希臘 Ionia 地區古城 Priene 之政治家與立法者 Bias，以公正與美德受人敬重，他認為：人的力量會自然地茁壯；若不能承擔不幸才是真正的不幸；過度迷戀無法求得的事物是種心靈的痼疾；莫去讚美只有財富而無人品之人；以演說闡明國家利益是靈魂與理性的天賦；崇尚以說服而非

武力方式闡述自己觀點。

本屬由英國昆蟲學家 Frederic Moore（1830-1907，參見 *moorei*）於 1882 年命名，有趣的是，文中注明英國傳教士 John Hocking Hocking（1834-1903）某年 9 月 20 日在印度北部 Kangra 地區海拔 6200 英尺處，以某種豬籠草餵食本屬模式種幼蟲，9 月 27 日化蛹，蝶蛹遭受碰觸時會發出吱吱聲。又模式種 *Papilio philoxenus* Gray, 1831 之模式標本採集自 Nepal（尼泊爾）。依 Moore 命名特性，*Byasa* 宜作梵語解。

alcinous

字義原為「偉大的心靈、心靈的力量」，希臘神話男子名，以 Drepane 國王 Alcinous 最為知名。當智取金羊毛之英雄人物 Jason 與 Medea 乘 Argo 號抵達 Drepane，受到 Alcinous 款待，但一路追捕 Medea 的 Colchis 戰士尾隨而來，國王介入調停：認為如果 Medea 仍是處女之身，就應把她交還其父、Colchis 國王 Aeetes 處置；若已是 Jason 妻子，就不應拆散這對戀人。Jason 與 Medea 聞訊後旋即在山洞內成婚，次日 Alcinous 宣布 Medea 不能交給 Colchis 戰士，並贈送英雄們珍貴禮物，保護 Argo 號再度啓航。另 Homer 史詩《Odyssey》中 Alcinous 為 Phaeacia 國王，有位著名女兒 Nausicaa，她曾營救並深愛著遭遇船難的 Odysseus，Odysseus 則在國王的款宴中述說自己坎坷的流浪旅程。

mansonensis

由山名 Manson 加拉丁語後綴 ensis「起源於、原產於、有關於」所組成，意為「來自 Manson 山的」。本亞種模式標本於 1900 年 6、7 月採集自 Tonkin（北圻，越南北部）北方之 Than-Moi 海拔 1000 英尺處和 Man-Son 山（今 Mau Son 山，越南諒山省祿平縣境內）。

長尾麝鳳蝶

Byasa impediens febanus

(Fruhstorfer, 1908)

TL: Suishasee

impediens

拉丁語動詞 impedio「阻止、妨礙、阻隔」之現在分詞，意為「阻礙的、妨礙的」。本種由英國政治家、銀行家暨動物學家 Walter Rothschild（1868-1937）於 1895 年命名，主要比較 *mencius*、*confusus* 和 *impediens* 三近似種雄蝶之後翅內緣褶（abdominal fold）與毛狀香腺（scent-organ）長短寬窄作為蝶種區分依據，文中敘述：「本種雄蝶後翅內緣褶長度較近似種 *mencius* 短少 1/4，毛狀香腺亦較短窄……後翅非常狹窄。」本種模式標本採集自 Ta-tsien-lu（打箭爐，今四川省甘孜藏族自治州康定市）。又 *mencius* 為亞聖「孟子」

之拉丁語化；拉丁語 confusus「受到困惑的、已經混合的、已經聯合的」。

febanus

西元 467 年，源自挪威西南部 Rugii 人在今奧地利東北部下奧地利邦建立 Rugiland 王國，475 年國王 Flaccitheus 逝世，其子 Feletheus（Febanus 為其衆多別稱之一）繼承王位並支持 Scirii 人 Odoacer（433-493）反叛西羅馬帝國，476 年 Odoacer 攻入帝國首都 Ravenna（參見 *Ravenna*）、9 月 4 日放逐年少皇帝 Romulus Augustus 並在 Ravenna 建立義大利王國，西羅馬帝國滅亡。東羅馬帝國震驚之餘製造 Feletheus 與 Odoacer 之間的衝突，挑撥並慫恿 Feletheus 處死姪子 Fredericus，因其姪子力主支持 Odoacer。Odoacer 於 487 年揮軍攻克 Rugiland，捕獲國王 Feletheus 與王后帶回 Ravenna 處死。489 年 Rugii 族人加入東歌德王國 Theodericus 大帝（454-526）陣營，並於 493 年攻陷 Ravenna，大帝親手處死 Odoacer。

本亞種與 *termessus* 由德國昆蟲學家 Hans Fruhstorfer（1866-1922）於 1908 年同篇報告命名，模式標本雌蝶 1 隻於 1907 年 6 月 11 日採集自 Suishasee（水社湖、水社海，即日月潭）。

多姿麝鳳蝶

Byasa polyeuctes termessus

(Fruhstorfer, 1908)

TL: Kagi

polyeuctes

源自希臘語 polyecktos「充滿願望的、非常盼望的」，或作 polyeuctus，古希臘羅馬人名如：

一、雅典雄辯家 Polyeuctus 協助好友 Demosthenes（384 BC-322 BC，參見 *memnon*）鼓吹人民抵抗馬其頓，哲學家 Aristotle（384 BC-322 BC）亦欣賞他的辯才。

二、古羅馬基督教聖徒 Polyeuctus（？-259）為駐防 Armenia 之 Melitene 城中富裕的軍官，受到同僚暨好友的虔誠基督徒 Nearchus 熱誠感召允諾皈依。一日 Polyeuctus 向 Nearchus 道

別並訴說前夜的夢境：「基督脫下我沾滿沙塵的軍用披風，為我穿上亮彩的新裝。現在，我準備好要去服侍主耶穌基督。」於是 Polyeuctus 到城中廣場，撕除羅馬皇帝要求人民崇拜偶像的法令公告（另說是迫害基督徒的詔書），接著砸毀和踐踏當時遊行隊伍中的 12 尊神像，Polyeuctus 立即遭到逮捕，經酷刑後問斬，Nearchus 隨後遭受火焚之刑，兩人皆因殉道而封聖。

termessus

即古山城 Termessos（今土耳其西南方 Antalya 省境內），有如鷹巢般位於海拔 1600 公尺之 Taurus 山巔，以絕佳自然屏障和良好防禦工事聞名。Alexander 大帝東征時於西元前 333 年包圍 Termessos，但考量此城易守難攻，遂繞道東行，使得該城是當時少數未被征服的城市之一。西元前 71 年 Termessos 與古羅馬帝國結盟，成為獨立自主的城邦，元老院以法律保障其享有自由與人權。然而該城供水系統毀於地震，以致居民他遷而沒落，但因地勢陡峭難以攀登而人跡罕至，成為當今土耳其保存最好的一座古城。

本亞種與 *febanus* 由德國昆蟲學家 Hans Fruhstorfer（1866-1922）於 1908 年同篇報告命名，模式標本雌蝶 2 隻於 1907 年 5 月 6、13 日採集自 Kagi（嘉義）。

斑鳳蝶

Chilasa agestor matsumurae

(Fruhstorfer, 1909)

TL: Horisha

Chilasa

出自梵語 Kailasa（可能源自 Kelasa「水晶」）。Kailasa 山位於西藏境內岡底斯山脈，藏語漢譯為岡仁波齊峰，為印度教、耆那教、佛教、苯教等四教聖山，常年可見來此轉山之信徒與遊客。印度教尊為毀滅之神濕婆（Shiva）與妻子雪山神女（Parvati）冥想之所；《毗濕奴往世書》（Vishnu Purana）描述此山四面各由水晶、紅寶石、黃金與青金石所組成，是世界的支柱。耆那教（Jainism）第一位聖者 Rishabhadeva 涅槃之所。佛教密宗認為此山是諸佛功德總集代表之勝樂金剛（上樂金剛）所在地。苯教（Bön）認為是所有神聖力量的中心。另印度 Ellora 石窟之第 16 窟 Kailasa 神廟為 Krishna 一世於西元 8 世紀建造，堪稱岩鑿神廟巔峰之作，即象徵聖山以祭祀濕婆神。

agestor

源自希臘語 agetor「領導者、統治者」，但不慎多記一個字母 s。希臘神話中 Agetor 為天神 Zeus、太陽神 Apollon、信使 Hermes（曾管理冥界人類靈魂）等神祇，以及國王 Agamemnon（參見 *agamemnon*）之別稱。

matsumurae

「松村的」，人名字母結尾為母音 a 時，加字母 e 成為名詞所有格。參見紫日灰蝶、*shonen*。

1909 年德國昆蟲學家 Hans Fruhstorfer（1866-1922）於不同期刊發表本亞種兩次，2 月 6 日該篇標題為「來自臺灣之擬態鳳蝶」，3 月 6 日該篇特別提及：「很榮幸以松村教授之名命名此蝶，他是一位名滿歐洲的優秀學者，曾命名許多德國半翅目新種。」模式標本（雄蝶 1 隻）由松村松年採集（獲得）自 Horisha（今南投縣埔里鎮）。

黃星斑鳳蝶

Chilasa epycides melanoleucus

(Ney, 1911)

TL: Formosa

epycides

古羅馬時代男子名，拉丁語作 Epycides，今英語改作 Epicydes，其中較知名者為出生於 Carthage（迦太基）之 Syracuse 人 Epycides，與其兄 Hippocrates 從軍 Hannibal 麾下，聲譽卓著。第二次 Punic 戰爭（218 BC-201 BC，參見 *epijarbas*、*lutatia*）Cannae 一役後，位於 Sicily 島上之 Syracuse 僭主 Hieronymus 邀請 Hannibal 商議，Hannibal 遂挑選兄弟二人擔任護衛共同前往 Syracuse，兩位儀態深獲年少僭主好感，Hieronymus 遂同意斷絕與古羅馬之關係，改與古迦太基締盟。

melanoleucus

由希臘語前綴 melano「黑色的、深色的」與 leucus「白色的、光亮的、閃爍的」所組成，「黑白相間」之意，又 Leucus 為希臘神話多位男子名。本亞種由德國業餘昆蟲學者 Felix Ney jun. 於 1911 年命名，模式標本採集自臺灣，文中描述：「翅面除純白閃亮之斑點外皆為黑色……中室白斑與翅緣白斑之間的區域寬而黑，近似種 *epycides* 和 *horatius* 該區域顏色較淡，有時完全消失。」是為命名原由。

翠斑青鳳蝶

Graphium agamemnon

(Linnaeus, 1758)

Graphium

拉丁語「鐵筆、尖筆、筆、嫁接刀（grafting knife）」。本屬與 *Argyreus* 由義大利醫生暨博物學家 Giovanni Antonio Scopoli（1723-1788）於 1777 年同篇報告命名，模式種 *G. sarpedon* (Linnaeus, 1758)，文中描述：「翅面許多斑帶、無尾突、亦無眼紋」。

agamemnon

希臘語本意為「堅定不移」。希臘神話 Mycenae 國王 Agamemnon 胞弟、Sparta 國王 Menelaus 之妻 Helen 和 Troy 王子 Paris 私奔，Agamemnon 遂統帥希臘聯軍攻打 Troy，凱旋回國後，其妻 Clytemnestra 對於 Agamemnon 在出征時因得罪狩獵女神 Artemis 而以長女 Iphigenia 獻祭之事懷恨在心，便與情夫 Aegisthus 一起謀害 Agamemnon。參見 *Argynnis*。

寬帶青鳳蝶

Graphium cloanthus kuge

(Fruhstorfer, 1908)

TL: Chip-Chip

cloanthus

來自古羅馬詩人 Virgil（70 BC-19 BC）所著史詩《Aeneid》中一位追隨 Aeneas 的勇敢部下 Cloanthus 之名，卷五描述他在一場紀念 Anchises（Aeneas 之父）去世周年之戰艦競速比賽中，指揮一艘由松木製成的天藍色 Scylla 號，船身雖重，但憑藉技術、勇氣與向海神虔誠祈禱而贏得冠軍，獲贈一件以金絲繡繪 Ganymedes 行獵與被虜圖案之精美披風。參見 *Troides*、*demoleus*。

kuge

德國昆蟲學家 Hans Fruhstorfer（1866-1922）於 1908 年發表時注明：「Kuge 為日語，如同日耳曼宮廷貴族（Hofadel）」，是以得知 kuge 為日語「公家（くげ）」。模式標本數隻於 1908 年 6 月採集自 Chip Chip（前水沙連原住民部落 Chip Chip 社，今南投縣集集鎮）。

公家本指日本天皇或朝廷，鎌倉時代（1185-1333）之後，由於用「武家」稱呼以「武力」為朝廷效勞的幕府將軍與守護大名（參見 *Daimio*、*daimio*）、武士等；與此對應，故用「公家」稱呼在「政務」上服務朝廷之貴族與高級官員。

木蘭青鳳蝶

Graphium doson postianus

(Fruhstorfer, 1902)

TL: Tamsui

doson

古希臘時代馬其頓國王 Antigonus III Doson（263 BC-221 BC）善於外交謀略與軍事戰略，重新建構並領導泛希臘聯盟，於西元前 222 年在 Sellasia 戰役中以優勢武力與裝備擊潰 Sparta，不久北方 Illyria 人旋即來犯，Antigonus 三世揮軍禦敵再次獲得勝利，詎料在戰場上因為指揮軍隊時大喊一聲，造成動脈破裂而驟逝。希臘語 doson 意為「承諾給予、允諾」，但古羅馬時代希臘作家 Plutarch（c. 46-c. 120）表示 Doson 為譏諷「言而無信」的稱呼，可能是反諷 Antigonus 三世經常不履行承諾而獲得此稱號。另古高地日耳曼語 doson 為

「怒吼、噪音、咆哮、喧鬧」等義。本種由奧地利昆蟲學家 Cajetan Felder（1814-1894）與 Rudolf Felder（1842-1871）父子於 1864 年命名。

postianus

本亞種由德國昆蟲學家 Hans Fruhstorfer（1866-1922）於 1902 年命名，模式標本雄蝶 1 隻於（某年）5 月 1 日採集自 Tamsui（今新北市淡水區），文中注明：「以此名向已故的 Jost 教授致敬，他寫的福爾摩沙遊記引人入勝。」故推測 postianus 由人名 Jost 加拉丁語陽性後綴 ianus「…的、與…有關的」（通常表達身分、所有權或來源等關係）所組成，但不知何故將 *j* 誤植為 *p*。

木蘭青鳳蝶
G. d. postianus

翠斑青鳳蝶
G. agamemnon
李思霖　攝影

青鳳蝶

Graphium sarpedon connectens

(Fruhstorfer, 1906)

TL: Formosa

sarpedon

古希臘和羅馬帝國常見男子名，希臘神話中概有三位 Sarpedon：

一、Europa 為天神 Zues 生下 Minos、Sarpedon、Rhadamanthys 三個兒子之後嫁給 Crete 國王 Asterion，多年後 Minos 繼承王位，三兄弟卻同時愛上一位女子 Miletus 而起爭執，Minos 驅除兩位胞弟，Sarpedon 遂投靠住在小亞細亞的舅父 Cilix，進而征服當地 Milyan 人，成為 Lycia 國王。參見 *Catapaecilma*、*europa*。

二、Zeus 與 Laodamia 之子、前項 Sarpedon 之孫、Lycia 國王與

Troy 的忠誠盟友。戰爭期間，Sarpedon 協助 Hector 抵抗希臘聯軍主力，當 Patroclus 身穿 Achilles 盔甲與 Sarpedon 對陣時，天神 Zeus 明知其子命中注定敗北，正當內心交戰是否前去援救時，天后 Hera 從旁提醒：凡人生死有命，若出手相救愛子，其他眾神亦將仿效，後果不堪設想。Zeus 只得宣洩一場傾盆暴雨，面對即將來臨的喪子之痛。

三、海神 Poseidon 之子，此 Sarpedon 並非英雄人物，而是一位被 Heracles 射殺的粗鄙庸俗之人。

connectens

拉丁語動詞 connecto「連接、結合、拴緊」之現在分詞。本亞種由德國昆蟲學家 Hans Fruhstorfer（1866-1922）於 1906 年命名，模式標本雄蝶數隻採集自臺灣，文中描述：「*connectens* 近似亞種 *semifasciatus* Honrath，比亞種 *nipponus* Fruhstorfer 略小。」另 semifasciatus 由拉丁文前綴 semi「一半、…之半」和 fasciatus「帶狀的、捆紮的」所組成，係指後翅青帶消退而言。*connectens* 後翅青帶則延伸通過中室接近下緣，可能是命名原由。

紅珠鳳蝶

Pachliopta aristolochiae interposita

(Fruhstorfer, 1904)

TL: Lu-Chu

Pachliopta

美國昆蟲學家 Tryon Reakirt（1844-after 1871）研究鳳蝶分類時，於 1865 年命名 *Pachliopta*、*Panopluia*、*Pathysa*、*Pavermia* 等 4 個亞屬，並特別強調是由 *Papilio* 第一個音節 /pa/ 與解析幼蟲 4 種外型組合而成，另說明 *Pachliopta*：「此名表示該蝶幼蟲外型近似唇足綱或蜈蚣屬之形狀。」故 *Pachliopta* 改寫自 Pa 和 Chilopoda（唇足綱）之組合。另 *Panopluia* 來自 Anoplura（蝨亞目），*Pathysa* 來自 Thysanura（纓尾目），*Pavermia* 來自 Vermes（Carl Linnaeus 命名之

蠕蟲綱，現已棄用）。有趣的是，Reakirt 在文中強調：*Panopluia* 和 *Pavermia* 並無模式種，僅是他解析幼蟲外型而得到的假說，或許存在其他亞屬之間，抑或存在於尚未得知的新種。

aristolochiae

由其幼蟲寄主植物馬兜鈴屬名 *Aristolochia* 加拉丁語後綴 ae「歸屬於、有關於、適合於」（將名詞轉換為屬格）組合而成，並刪減一個字母 a；意為「馬兜鈴的」。另 *Aristolochia* 源自希臘語 aristos「最佳的」和 locheia「分娩、產褥」之組合，古時用於分娩，具鎮痛、促進子宮收縮、胎盤剝離與避免感染之效。

本種由丹麥動物學家 Johan Christian Fabricius（1745-1808）於 1775 年命名，模式標本來自印度南部 Tranquebar（Tharangambadi），文中注明：「在東印度以馬兜鈴植物為食。」是為命名原由。

interposita

由拉丁語前綴 inter「在…之間、介於、中間」和 posita「位於、置於」組合而成，「位於中間的」之意。德國昆蟲學家 Hans Fruhstorfer（1866-1922）於 1904 年命名，模式標本雌蝶 1 隻採集自 Lu-Chu（可能為高雄市路竹區），因斑紋型態介於指名亞種 *aristolochiae* Fabricius 與菲律賓亞種 *philippus* Semper 之間，故名。另發表時為 *Papilio aristolochiae interpositus*，後因配合屬名調整改為陰性詞 *interposita*。

翠鳳蝶

Papilio bianor thrasymedes

Fruhstorfer, 1909

TL: Polisha, Chip-Chip, Kosempo

Papilio

拉丁語「蝶、蛾」。本屬由 Carl Linnaeus（1707-1778）於 1758 年命名，模式種 *P. machaon* Linnaeus, 1758 產自瑞典。本屬為鳳蝶科（Papilionidae）之模式屬。

bianor

或作 Bienor，希臘神話人馬族（Centaur）一員，出自古羅馬詩人 Ovid（43 BC-17/18 AD）《Metamorphoses》（變形記）：Lapiths 國王 Ixion（參見 *Ixias*、*nephelus*）之子 Pirithous 迎娶 Hippodamia 的婚

禮上，人馬族賓客酒後亂性，欲搶奪新娘和現場的其他婦女，遂爆發混戰，大英雄 Theseus 跳上 Bianor 之馬背，以棒槌猛擊其頭部致死。西歐繪畫與雕刻藝術常以 Lapiths 與 Centaur 兩族大戰故事為主題。

thrasymedes

李思霖　攝影

希臘神話中 Pylos 國王 Nestor 之長子 Thrasymedes，為 Troy 戰爭中著名之希臘聯軍年輕將領，當胞弟 Antilochus 被 Troy 陣營的 Memnon（參見 *memnon*）所殺後，Thrasymedes 與父王 Nestor 聯手欲奪回屍體，終究不敵威猛的 Memnon，遂撤回軍營轉向 Achilles 求助。Thrasymedes 也曾躲入木馬之中攻陷 Troy 城。戰後他返回故國 Pylos 繼承王位，據信在西元前 12 世紀他曾奮戰多年抵抗 Sparta 人先祖的入侵，開啓 Messini 與 Sparta 兩地糾結數百年的紛爭。

本亞種模式標本於（某年）7 月採集自 Polisha（今南投縣埔里鎮）、Chip-Chip（前水沙連原住民部落 Chip Chip 社，今南投縣集集鎮）、Kosempo（甲仙埔，今高雄市甲仙區），共雄蝶 7 隻、雌蝶 5 隻。

無尾白紋鳳蝶

Papilio castor formosanus

Rothschild, 1896

TL: Kelung

castor

希臘語與拉丁語皆為「海狸」，引申作「優秀之人」，常見男子名。希臘神話 Sparta 王后 Leda 生有孿生兄弟 Castor 和 Pollux，兩人皆善長矛與騎術，曾參與獵殺 Calydon 野豬一役，亦追隨 Jason 登上 Argo 號尋找金羊毛，又從 Theseus 手中救出遭綁架的胞妹 Helen。Pollux 在 Castor 死後央求父親 Zeus，願意以自身一半的不朽神性換回 Castor 生命而永存，天神 Zeus 感動之餘遂將二人升格為天上星座 Gemini（雙子座），行旅與水手視為保護神以祈求合適風向。參見 *leda*、*lyncida*。

Left ♀ Right ♂

本種由英國昆蟲學暨考古學家 John Obadiah Westwood（1805-1893）於 1842 年命名，有趣的是，他在同篇同頁接續 *P. castor* 之後命名另一新種 *P. pollux*，兩者模式標本皆產自 Sylhet（位於孟加拉東北部，英屬印度時期劃入 Assam 邦），嗣經學者研究，*P. pollux* 實為 *P. castor* 之同物異名（synonym）。

formosanus

「臺灣的」，由地名 Formosa「福爾摩沙、臺灣」加拉丁語陽性後綴 anus「…的、與…有關的」（通常表達身分、所有權或來源等關係）所組成，並刪減重複字母 a。又拉丁語 formosa 為 formosus「美麗的、英俊的、有美感的」之陰性詞。本亞種模式標本雄雌蝶一對由英國雪茄商暨業餘昆蟲學者 Frederick Maurice Jonas（1851-1924）於 1896 年 7 月採集自 Kelung（基隆）附近海拔 500 至 1500 英尺之丘陵地。

♂

花鳳蝶

Papilio demoleus

Linnaeus, 1758

demoleus

希臘神話人名，或稱 Demoleos，僅見於古羅馬詩人 Virgil（70 BC-19 BC）《Aeneid》（5.258-265），古希臘詩人 Homer《Iliad》與《Odyssey》並無記載。希臘勇士 Demoleus 在 Troy 城旁 Simois 河濱被 Aeneas 所殺，Aeneas 奪其身上由三股金線編成的鎖子甲（chainmail）作為戰利品，此甲精美但異常沈重，之前 Demoleus 穿著它健步如飛追趕四處逃散的 Troy 人，但他兩位隨從 Phegeus 和 Sagaris 用盡臂力才勉強合舉。Troy 城破一年後，Aeneas 率衆漂流至 Sicily 島，在先父 Anchises 去世周年時舉辦戰艦競速比賽，將此鎖子甲贈給亞軍得主 Mnestheus。參見 *cloanthus*。

穹翠鳳蝶

Papilio dialis tatsuta

Murayama, 1970

TL: Chip-Chip

dialis

拉丁語「天神 Jupiter 的、屬於天神 Jupiter 的、天堂的、每日的、天神 Jupiter 的祭師」，源自拉丁語 deus「神性、神祇」。羅馬神話天神 Jupiter 等同希臘神話天神 Zeus。

tatsuta

德國昆蟲學家 Hans Fruhstorfer（1866-1922）於 1909 年命名本亞種為 *Papilio dialis andronicus*，模式標本雄蝶 5 隻於 1908 年 6、7 月採集自 Chip-Chip（前水沙連原住民部落 Chip Chip 社，今南投縣集集

鎮）。

中原和郎（Waro Nakahara, 1896-1976）於 1941 年發表新異常型為 *Papilio dialis andronicus* Fruhst. ab. *tatsuta*，正模標本雄蝶 1 隻於 1940 年 8 月 18 日採集自埔里社（今南投縣埔里鎮）。

村山修一（Shu-Iti Murayama）和下野谷豊一（Toyokazu Shimonoya）於 1962 年發表新異常型為 *Papilio dialis andronicus* Fruhst. ab. *neotatsuta*，文中描述：「腹面外緣弦月紋較 *tatsuta* Nakahara 擴大……」，正模標本雄蝶 1 隻於 1961 年採集自 Poli（今南投縣埔里鎮），該文珍貴標本由余清金（1926-2012，參見 *yuchingkinus*）和陳維壽提供。

然而英國昆蟲學家 Christopher Ward（1836-1900）早於 1871 年命名一種採集自非洲 Cameroon 之鳳蝶為 *Papilio andronicus*，故 *Papilio dialis andronicus* Fruhstorfer, 1909 成為異物同名（homonym），因此村山修一於 1970 年另訂替代名 *tatsuta* 為亞種名。

Andronikos（拉丁語 Andronicus）為常見古希臘人名，意謂「男性勝利者、男性戰士」，女性稱為 Andronike。

中原和郎於 1941 年報告中注明 *tatsuta*：「龍田，“……龍田の川の錦なりけり”」。該句出自能因法師（988-1050/1058）之一首和歌：「嵐吹く，三室の山の，もみぢ葉は，龍田の川の，錦なりけり」（試譯：山嵐舞秋楓，三室山映紅，飄落龍田川，綿綿織錦繡），此歌收錄於《後拾遺集》第 5 卷（秋・下）第 366 首，詞書記「永承四年内裏歌合によある」（於永承四年內裏歌合時所作。）亦收錄於著名歌集《小倉百人一首》第 69 首。故亞種名 *tatsuta* 為日語「たつた、竜田、龍田」，係指「龍田川」。

白紋鳳蝶

Papilio helenus fortunius

Fruhstorfer, 1908

TL: Candidius

helenus

李思霖　攝影

古希臘常見男子名。希臘神話中 Helenus 為 Troy 國王 Priam 與王后 Hecuba 之子，與孿生胞妹 Cassandra 在 Apollon 神殿沉睡時，一群蛇清潔他們的耳朵，因此獲得太陽神恩賜的預言能力。不同的是，Helenus 的預言眾人皆信，而 Cassandra 的預言卻遭嗤之以鼻。Troy 戰爭期間，Helenus 與 Menelaus 對戰受傷；當胞兄 Paris 中箭身亡後，Helenus 與其兄 Deiphobus 爭奪 Helen 而決裂，失敗後撤退至 Ida 山，但遭 Odysseus 埋伏被俘，Helenus 或許出於負氣使然，告知 Achilles 之子 Neoptolemus 唯有偷取城內智慧女神 Athena 神像（Palladium）才能贏得戰爭。戰爭結束後 Helenus 預言希臘人必須飽受折磨才能經由海路返回家鄉；其後經歷一些曲折，Helenus 成為 Epirus 國王，當 Aeneas 流落至此時受到熱烈款待，Helenus 並預言 Aeneas 未來締造羅馬之種種情事。參見 *agamemnon*、*chaonulus*、*hecabe*、*karsandra*、*paris*。

fortunius

拉丁語「好運的、帶來幸運的」，可作人名。本亞種模式標本雄蝶 2 隻於（1907 年）9 至 10 月採集自 Candidius 湖（日月潭）。

臺灣琉璃翠鳳蝶

Papilio hermosanus

Rebel, 1906

TL: Formosa

hermosanus

奧地利昆蟲學家 Hans Rebel（1861-1940）於 1906 年命名時注明：「Hermosa，為 Formosa 島之古名。」然而 hermosa 為西班牙語「美麗的」，來自古西班牙語 fuermosa（源自拉丁語 formosa，參見 *folus*）。是以 *hermosanus* 係由地名 Hermosa「臺灣」和拉丁語陽性後綴 anus「…的、與…有關的」（通常表達身分、所有權或來源等關係）所組成，並刪減重複字母 a，意為「臺灣的」。本種模式標本雄蝶 1 隻採集自 Formosa（臺灣）。

雙環翠鳳蝶

Papilio hopponis

Matsumura, 1907

TL: 北埔

hopponis

「北埔的」，由地名 Hoppo「北埔」（ほっぽ，今新竹縣北埔鄉）加 nis 所組成，係拉丁語主格（nominative）轉換為屬格（genitive、所有格）之第三種單數變格（declension）處理。本種模式標本由時任新竹廳北埔支廳長渡邊龜作（Kamesaku Watanabe, 1868-1907）採集自原住民山區。

臺灣寬尾鳳蝶

Papilio (Pterourus) maraho

(Shiraki & Sonan, 1934)

TL: 烏帽子

(Pterourus)

臺灣寬尾鳳蝶原列 *Papilio* 屬，日本昆蟲學先驅松村松年（Shōnen Matsumura, 1872-1960，參見 *matsumurae*）於 1936 年根據尾部有兩條翅脈通過而使尾突寬大之特徵，獨立成一新屬 *Agehana*。日語稱鳳蝶為アゲハチョウ，漢字寫作「揚羽蝶」，發音 agehachou，是以 *Agehana* 來自日語 ageha「揚羽（アゲハ）」與陰性後綴 na 之組合，即「鳳蝶屬」之意。

2015 年吳立偉、顏聖紘、呂至堅、David C. Lees、楊平世、徐堉峰等國內外學者，根據譜系發育分析與 DNA 序列定年獲得重要推論：寬尾鳳蝶係於 1800 萬年前之新生代中新世早期，由北美洲經白令海地峽來到亞洲，但因冰河消退、陸橋消失與氣候變遷，使得寬尾鳳蝶與其北美洲祖先在地理上呈現隔離分布，故寬尾鳳蝶之分類返回 *Papilio* 屬（*Pterourus* 亞屬）。*Pterourus* Scopoli, 1777（模式種 *P. troilus* Linnaeus, 1758）則由希臘語前綴 ptero「翅膀、羽毛」和拉丁語陽性後綴 urus「尾巴、具有尾部」所組成，意為「翅膀狀的尾部」。

maraho

本種由日本昆蟲學家素木得一（Tokuichi Shiraki, 1882-1970，參見 *shirakiana*）和楚南仁博（Jinhaku Sonan, 1892-1984，參見 *sonani*）於 1934 年命名，文中注記：「maraho 為臺灣泰雅族語頭目之意。」正

模標本雄蝶 1 隻由鈴木利一於 1932 年 7 月採集自臺北州羅東郡烏帽子（Eboshi，今宜蘭縣大同鄉獨立山）海拔 470 公尺之溪旁，副模標本雄蝶 1 隻由素木得一於 1933 年 5 月 19 日 9 時 46 分採集自同地，「乘風飛翔而來予以捕獲」。

李思霖　攝影

大鳳蝶

Papilio memnon heronus

Fruhstorfer, 1902

TL: Formosa

memnon

希臘語「考慮、思量」之意。常見人名，主要有二。

一、希臘神話中 Aethiopia（Ethiopia）國王 Tithonus 和黎明女神 Eos（羅馬神話 Aurora）之子，武藝堪與 Achilles 匹敵。Memnon 率軍援助 Troy，在慘烈戰鬥中擊殺足智多謀的希臘聯軍將領 Antilochus（參見 *thrasymedes*），Pylos 國王 Nestor 懇請 Achilles 為其子復仇，於是 Achilles 和 Memnon 這兩位具有半神半人血統的戰士，身穿由火神 Hephaestus 精製的鎧甲，勢均力敵鏖戰數百回合，最後 Achilles 一槍刺入 Memnon 心臟取得勝利。眾神為紀念 Memnon 的犧牲，收集他流出的每一滴血化為大河；Aethiopia 人將其火葬時，Memnon 之靈化為一鳥振翅而飛，而柴堆灰燼也變成無數飛鳥尾隨而去。每天黎明時分凝結的露水皆是母親 Eos 黯然神傷的眼淚，天神 Zues 撫慰 Eos 喪子之痛，將 Memnon 升格為不朽之神。

♂

♀　無尾型　Non-tailed

二、歷史上出身於 Rhodes 島世家的 Memnon（380 BC-333 BC），為古波斯 Darius 三世之希臘傭兵將領，深知馬其頓缺乏補給與資金、主張以焦土政策對抗 Alexander 大帝而聞名，西元前 334 年 Halicarnassus 圍城戰中展現無比勇氣與靈活戰術，終究不敵馬其頓猛烈攻勢而失守，其後 Memnon 受 Darius 三世資助以艦隊奪取愛琴海重要島嶼 Chios 和 Lesbos，捷報傳至雅典，政治家 Demosthenes（384 BC-322 BC）籌劃邀集希臘城邦反抗馬其頓，正當起兵時，不幸 Memnon 因病早逝而志業未竟。許多學者認為，Memnon 的戰略若能持續，或可減緩 Alexande 大帝東征進程。參見 *barsine*。

♂

♀　有尾型　Tailed

heronus

本亞種由德國昆蟲學家 Hans Fruhstorfer（1866-1922）於 1902 年命名，模式標本採集自臺灣，文末並注明：「此名係獻給 Heron 先生，感謝他多年來親切地讓我暢行於大英博物館之珍藏。」故 *heronus* 由姓氏 Heron 和拉丁語陽性後綴 anus「…的、與…有關的」（通常表達身分、所有權或來源等關係）所組成，並刪減字母 an。

大白紋鳳蝶

Papilio nephelus chaonulus

Fruhstorfer, 1902

nephelus

或有二解：

一、由希臘語 nephele「雲朵」配合陽性屬名 *Papilio* 修改字尾成為陽性詞 nephelus。希臘神話中 Lapiths 國王 Ixion（參見 *Ixias*、*bianor*）參加天神 Zeus 盛宴，竟對天后 Hera 圖謀不軌，Zeus 不動聲色將一朵白雲化作天后模樣與 Ixion 交歡，此朵白雲成為仙女 Nephele。Ixion 受到懲罰後，Nephele 嫁給 Boeotia 國王 Athamas，生下孿生兄妹 Phrixus 和 Helle，然而 Athamas 移情 Thebes 女王 Ino 而與 Nephele 離婚，繼母 Ino 非常痛恨孿生兄妹，欲除之而後快。Nephele 派遣一隻飛行金羊救出兄妹，

Phrixus 平安到達 Colchis 後，將金羊祭獻海神 Poseidon，金羊升天成為星座 Aries（牡羊座）。Colchis 國王 Aeetes 款待 Phrixus 並招為駙馬，Phrixus 則以象徵王權之金羊毛贈與國王作為回報。參見 *Argynnis*、*Lethe*、*alcinous*、*argiades*、*astor*、*eryx*、*hylas*、*iphita*、*lyncida*、*orithya*。

二、由希臘語前綴 nephel「雲朵、光澤晦暗的、朦朧的」加拉丁語後綴 lus「小型的」組合而成，並刪減一個字母 l。本種由法國鱗翅目學家、植物學家暨醫生 Jean Baptiste Boisduval（1799-1879）於 1836 年命名，文中描述：「前翅翅端與中室前端之間有 4 枚成橫向排列之黃白斑點……後翅翅緣有數枚小型新月形白斑。」或為命名原由。

chaonulus

英國昆蟲學暨考古學家 John Obadiah Westwood（1805-1893）於 1845 年命名一種近似 *Papilio helenus* Linnaeus, 1758 的鳳蝶為 *P. chaon*（今改列 *P. nephelus chaon*），文中注明：「此名（*chaon*）係呼應他（係指 Helenus）的可憐胞弟 Chaon。」參見 *helenus*。然而希臘神話中 Helenus 和 Chaon 究為好友或兄弟關係，以及 Chaon 是否死於狩獵意外或是為解救族人免於傳染病而自願犧牲獻給衆神，仍有不同版本，較為一致的說法是為紀念 Troy 英雄 Chaon，將 Epirus 西北一地命名為 Chaonia。

德國昆蟲學家 Hans Fruhstorfer（1866-1922）於 1902 年命名一種近似 *P. chaon* 的新亞種 *P. chaon chaonulus*（即大白紋鳳蝶 *P. nephelus chaonulus*），文中敘述：「類似 *P. chaon*……但外型較小……後翅白斑減少。」是以 *chaonulus* 係由種小名 *chaon* 加拉丁語後綴 ulus「小型的、年輕的」，意為「小型的 *chaon*」。另希臘語 chaon 本意為「太陽所在之地。」

琉璃翠鳳蝶

Papilio paris nakaharai

Shirozu, 1960

TL: Showa, Hokuto

paris

希臘神話中 Troy 國王 Priam 和王后 Hecuba（參見 *hecabe*）之子。Hecuba 臨盆之際，夢見 Troy 城一片火海，國王與前妻 Arisbe 所生之王子 Aesacus 釋夢：預言新生兒出世會導致 Troy 滅亡，必須除之以挽救家國。但國王與王后於心不忍，只得將剛出生的小王子遺棄在 Ida 山。所幸小王子先被母狼哺育，又被牧羊人拾獲撫養，取名 Paris（意為「背包」）。Paris 幼年聰慧俊俏，與偷牛賊鬥智，尋回失竊的牛群，得到 Alexandros（人民的保護者，亦作 Alexander）名號。成年後因著名的金蘋果選美事件而得罪天后 Hera 和智慧女神

Athena，歷經曲折回到 Troy 與家人相認並獲接納。不久 Priam 思念被希臘人虜走的胞妹 Hesione（參見 *hesione*），Paris 自告奮勇率領艦隊前往營救，卻在 Sparta 祭祀愛神 Aphrodite 時邂逅王后 Helen，兩人竟私奔而回。憤怒的希臘人組成聯軍進攻 Troy，開啓慘烈的十年戰爭。大戰末期，Paris 在太陽神 Apollon 幫助下，一箭命中 Achilles 脆弱腳踝；城破之後，希臘英雄 Philoctetes 以 Heracles 所用之弓與箭，射中 Paris 的持弓之手、右眼與腳踝，Paris 因此傷重不治。參見 *agamemnon*、*helenus*、*podarces*。

nakaharai

本亞種由日本昆蟲學家白水隆（Takashi Shirôzu, 1917-2004，參見 *shirozui*）於 1960 年命名，文中注明：「謹以此名獻給中原和郎博士。」正模標本（Holotype）雄蝶 1 隻由池田成實（Narumi Ikeda, 1911-1991）於 1936 年 9 月 3 日採集自臺北州 Showa（昭和町？）；配模標本（Allotype）雌蝶 1 隻由 Ooga 於 1939 年 6 月 21 日採集自臺北州 Hokuto（北投）；副模標本（Paratype）雄蝶 3 隻：1 隻同正模標本採集、1 隻由 Ooga 於 1940 年 7 月 16 日採集自臺北州 Hokuto、1 隻採集自臺北州但地點與日期不詳。

中原和郎（Waro Nakahara, 1896-1976）為日本京都大學醫學博士、生化暨癌症專家、業餘昆蟲學家及蝴蝶收藏家。中原擁有 1 隻於 1925 年 10 月 4 日採集自新店之雄蝶標本，可能是最早 1 隻琉璃翠鳳蝶、卻判定為近似種臺灣琉璃翠鳳蝶 *P. hermosanus*。是以白水隆將新種命名之成就獻予中原和郎。

玉帶鳳蝶

Papilio polytes

Linnaeus, 1758

polytes

將希臘語 polites「公民、自由民、市民」之字母 i 改為 y。希臘神話男子名：

一、Troy 國王 Priam 與王后 Hecuba 所生之子，主張接受希臘聯軍獻上之木馬，城陷之後，Polites 遭 Achilles 之子 Neoptolemus（新戰士之意，別稱 Pyrrhus，紅髮之意）射中大腿，轉身逃至宮殿，Neoptolemu 尾隨進入，Priam 正在殿中祭壇前祈求衆神懲罰 Neoptolemus，但父子皆遭殺害。參見 *glaucippe*、*hecabe*、*helenus*、*podarces*。

二、Homer 史詩《Odyssey》中 Polites 為 Odysseus 摯友，Aeaea 島歷險時第一位進入女神 Circe 所在宮殿，並於一年後規勸 Odysseus 離開 Circe。Polites 於返鄉途中被海妖 Scylla 所殺，或因夥同水手偷食太陽神 Helios 所養之公牛遭天神 Zeus 以雷電擊斃。

另 *Polites* Scudder, 1872 為分布於美洲之弄蝶一屬。

黑鳳蝶

Papilio protenor

Cramer, 1775

protenor

古羅馬詩人 Ovid（43 BC-17/18 AD）《Metamorphoses》（變形記）中敘述 Aethiopia 國王 Cepheus 原本將公主 Andromeda 許配胞弟 Phineus，但因 Perseus 拯救 Andromeda 有功（參見 *perseus*），國王改將公主下嫁 Perseus，憤怒不平的 Phineus 率眾人前來新人婚禮鬧場（參見 *limniace*），朝臣 Protenor 於混亂中遭 Phineus 友人 Hypseus 所殺。

臺灣鳳蝶

Papilio thaiwanus

Rothschild, 1898

TL: Formosa

thaiwanus

「臺灣的」，由 Thaiwan 加拉丁語陽性後綴 anus「…的、與…有關的」（通常表達身分、所有權或來源等關係）所組成，並刪減重複字母 an。17 至 19 世紀歐洲如荷蘭、德國等國文獻或地圖可見將臺灣拼作 Thaiwan，並非筆誤或誤值。本種由英國政治家、銀行家暨動物學家 Walter Rothschild（1868-1937）於 1898 年命名，模式標本雄蝶 1 隻採集自 Formosa（臺灣）。

♀

♂

柑橘鳳蝶

Papilio xuthus

Linnaeus, 1767

xuthus

希臘神話古希臘王 Hellen（Deucalion 和 Pyrrha 之子）與仙女 Orseis 生有三子：Aeolus（與風神同名）、Xuthus 和 Dorus。Hellen 駕崩後，Xuthus 被兄長逐出 Thessaly 到達 Athens，在 Attica 鄉間建立四座城池（Tetrapolis）：Marathon、Probalinthus、Tricorythus、Oenoe；生有二子 Ion 和 Achaeus。因此 Hellen 後裔建立四大民族：Aeolians、Dorians、Ionians 和 Achaeans，這些民族統稱自己為 Hellenes。

♂

♀

古希臘哲學家 Aristotle（384 BC-322 BC）是第一位認為 Graikos 等同於 Hellenes，係因最早由 Illyrians 人稱呼 Epirus 地區之 Dorians 人為 Graikos。故今日英語所稱「希臘的、希臘人」Greek（源自拉丁語 Graecus，Graecus 源自希臘語 Graikos）等同於 Hellene，衍生詞諸如 Hellenic（古希臘的）、Hellenism（希臘文化、希臘精神、希臘風格）、Hellenistic（希臘文化的、希臘風格的）。參見 *Dodona*、*Timelaea*。

鳳蝶

劍鳳蝶

Pazala eurous asakurae

(Matsumura, 1908)

TL: Horisha

Pazala

語源不詳。本屬由英國昆蟲學家 Frederic Moore（1830-1907，參見 *moorei*）於 1888 年命名，模式種 *P. glycerion* (Gray, 1831) 產自 Nepaul（尼泊爾）。另 Moore 於同篇同頁另定新屬 *Dabasa*（語源不詳，*Meandrusa* Moore, 1888 之同物異名），或有字母對比之趣。

eurous

希臘語「幸運的、成功的、繁盛的」，拉丁語「東方的、亞洲的、東方國度的」。本種由英國昆蟲學家 John Henry Leech（1862-

1900）於 1893 年命名，描述：「本種翅背面非常類似 *tamerlanus* Oberthür。」模式標本雄蝶 12 隻採集自華中 Chang-yang（長陽，今湖北省宜昌市），雄蝶 1 隻採集自 Moupin（穆坪，今四川省雅安市寶興縣穆坪鎮）。又 *tamerlanus* 係以「帖木兒」（Timur）為名（法語作 Tamerlan），是以 *eurous* 釋為「東方的、亞洲的」較佳。

asakurae

「朝倉的」，人名字母結尾為母音 a 時，加字母 e 成為名詞所有格。本亞種名係松村松年（Shōnen Matsumura, 1872-1960，參見 *matsumurae*）感謝標本採集者朝倉喜代松（Kiyomatsu Asakura，參見 *asakurai*），模式標本雄蝶 1 隻於 1908 年 4 月採集自 Horisha（今南投縣埔里鎮）。據說劍鳳蝶為高椋悌吉（Teikichi Takamuku, 1875-1930，參見 *takamukui*）所採集，但採集人之榮譽卻被朝倉所佔。又朝倉曾剪下劍鳳蝶後翅之劍尾，做成無尾型劍鳳蝶，以高價賣給松村松年。

黑尾劍鳳蝶　*Pazala mullah chungianus*

黑尾劍鳳蝶

Pazala mullah chungianus

(Murayama, 1961)

TL: Gokan

mullah

源自阿拉伯語 mawla「傳教士、保衛者、大師」。一般而言，Mullah 係尊稱受過伊斯蘭神學和伊斯蘭教法（Sharia）教育之穆斯林人士，具有「學者、老師」之意涵。在大部分的穆斯林世界中，Mullah 通常指地區的穆斯林教士或清真寺教長。

本種由俄羅斯昆蟲學家 Sergei Nikolaevich Alphéraky（1850-1918）於 1897 年命名，模式標本雄蝶 1 隻於 1893 年 4 月 1 日採集自 Ja-djóou，另雄蝶 1 隻於同年 4 月採集自 Lu-tine，皆在四川省境內。

chungianus

本亞種名由日本昆蟲學家村山修一（Shu-Iti Murayama）於 1961 年命名，由姓氏 Chung「陳」和拉丁語陽性後綴 ianus「…的、與…有關的」（通常表達身分、所有權或來源等關係）所組成，係向（標本採集者）臺灣著名蝴蝶專家、教育家暨標本收藏家陳維壽先生致敬。模式標本採集自海拔 2000 公尺之 Gokan（合歡）山區。

黃裳鳳蝶

Troides aeacus formosanus

(Rothschild, 1899)

TL: South Cape

Troides

由希臘神話中 Phrygia 國王 Tros 之字首 Tro 和拉丁語後綴 ides「子嗣、後代、父系後裔、源於父姓之名」所組成，意為「Tros 之子」，城名 Troy 即從 Tros 而來。Tros 育有三子：Ilus（參見 *ilos*）、Assaracus 和 Ganymedes（參見 *hesione*）。天神 Zeus 喜愛英俊年少的 Ganymedes，化作一隻老鷹將其擄獲至 Olympus 山上為衆神伺酒，Tros 失去愛子悲痛莫名，Zeus 憐憫其心，派遣信使 Hermes 贈送 Tros 一對神駒作為補償，並告知已賜予 Ganymedes 不朽之身以寬慰 Tros。

aeacus

以希臘神話天神 Zeus 與仙女 Aegina 之子 Aeacus 為名。海神 Poseidon 和太陽神 Apollon 與凡人助手 Aeacus 各自建造 Troy 城牆，完工後，有三隻龍分別衝向三面城牆，結果衝向兩位天神所建城牆的龍都摔死，第三隻則強行衝進 Aeacus 所建的城牆。Apollon 於是預言：Aeacus 的後裔總有一天會征服 Troy。果然 Troy 被 Aeacus 的孫子 Achilles 和 Ajax 所領導的希臘聯軍所攻陷。Aeacus 以公正虔誠聞名，死後衆神將他升格為神祇，成為冥界三位判官之一。另馬其頓 Alexander 大帝曾追溯 Aeacus 為其母系先祖。

formosanus

「臺灣的」。本亞種由英國政治家、銀行家暨動物學家 Walter Rothschild（1868-1937）於 1899 年命名，模式標本雄蝶 2 隻由愛爾蘭鳥類學、動物學暨博物學家 John David Digues La Touche（1861-1935）採集自 South Cape（屏東縣恆春鎮鵝鑾鼻）。

珠光裳鳳蝶

Troides magellanus sonani

Matsumura, 1931

TL: 紅頭嶼

magellanus

♂

由人名 Magellan（麥哲倫）和拉丁語陽性後綴 anus「…的、與…有關的」（通常表達身分、所有權或來源等關係）所組成，並刪減重複字母 an，「Magellan 的」。另 Magellanus 亦是 Magellan 之拉丁語化。本種由奧地利昆蟲學家 Cajetan Felder（1814-1894）與 Rudolf Felder（1842-1871）父子於 1862 年命名，模式標本雄蝶來自 Babuyanes（位於菲律賓北部 Camiguin 島），雌蝶來自 Luzon（菲律賓呂宋島）。

葡萄牙探險家 Fernão de Magalhães（Ferdinand Magellan, c. 1480-1521）受神聖羅馬帝國皇帝查理五世（Charles V, 1500-1558，亦是西班牙國王 Carlos I）資助，向西探尋前往亞洲香料群島（Maluku Islands）的新航道，於 1519 年 8 月 10 日啓程，1520 年 11 月 1 日進入南美洲最南端海峽（今稱麥哲倫海峽），1521 年 3 月 16 日抵達菲律賓 Homonhon 島整補，4 月 27 日與 Mactan 島民衝突中 Magellan 不幸喪生，船員接續遺志，歷盡艱難於 1522 年 9 月 6 日返抵西班牙，完成歷史上首次環球航行的壯舉。

sonani

大國督（Tadashi Okuni, c. 1884-1957）和楚南仁博（Jinhaku Sonan, 1892-1984，參見鑲紋環蛺蝶）於 1920 年 3、4 月至紅頭嶼（蘭嶼），在イマウルツル社（Jimowrod，今紅頭村）和イワタス社（Iwatas，1940 年併入椰油村）附近採集到一種キシタアゲハ（裳鳳蝶屬），同年 11 月發表〈紅頭嶼產蝶類に就いて〉（蘭嶼產蝶類）暫歸黃裳鳳蝶，除敘述雄雌蝶特徵外，注明：「本種不僅島上稀少，而且在樹林上方高飛，難以捕獲。我想恐怕是新種。」

日本昆蟲學先驅松村松年（Shōnen Matsumura, 1872-1960，參見 *matsumurae*）於 1931 年命名本亞種，文中注明：「……雄蝶閃爍真珠般光澤……產自紅頭嶼，但臺灣本島尚未發現。ソナニー形（sonani shape）。」是以松村將發現新種的成就歸於楚南。

♂

5 粉蝶

流星絹粉蝶

Aporia agathon moltrechti

(Oberthür, 1909)

TL: Arrizan

Aporia

為希臘語形容詞 aporos「無路可通的、無法克服的、缺乏資源的、困惑的、疑難的」之名詞，aporos 則由前綴 a「缺乏、沒有」與 poros「通過、旅程」所組成。本屬由德國昆蟲學家 Jacob Hübner（1761-1826）於 1819 年命名，模式種 *A. crataegi* (Linnaeus, 1758)，描述本屬特徵「翅膀幾乎透明，翅脈黑色。」Spuler（1908）認為因其鱗粉稀疏而得此名。

aporia 是種哲學性的迷惑，係指探究問題時所面臨的一種疑難、困境或僵局，通常導致一種具有看似合理卻有矛盾之處、或與前提並不一致的結論。《教育大辭書》譯作「置疑」：希臘文中原指的是一種疑難，當事人提出問題或反駁，但卻不一定提供某些特定的答案。Aristotle（384 BC-322 BC）認為置疑是一種對於不同意見之可能性的探索，也是一種辯證過程的特點。使得原先關於某些問題的意見可以進入討論中，並且謀求進一步的解決。而問題的解釋也不限定某一種形式，可能是意見獲得證實，可能是僅提出一個假設，也可能產生一種「合理的矛盾」。置疑的觀念對於教育及教學方法上有重大的啓發，是獲得真知的必要條件。

agathon

由希臘語前綴 agath「有益的、好心的、良善的、令人滿意的、令人愉快的」加後綴 on（名詞結尾）所組成，用於人名如古希臘悲劇詩人 Agathon（c. 448 BC-c. 400 BC）。西元前 416 年，Agathon 慶祝第一部悲劇作品獲得雅典酒神祭戲劇比賽（Lenaia）悲劇類首獎，在自宅宴請好友，包括哲學家 Socrates（470/469 BC-399 BC）、喜劇作家 Aristophanes（c. 446 BC-c. 386 BC）、女哲學家 Diotima 和政治家 Alcibiades（c. 450 BC-404 BC），眾人商定針對愛神 Eros 各自發表頌詞，席間 Agathon 列出一系列卓越品德，諸如美麗、溫柔、青春、勇敢、節制、智慧、義行等愛神的特長，並讚揚 Eros 啓發寫詩的靈感，任何的美都與之有關；祂住在人們的靈魂中，與暴力無緣，只會帶來各種祝福。哲學家 Plato（428/427, 424/423 BC-348/347 BC）的哲學對話錄《Symposium》（會飲），可謂這次饗宴的「紀實報導」。

moltrechti

俄國眼科醫師暨業餘昆蟲學家 Arnold Moltrecht（1873-1952）於 1908 年 2 到 8 月從海參崴來臺旅行並採集包括昆蟲在內的各種動物，足跡遍布 Koshun（恆春）周遭、日月潭、阿里山、巒大山等地。人名以 o、u、e、i、y 母音字母結尾時，字尾加 i，將主格轉換為屬格（所有格），即名詞之所有格，故本亞種名意為「Moltrecht 的」。

本亞種由法國昆蟲學家 Charles Oberthür（1845-1924）於 1909 年命名（參見白絹粉蝶），模式標本雄蝶 1 隻應是 Moltrecht 於 1908 年 6、7 月採集自鄰近 Morrison 山（玉山）之 Arrizan（阿里山）海拔 8000 英尺處。

Top ♂ Bottom ♀

♀

♀

♂

李思霖　攝影

白絹粉蝶

Aporia genestieri insularis

(Shirôzu, 1959)

TL: Hoppo

genestieri

本種由法國昆蟲學家 Charles Oberthür（1845-1924）於 1902 年命名，係向 Annet Genestier（1858-1937）致敬，模式標本採集自雲南。人名 Genestier 字尾加 i，為古典拉丁文變格（declension）處理方式，可成為第二類變格之單數屬格（genitive singular），意為「Genestier 的」。

Genestier 為法國天主教巴黎外方傳教會（Société des Missions Étrangères de Paris）傳教士暨植物學家，1885-1937 年至中國川滇藏交界之 Batang（今四川省巴塘縣）、Khionetong（秋那桶，位今雲南省西部）、Loutze-kiang（即怒江）與 Tchong-teu（今四川省成都市）等地傳教。

insularis

「島嶼的」，由拉丁語 insula「島嶼」加後綴 aris「…的、歸屬於、有關於」而成，並刪減重複字母 a

1909 年 1 月 13 日，法國昆蟲學家 Charles Oberthür（1845-1924）發表一新種 *Pieris moltrechti*（之後列為 *Aporia* 屬，參見流星絹粉蝶）。

1909 年 6 月 20 日，英國外交官暨業餘昆蟲學家 Alfred Ernest Wileman（1860-1929，參見 *wilemani*）發表新種 *Delias taiwana*，模式標本雄蝶 5 隻、雌蝶 2 隻於 1908 年 7、8 月採集自阿里山海拔

7800 英尺處。

1919 年，日本昆蟲學先驅松村松年（Shōnen Matsumura, 1872-1960，參見 *matsumurae*）命名一變種 *Aporia hippia* var. *taiwana*（即白絹粉蝶），模式標本雄蝶 1 隻由已故之新竹廳北埔支廳長渡邊龜作（Kamesaku Watanabe，1868-1907）採集自 Hoppo（ほっぽ，今新竹縣北埔鄉）。

1925 年，德國昆蟲學家 Karl Jordan（1861-1959）認為 Wileman 之雄蝶標本與 Oberthür 相同，故發表略晚 5 個多月的 *D. taiwana* 只能視為 *Aporia moltrechti*（已從 *Pieris* 調整至 *Aporia*）的同物異名（synonym）；Jordan 另以 2 隻雌蝶為模式標本，命名為 *Delias wilemani*（即黃裙豔粉蝶），將發現新種的成就歸於 Wileman。

1959 年，日本昆蟲學家白水隆（Takashi Shirôzu, 1917-2004，參見 *shirozui*）確認松村發表實為一新亞種，但因之前 *D. taiwana* Wileman, 1909 須隨同 *moltrechti* 調整為 *Aporia* 屬而寫作 *Aporia taiwana* (Wileman, 1909)，致使松村新亞種有同名之虞，故白水隆以 *Aporia hippia insularis* 為替代名。另於文末感謝 Keizô Yasumatsu（安松京三，1908-1983）教授審稿，以及 Wensou Chung（陳維壽）和 Masasuke Inoue（井上正亮，參見 *inouei*）兩位先生協助採集此稀有蝶種。

尖粉蝶

Appias albina semperi

Moore, 1905

Appias

古羅馬凱撒大帝（Gaius Julius Caesar, 100 BC-44 BC）為紀念自己出身於 Julia 貴族世家，特別在凱撒廣場（Forum of Caesar）內建築一座「母神維納斯神殿」（Temple of Venus Genetrix）（羅馬人自稱為 Aeneas 後裔，而 Aeneas 為 Venus 之子）。根據古羅馬詩人 Ovid（43 BC-17/18 AD）所述，神殿中心有座噴泉，噴泉四周豎立五座 Appias 雕像，合稱 Appiades。一般認為五座雕像分別是和諧女神 Concordia、智慧女神 Minerva、和平女神 Pax、愛之女神 Venus、家庭女神 Vesta。另古羅馬哲學家 Marcus Tullius Cicero（106 BC-43 BC）為奉承羅馬 Appius Claudius Pulcher 貴族，於書簡中稱一座 Minerva 雕像為 Appias，藉以阿諛貴族智勇兼具。

albina

由拉丁語前綴 alb「白色的、清晰的、明亮的」與拉丁語陰性後綴 ina「屬於、相關於、類似於、具…特徵」所組成。本種由法國鱗翅目學家、植物學家暨醫生 Jean Baptiste Boisduval（1799-1879）於 1836 年命名，報告中描述：「全翅白色，前翅前緣少許黑邊。」本種雌蝶色彩多樣，然而模式標本為採集自印尼 Amboine（安汶島）之一隻雄蝶，故得此名。另 Albina 亦為女子名，意為「潔白、明亮、帶來幸福的女孩」。

semperi

德國民族學家暨動物生態學家 Karl Gottfried Semper（Carl Semper, 1832-1893）於 1859-1865 年旅居菲律賓時，採集近 3 萬隻鱗翅目標本送請胞弟、德國昆蟲學家 Georg Semper（1837-1909）研究，Georg Semper 於 1875 年認定數隻雄雌粉蝶為已發表之 *albina* Boisduval 1836，然而英國昆蟲學家 Frederic Moore（1830-1907，參見 *moorei*）重新檢視後發表為新種，並以 *semperi* 此名向 Semper 致敬（應是 Georg）。

Georg Semper 對歐洲、菲律賓、Indomalaya（東洋界）、Australasia（澳新界）地區的鱗翅目研究貢獻卓著，與 Otto Semper（1830-1907）等兄第三人皆為漢堡 Godeffroy 博物館工作。另人名 Semper 字尾加 i，為古典拉丁文變格（declension）處理方式，可成為第二類變格之單數屬格（genitive singular），意為「Semper 的」。

Left ♂ Right ♀ 李思霖 攝影

雲紋尖粉蝶

Appias indra aristoxemus

Fruhstorfer, 1908

TL: Kagi

indra

梵語「最優、至尊、無上」之意。Indra（因陀羅）為印度教早期之眾神領袖，雷雨之神，據佛光大辭典：「因善於攻城陷陣，驅馳戰車，揮舞金剛杵退治惡魔，遂被稱為城堡破壞者，後漸發展成為戰神，為英雄或戰士之守護神。」與希臘神話 Zeus、北歐神話 Thor、斯拉夫神話 Perun 等印歐神祇同源。佛教稱為帝釋天，為佛陀之守護神，與印度教創造之神梵天（Brahma）同為護法主神，乃十二天之一，鎮護東方。參見 *asura*、*berinda*、*varuna*。

本種由英國昆蟲學家 Frederic Moore（1830-1907，參見 *moorei*）於

1857 年命名，模式標本採集自印度 Darjeeling（大吉嶺）。

aristoxemus

希臘語 aristos「最佳的、高貴的、華麗的」和 xenos「外地人、外國人、異鄉人、賓客、來自遠方的友人」組成後刪減一個字母 s 成為 aristoxenos，拉丁語化為 aristoxenus，亦用於人名，但本亞種名不明原因誤植字母 n 為 m。模式標本雄蝶 1 隻於 1907 年 5 月 11 日採集自 Kagi（嘉義）。

西元前 4 世紀古希臘逍遙學派（Peripatetic school）哲學家 Aristoxenus 為 Aristotle（384 BC-322 BC）弟子，著作甚多，遍及哲學、倫理學與樂理，但流傳較少，今人透過《和聲原理》殘篇得以一窺古希臘音樂旋律與韻律樣貌。

異色尖粉蝶 ♂ *Appias lyncida eleonora*

異色尖粉蝶

Appias lyncida eleonora

(Boisduval, 1836)

lyncida

♀

由人名 Lynceus（原意「猞猁之眼」）之字首 lync 加拉丁語後綴 ides「子嗣、後代、父系後裔、源於父姓之名」之中性複數詞 ida 所組成，意為「Lynceus 的後裔們」；若為 Lyncides，則特指 Perseus（參見 *perseus*）。希臘神話中 Lynceus 有二人較為知名：

一、Lynceus 是 Egypt 國王 Aegyptus 的 50 位兒子之一，歷經血腥新婚之夜（參見 *Danaus*、*hypermnestra*）唯一倖免於難，成為 Argos 國王。Lynceus 將 Danaus 生前擁有之天后 Hera 神盾傳子 Abas，Abas 積極開疆拓土，神勇無比，死後名聲不墜，可使敵人望盾而逃。Abas 將王位傳給在娘胎即爭吵的雙胞胎兄弟 Acrisius 和 Proetus，而 Perseus 為 Acrisius 之外孫。

二、Lynceus 是 Aphareus 和 Arene 之子，尋找金羊毛 Argo 號英雄之一，目光敏銳，據稱能透視樹幹、石牆與地底之物，曾參與獵殺 Calydon 野豬一役。Lynceus 和 Idas 兄弟二人已和 Leucippus 之女 Phoebe 與 Hilaeira 訂親，然而 Tyndareus 之子 Castor 和 Pollux 卻覬覦姿色竟然綁架待嫁兩姊妹（一說 Tyndareus、Aphareus 和 Leucippus 為兄弟，故六人為堂兄妹關係），Lynceus 和 Idas 前往援救時遭到 Castor 和 Pollux 的埋伏，因 Lynceus 能透視藏於樹幹之後的 Castor，而由 Idas 搶得先機擲矛射死 Castor，此刻 Lynceus 卻被 Pollux 殺害，正當 Idas 衝殺 Pollux 時，位於 Olympus 的天神 Zeus 迅速以雷電擊斃 Idas，解救私生子 Pollux。參見 *leda*、*castor*。

eleonora

中世紀中期出生法國之傳奇王后 Aliénor（1122/24-1204），曾先後嫁給法國國王 Louis 七世和英格蘭國王 Henry 二世，本名 Aénor 以紀念其母，當她逐漸成為當時最富有與最權貴之 Aquitaine 女公爵時，世人以 Occitan 語法（印歐語系羅曼語族之一）稱之為 Aliénor（alia Aénor），意為「另一位 Aénor」，以有別於其母之名；續轉成 Oïl 語（羅曼語族之一，俗稱古法語）為 Éléanor 或 Élléonore，近代法語稱為 Éléonore，嗣後衍生各種語言之人名，諸如 Eleanor、Eleanora、Eleanore、Elenora、Eleonora、Elinor、Ellinor、Elnora 等等。本亞種由法國鱗翅目學家、植物學家暨醫生 Jean Baptiste Boisduval（1799-1879）於 1836 年命名。

♂

♀

鑲邊尖粉蝶

Appias olferna peducaea

Fruhstorfer, 1910

olferna

語源不詳。本種由英國駐印度上校、博物學家與鱗翅目學家 Charles Swinhoe（1838-1923，Robert Swinhoe 之弟）於 1890 年命名。模式標本雄雌蝶一對於 1886 年 4、5 月採集自 Maldah（位於印度西孟加拉邦）。

雨季型　Wet-season form　　李思霖　攝影

peducaea

人名 Peducaeus 之陰性詞，此名最早出現於古羅馬共和國晚期之元老院議員家族，如 Sextus Peducaeus 於西元前 76 至 75 年在 Sicily 擔任裁判官（Praetor）時，古羅馬哲學家 Marcus Tullius Cicero（106 BC-43 BC）在其治下任職財務官（Quaestor），Cicero 在指控 Gaius Verres（c. 120 BC-43 BC）瀆職的言辭中，多次讚美 Peducaeus 公正廉潔作為對比，尊稱他為「無瑕君子」（Vir optimus et innocentissimus），Peducaeus 執政期間也深受人民愛戴。

黃尖粉蝶

Appias paulina minato

(Fruhstorfer, 1898)

paulina

古羅馬常見家族名（cognomen，參見 *attilia*）Paulinus 之陰性詞，而 paulinus 源自拉丁語 paulus「小型的、幼小的」。試舉二例較具知名之 Paulina 如下：

一、西元 38 年羅馬皇帝 Caligula（12-41）迎娶 Lollia Paulina（15-49）作為第三任妻子，但僅 6 個月就以皇后無法生育為由離婚。Paulina 出身貴族世家，繼承雄厚資產，古羅馬作家 Gaius Plinius Secundus（23-79，參見 *plinius*）視她為奢靡的典型人物，穿戴價值 5000 萬銅幣（sesterces）的珠寶髮飾、項鍊、臂環、戒指參加晚宴，當時一條麵包約值 0.5 銅幣，一名羅馬軍團士兵年薪約 900 銅幣。Pliny 字裡行間透露出對 Paulina 的不滿，描述皇室耗費巨資從印度進口胡椒與珍珠，Paulina 只是磨碎撒在心愛的鞋子四周。西元 49 年，Paulina 遭羅馬皇帝 Claudius（10 BC-54 AD）第四任皇后 Agrippina（15-59）構陷迷信巫術、違反占星禁令，不待審判逕自沒收財產、放逐外地、逼迫自盡。

♂

♀

二、西元 1 世紀，Syria 總督 Saturnius（Saturninus）之妻 Paulina 品格端莊、美麗動人且篤信女神 Isis。出身貴族世家的年輕騎士 Decius Mundus 覬覦 Paulina 姿色，賄賂 Isis 神殿祭司告知 Paulina：守護神 Anubis 意欲相見。Paulina 視為無比榮耀，慎重裝扮獨自進入神殿，然而與 Paulina 進行聖婚典禮（Hieros gamos）的 Anubis 卻是由 Mundus 裝扮。事後數日二人巧遇，Paulina 滿心歡喜告訴 Mundus 說她與神共度一個美妙的夜晚，Mundu 則坦白偽裝一事，Paulina 遭受奇恥大辱，氣憤填膺告知夫婿，Saturnius 隨即向羅馬皇帝 Tiberius（42 BC-37 AD）稟報，皇帝採取嚴厲處分：放逐 Mundus，摧毀 Isis 神殿，火焚所有祭司，將 Anubis 神像投入 Tiber 河。

minato

日語みなと「港（港口）、湊（組裝）」之意，可作姓氏、人名與地名。本亞種由德國昆蟲學家 Hans Fruhstorfer（1866-1922）於 1898 年命名，模式標本採集自 Ishigaki（石垣島）。

Left ♂ Right ♀

遷粉蝶

Catopsilia pomona

(Fabricius, 1775)

Catopsilia

希臘語前綴 cato（kato）「下面的、較低的」加前綴 psilo「裸露的、平滑的」刪除字尾字母 o，接拉丁語物種分類（屬）後綴 ia 所組成。德國昆蟲學家 Jacob Hübner（1761-1826）於 1819 年命名時，描述本屬特徵「翅膀外側（翅脈）隆起，下方（內側）平滑。」應是命名緣由。模式種 *Papilio crocale* Cramer, [1775] 為 *C. pomona* (Fabricius, 1775) 之同物異名（synonym）。

♂　銀紋型　Form *pomona*

♀　銀紋型　Form *pomona*

♂　無紋型　Form *crocale*

♀　無紋型　Form *crocale*

pomona

羅馬神話中司掌果樹、果實、果園之女神 Pomona，源自拉丁語 pomum「水果、果樹」，特別是果園裡的果實。Pomona 並無對應之希臘神話神祇，帶有純樸的神性受到詩人們喜愛，她對森林和溪流都沒興趣，喜歡待在果園手拿彎刀修剪樹枝，避免枝葉過度蔓延，善於嫁接又勤於疏渠，樂此不疲但別無所求，獨鍾果實累累的景象。古羅馬詩人 Ovid（43 BC-17/18 AD）《Metamorphoses》（變形記）中描述季節之神 Vertumnus 為追求 Pomona，先是巧扮莊稼漢贈送女神無數麥穗，又化成老婦不斷向女神灌輸 Vertumnus 是位理想的伴侶，接著訴說長篇愛情故事，規勸女神愛要及時，經過一番心血 Vertumnus 終於抱得美人歸。

細波遷粉蝶

Catopsilia pyranthe

(Linnaeus, 1758)

pyranthe

由希臘語前綴 pry「火」和 anthe「花」（複數）組合而成，意為「火焰般的花朵」。Hyginus 版本之希臘神話中 Argos 國王 Danaus 的 50 位女兒之一，或作 Pyrante，奉父命殺死夫婿 Athamas，參見 *Danaus*、*hypermnestra*。

Top ♂ Bottom ♀

黃裙脈粉蝶

Cepora iudith olga

(Eschscholtz, 1821)

Cepora

源自希臘語 kepouros「園丁」。另拉丁語前綴 cepo 為「花園、果園、耕地」之意。

iudith

女子名 Judith 之拉丁語作 Iudith，源自希伯來語 Yehudit，意謂「她會受到讚美」或「從 Judea 來的女子」。《舊約聖經・創世紀》（26:34）Esau（以掃）40 歲時娶 Judith（猶滴）和 Basemath 二位 Hittite（西臺）女子為妻。另天主教與東正教《舊約聖經・友弟德傳》（Book of Judith）描述亞述大軍征討西方諸民族所向披靡，但至猶太境內遭到以色列子民頑強抵抗，亞述統帥 Holofernes（敖羅斐乃）兵臨山隘要城 Bethulia（拜突里雅）採取圍困戰術。城內歷經 34 天耗盡儲水，遂有投降之意，此時虔誠而又智慧的年輕寡婦 Judith（友弟德）挺身而出，呼籲族人要感謝天主的考驗堅持到底，於聖殿祝禱後盛裝打扮，偕同婢女進入敵營會見 Holofernes，以巧言取悅統帥鬆懈心房，趁 Holofernes 酩酊大醉後以匕首割下首級從容回城。翌日猶太軍隊乘勢反攻，亞述軍群龍無首，大敗而逃。於是眾人盛讚 Judith：「你是耶路撒冷的榮耀，你是以色列的大喜樂，你是我們民族的大光榮。」

olga

女子名，常見於斯拉夫與北歐國家，源自日耳曼語族之 Old Norse 語 heilagr「神聖、受祝福的」。本亞種由俄國植物學家、昆蟲學家、動物學家暨醫生 Johann Friedrich von Eschscholtz（1793-1831）於 1821 年命名，模式標本採集自 Manilla（菲律賓馬尼拉），報告開頭述明：「…以當代人物命名本篇蝴蝶…」，但文中詳述本蝶特徵，並未指稱 Olga 為何人。Eschscholtz 生於俄羅斯帝國 Dorpat（今愛沙尼亞第二大城 Tartu），屬於波羅的海日耳曼人（Baltic German），使用德文撰寫報告。

♂

♀　　李思霖　攝影

淡褐脈粉蝶

Cepora nadina eunama

(Fruhstorfer, 1903)

TL: Takau

nadina

概有三解：一、女子名，亦作 Nadine，源自俄羅斯語 nadia「希望」；二、梵語「海洋、男海神、河神」；三、斯里蘭卡 Sinhalese 語（僧伽羅語）「海洋、富有的、富饒的」，亦是古印度主神 Varuna（伐樓拿）之別稱（參見 *varuna*）。本種由法國昆蟲學家 Hippolyte Lucas（1814-1899）於 1852 年命名，模式標本（雄雌皆有）採集自孟加拉東北部之 Silhet（Sylhet，位於孟加拉東北部，英屬印度時期劃入 Assam 邦），故種小名以梵語或 Sinhalese 語之解為佳。

♂

eunama

由希臘語前綴 eu「良好、優秀、正確、真正」與 nama「流水、泉水」組成。德國昆蟲學家 Hans Fruhstorfer（1866-1922）於 1903 年發表時列為 *nama* 之亞種（*Huphina nama eunama*），本亞種取名 *eunama* 頗為簡捷，模式標本雨季型雄蝶 11 隻雌蝶 4 隻於 1902 年 8、9 月採集自 Takau（高雄）。

雨季型　Wet-season form

乾季型　Dry-season form

黑脈粉蝶

Cepora nerissa cibyra

(Fruhstorfer, 1910)

TL: Formosa

nerissa

William Shakespeare（1564-1616）劇作《The Merchant of Venice》（威尼斯商人）中黑髮女僕 Nerissa（Nerrissa），其名來自義大利語 nericcia「帶有黑色的」，源自義大利語 nero「黑色」。擁有烏黑秀髮的 Nerissa 雖是富家千金 Portia 的侍女，但並非單純如字面之服侍角色，而是以一位尋常百姓的年輕漂亮女孩，襯托和對比出金髮女主角的身家與階級，並且以此看似平凡的名字隱藏她的慧黠心智。劇中 Portia 與 Nerissa 二人女扮男裝成律師與秘書，前往威尼斯法庭

李思霖　攝影

成功營救商人 Antonio。本種由丹麥動物學家 Johan Christian Fabricius（1745-1808）於 1775 年命名，文中描述：「翅緣黑色，後翅翅脈黑色。」亦有一語雙關之趣。

cibyra

古希臘 Cibyratis 地區首府，或作 Kibyra，位於今土耳其西南部 Gölhisar 附近，以製造業與多元文化聞名，當地人民流通 4 種語言。古羅馬時代希臘歷史學暨地理學家 Strabo（64/63 BC-c. 24 AD）認為 Cibyra 人是 Lydia 人後裔。西元前 2 世紀，Cibyra 與 Bubon、Balubura 和 Oenoanda 結盟，合稱 Tetrapolis，Cibyra 因兵力眾多（3 萬步兵與 2000 騎兵）具有兩張投票權居領導地位，其餘三城各有一張；西元前 84 年古羅馬擊敗 Cibyra 最後一任僭主 Moagetes，解散 Tetrapolis 聯盟，將 Cibyra 歸屬 Phrygia 管轄。

本亞種模式標本採集自臺灣。

紋黃蝶

Colias erate formosana

Shirôz, 1955

TL: Pianan-anbu

Colias

古希臘 Attica（Attika）境內 Kolias（Colias）海岬上有座知名的愛神 Aphrodite 神殿，因此 Koliad（of Kolias）成為 Aphrodite 之別名。

erate

源自希臘語 eratos「可愛的、令人愉快的、美好的、摯愛的」。希臘神話中概有三位 Erato：

一、橡樹仙女，Arcas 之妻，Apheidas、Elatus、Azan 等人之母，亦是 Arcadian Pan 神殿祭師。參見 *erymanthis*。

二、九位 Muse 女神之一，主掌情慾之詩與默劇（mime），古羅馬 Erato 雕像手持里拉琴（lyre），文藝復興時期多描繪她頭戴（或手持）桃金孃或玫瑰花環。參見 *Pieris*。

三、海神 Nereus 與海洋仙女 Doris 所生 50 位女兒（合稱 Nereides）之一。

formosana

「臺灣的」。本亞種模式標本採集自 Taihoku（臺北州）海拔 1810 公尺之 Pianan-anbu（ピヤナン鞍部），即埤亞南（匹亞南）鞍部，今思源埡口。

♂

♀

Left ♂ Right ♀

黃裙豔粉蝶

Delias berinda wilemani

Jordan, 1925

TL: Arizan

Delias

希臘神話中 Titan 神 Coeus 和 Phoebe 之女 Leto 與天神 Zeus 私通懷有身孕，卻遭天后 Hera 迫害，禁止在任何陸地、島嶼或太陽照耀的地方生產。Leto 幾經漂泊來到漂浮小島 Delos，在一棵橄欖樹旁產下月神 Artemis，並立即在女兒幫助下分娩出太陽神 Apollon，因此 Apollon 別稱 Delios（Delius）、月神 Artemis 別稱 Delia 或 Delias。另 delia 本意為「來自 Delos 島的一位女子」。

berinda

平嶋義宏（1999）認為改寫自梵語 virendra（veerendra）「勇敢的 Indra（帝釋天，參見 *indra*）」，作為人名時意為「勇敢高貴之人、群英之首（衆英雄的領袖）」。平嶋另提及針貝邦生（1992）認為改寫自梵語 bherunda（berunda）「令人畏懼的、可怕的、強大的」，Berunda 則是印度神話中具有強大毀滅力量之雙頭神鳥，通常描繪成火焰般雙翼、滿喙利齒、雙爪擒象、羽色如墨，與毀滅之神濕婆（Shiva）幻化之神獸 Sharabha 大戰 18 天而亡。

本種由英國昆蟲學家 Frederic Moore（1830-1907，參見 *moorei*）於 1872 年命名，模式標本雌蝶 1 隻由 Godwin-Austen（參見 *austeni*）採集自印度東北部 Khasia Hills。

wilemani

德國昆蟲學家 Karl Jordan（1861-1959）於 1925 年命名，係向英國外交官暨業餘昆蟲學家 Alfred Ernest Wileman（1860-1929）致敬（參見白絹粉蝶），報告中述明：「模式標本雌蝶 2 隻由 Wileman 採集自 Arizan（阿里山），另 Tring 博物館珍藏 1 隻來自 Horisha 的小型雌蝶。」人名 Wileman 字尾加 i，為古典拉丁文變格（declension）處理方式，可成為第二類變格之單數屬格（genitive singular），意為「Wileman 的」。

Wileman 本職為外交官，曾派駐日本（1882-1903）、臺灣（1903-1909）、夏威夷（未赴任）與菲律賓（1909-1914）等地，公務之餘積極採集昆蟲，1908、1909、1910 年各發表一篇臺灣產蝶類報告，竟列舉總計約 217 種蝴蝶，有關臺灣產蛾類報告亦多達 63 篇，對臺灣鱗翅目研究貢獻卓著。1914 年 10 月退休返英，每年夏季前後的半年時間，幾乎每天到大英博物館檢查研究收藏於此的自己的採集品。他不僅採集蝶蛾成蟲，還飼養一些幼蟲，詳細記錄發育過程，甚至僱用畫工製作彩色圖版，分成 9 篇發表，如此呈現不少鱗翅目昆蟲的生活史；另外他對標本採集地點的紀錄甚為詳細且正確，因此成為生態與分布調查上重要參考資料。Wileman 於 1909 年發表新種 *D. taiwana*，報告中提及：「標本編號 177，雄蝶 5 隻、雌蝶 2 隻於 1908 年 7、8 月採集自海拔 7300 英尺之阿里山區。……5 至 8 月在阿里山可見此蝶。我在 1908 年 8 月到達山區，16 日捕獲到可能是最後僅見的幾隻破損飛行個體作為標本。該蝶飛行姿態緩慢、從容而又優雅，8000 英尺以上山區仍可觀察到，但 6000 英尺以下不曾見過。」

白艷粉蝶

Delias hyparete luzonensis
C. Felder & R. Felder, 1862

hyparete

由希臘語前綴 hyper「在…之上、高於、超越」和 arete「美德、優秀、善行」所組成，並刪除近似 ar 之字母 er。希臘神話中 Hyparete 為 Hyginus 版本之 Argos 國王 Danaus 的 50 位女兒之一，奉父命殺死夫婿 Protheon，參見 *Danaus*、*hypermnestra*。本種由 Carl Linnaeus（1707-1778）於 1758 年命名，列在 Papilio Danaus 之內。

luzonensis

由模式標本採集地 Luzon「呂宋」（菲律賓呂宋島）加拉丁語後綴 ensis「起源於、原產於、有關於」，意為「來自呂宋島的」。

李思霖　攝影

豔粉蝶

Delias pasithoe curasena

Fruhstorfer, 1908

TL: Candidius

pasithoe

♀

希臘神話第二代 Titan 神之大洋神 Oceanus 與海神 Tethys（參見 *tethys*）所生 3000 位仙女之一，本意為「迅速」，象徵「短暫急促的傾盆大雨」、「快速流動的泉水」或「敏捷的和風仙女」。另 *Pasithoe* 為海稚蟲科（Spionidae）一屬。

curasena

Surasena（或 Curasena）為古印度列國時代（Mahajanapada, c. 600 BC-c. 300 BC）16 大國之一，約今印度北方邦（Uttar Pradesh）Braj 一帶，首府 Mathura 咸認為印度教天神 Krishna（黑天）出生之地，《阿毘達磨大毘婆沙論》稱作「……戍洛西那國。此十六國豐諸珍寶……」（卷 124），《中阿含經》謂之「蘇羅吒」（卷 55），與 Kuru、Matsya、Panchala 並列印度教「聖仙之國（Brahmarshi-deca）」。

本亞種模式標本雄雌蝶一對於 1907 年 9 月 25 日和 10 月 10 日採集自 Candidius（日月潭）。

淡色黃蝶

Eurema andersoni godana

(Fruhstorfer, 1910)

TL: Formosa

Eurema

來自希臘語動詞 heurisko「發明、發現」衍生之名詞 heurema，並省略字母 h。此等性質的發現並非來自運氣，而是思考。古希臘哲學家 Archimedes（c. 287 BC-c. 212 BC）洗澡時發現浮力理論而高興的大喊 Heureka（I have found）！

andersoni

本種由英國昆蟲學家 Frederic Moore（1830-1907，參見 *moorei*）於 1886 年命名，係感謝模式標本採集者、蘇格蘭解剖學家暨動物

學家 John Anderson（1833-1900），模式標本雄雌蝶各 1 隻採集自緬甸丹老（Mergui）群島之 Sullivan 島（1 月）和 Elphinstone 島（3 月）。另人名 Anderson 字尾加 i，為古典拉丁文變格（declension）處理方式，可成為第二類變格之單數屬格（genitive singular），意為「Anderson 的」。

Anderson 於 1865 至 1886 年擔任印度博物館首任館長，曾多次到中國雲南、緬甸等地探險，蒐集許多物種標本，以解剖專長進行爬蟲類、鳥類與哺乳類之比較性研究。1881、1882 年到丹老群島探索動物與原住民，進行民族學研究。1886 年退休返國，興趣轉移至非洲地中海沿岸動物群，生前完成《埃及動物學：爬蟲類與兩生類》一書。

godana

梵語「髫鬟、鬢髮、母牛之禮」等義。本亞種由德國昆蟲學家 Hans Fruhstorfer（1866-1922）於 1910 年命名，模式標本來自臺灣。

亮色黃蝶

Eurema blanda arsakia

(Fruhstorfer, 1910)

TL: Formosa

blanda

拉丁語「友善的、愉快的、誘人的、口才好的」等意。

雨季型　Wet-season form

arsakia

古地名，今伊朗中北部 Tehran（德黑蘭）省 Rey 縣縣城。西元前 6000 年定居於此之安息人稱此地為 Rhaga，古羅馬地理學家稱之為 Rhagae；祆教《波斯古經》（Avesta）記載此城為創造之神 Ahura Mazda 所建之第 12 處聖地。古希臘馬其頓 Alexander 大帝東征，其部將 Seleucus I Nicator（c. 358 BC-281 BC）改稱此城為 Europus；西元前 148 年 Parthia 帝國、即 Arsacid（安息）帝國之 Mithridates 一世（c. 195 BC-132 BC）重建此城並改稱為 Arsakia（Arsacia），以紀念西元前 250 年前後 Arsaces 一世（即 Arsak，?-246/211 BC）於此建立帝國，故 *arsakia* 亦可釋為由人名 Arsak 加拉丁語後綴 ia「歸屬於、衍生於、有關於」所組成。該城於 13 世紀遭受蒙古入侵損傷慘重，重要性逐漸被鄰近之 Tehran 取代，近代則改回原名 Rhagae，或稱 Ray（Rey、Rhey）。

乾季型　Dry-season form

本亞種模式標本來自臺灣。

星黃蝶

Eurema brigitta hainana

(Moore, 1878)

brigitta

李思霖　攝影

愛爾蘭神話之火焰、詩歌與智慧女神 Brighid（古愛爾蘭語作 Brigit），本意為「尊貴之人、高尚之人」，此名於歐洲各地衍生衆多變體，而德國、荷蘭、瑞典、匈牙利等地則為 Brigitta。本種由荷蘭業餘鱗翅目學家 Caspar Stoll（1725/1730-1791）於 1780 年命名（模式標本採集自西非幾内亞臨海地區），描述本種類似 *E. nicippe* (Cramer, [1779])，但 Nicippe 為希臘神話女子名，與 Brigitta 無甚關聯，僅有拼字對應之趣（i、tt、pp）。

hainana

「海南島的」，由地名 Hainan「海南」加拉丁語陰性後綴 ana「…的、與…有關的」（通常表達身分、所有權或來源等關係）所組成，並刪減重複字母 a。本亞種由英國昆蟲學家 Frederic Moore（1830-1907，參見 *moorei*）於 1878 年命名，模式標本雄雌蝶一對由英國外交官暨博物學家 Robert Swinhoe（1836-1877，參見 *swinhoei*）（於 1868 年 4 月）採集自海南島。

黃蝶
Eurema hecabe
(Linnaeus, 1758)

hecabe

雨季型　Wet-season form

乾季型　Dry-season form

或作 Hecuba，希臘神話女子名，主要有二：

一、Hyginus 版本之 Argos 國王 Danaus 的 50 位女兒之一，奉父命殺死夫婿 Dryas，參見 *Danaus*、*hypermnestra*。

二、Troy 王后，和國王 Priam 生育 19 名子女，多人是 Homer《Iliad》Troy 戰爭裡著名人物，如 Hector、Paris、Helenus 和 Cassandra（參見 *helenus*、*karsandra*、*paris*、*podarces*）。

本種由 Carl Linnaeus（1707-1778）於 1758 年命名，列在 Papilio Danaus 之下，故 *hecabe* 以國王 Danaus 之女解為宜。

角翅黃蝶

Eurema laeta punctissima

(Matsumura, 1909)

TL: Koshun

laeta

拉丁語「高興的、喜悅的、愉快的」。

punctissima

拉丁語「最多點狀的、最多斑點的」。punctissima 為 punctata「點狀的」之最高級，tissima 為最高級陰性形容詞後綴。本亞種由日本昆蟲學先驅松村松年（Shōnen Matsumura, 1872-1960，參見 *matsumurae*）於 1909 年命名，文中描述：「非常類似 *senna* Felder，不同之處在於：♂翅面散布非常多褐色細點……翅腹面亦有非常多褐色細點……翼展：♀ 38 mm。」是為命名原由。模式標本 1 隻由松村於 1906 年 7 月 2 日採集自 Koshun（恆春）。

李思霖　攝影

圓翅鉤粉蝶

Gonepteryx amintha formosana

(Fruhstorfer, 1908)

TL: Taihanroku

Gonepteryx

將希臘語前綴 goni「角度、角落」字母 i 改為 e，加希臘語 pteryx「翅膀」所組成。本屬由英國動物學家 William Elford Leach（1791-1836）於 1815 年命名，模式種 *G. rhamni* (Linnaeus, 1758)，文中描述「⋯⋯翅面具角狀⋯⋯」是為命名原由。

amintha

可能源自希臘語 amyntor「防衛者、保護者、辯護者」。Amyntor

♂

為希臘神話與歷史上常見男子名。另源自 amyna「防衛」之人名諸如 Aminta、Amintah、Amynta、Amyntas。本種由法國動物學家暨昆蟲學家 Émile Blanchard（1819-1900）於 1871 年命名，模式標本由法國天主教遣使會傳教士、動物學家暨植物學家 Armand David（1826-1900，參見 *armandii*、*davidii*）採集自 Mou-pin（穆坪，今四川省雅安市寶興縣穆坪鎮）。

formosana

「臺灣的」，由地名 Formosa「福爾摩沙、臺灣」加拉丁語陰性後綴 ana「…的、與…有關的」（通常表達身分、所有權或來源等關係）所組成，並刪減重複字母 a。又拉丁語 formosa 為 formosus「美麗的、英俊的、有美感的」之陰性詞。本亞種模式標本雄蝶 2 隻於 1908 年 4 月 7 至 19 日採集自 Taihanroku（大板埒，今屏東縣恆春鎮南灣里）。

♀

臺灣鉤粉蝶

Gonepteryx taiwana

Paravicini, 1913

TL: Taiwan

taiwana

「臺灣的」，由 Taiwan 加拉丁語陰性後綴 ana「…的、與…有關的」（通常表達身分、所有權或來源等關係）所組成，並刪減重複字母 an。本種由德國昆蟲學家 Ludwig Paravicini（c. 1868-1937）於 1913 年命名，模式標本由德國昆蟲學家、採集者暨標本商 Hans Sauter（1871-1943，參見 *sauteri*）採集自臺灣。

橙端粉蝶

Hebomoia glaucippe formosana

Fruhstorfer, 1908

TL: Koshun, Taihanroku

Hebomoia

可能由希臘語 hebe「青春、生命全盛期」與前綴 homo「一致、共通、相似」和拉丁語物種分類（屬）後綴 ia 所組成，並刪去字母 eh，有「一樣年輕」之意。希臘神話青春女神 Hebe 為天神 Zeus 和天后 Hera 之愛女，具有助人恢復青春的神力，在天界酒宴上為眾神斟酒，出嫁大英雄 Heracles 之後，司酒一職由 Ganymedes（參見 *Troides*）繼任。本屬由德國昆蟲學家 Jacob Hübner（1761-1826）於 1819 年命名，模式種 *H. glaucippe* (Linnaeus, 1758)。

♂ 李思霖　攝影

♀

glaucippe

源自希臘語 glaukippos 之陰性詞 glaukippe，glaukippos 則由希臘語

前綴 glauk「藍灰色的、綠灰色的、明亮的」與後綴 hippos「馬」所組成，並刪除字母 h。希臘神話中 Glaucippe 概有二位：一為 Argos 國王 Danaus 的 50 位女兒之一，係與尼羅河女神 Polyxo 所生，奉父命殺死夫婿 Potamon，參見 *Danaus*、*hypermnestra*；另為河神 Xanthus 之女，Hecuba（Troy 國王 Priam 之妻）之母，參見 *hecabe*、*karsandra*、*paris*、*polytes*。又本種由 Carl Linnaeus（1707-1778）於 1758 年命名，列在 Papilio Danaus 之內，故 *glaucippe* 以國王 Danaus 之女解為宜。

formosana

「臺灣的」，由地名 Formosa「福爾摩沙、臺灣」加拉丁語陰性後綴 ana「…的、與…有關的」（通常表達身分、所有權或來源等關係）所組成，並刪減重複字母 a。又拉丁語 formosa 為 formosus「美麗的、英俊的、有美感的」之陰性詞。本亞種模式標本雌蝶 1 隻於 1908 年 1 至 3 月採集自 Koshun（恆春），雨季型雌蝶 1 隻於同年 4 月底至 6 月採集自 Taihanroku（大板埒，今屏東縣恆春鎮南灣里）。

異粉蝶

Ixias pyrene insignis

Butler, 1879

TL: Tai-wan-foo

Ixias

♂

♀

或作 Ixia，一種附生於橡樹的槲寄生，亦是希臘神話智慧女神 Athena 諸多象徵之一。希臘神話 Lapiths 國王 Ixion（參見 *bianor*、*nephelus*）之名亦源自 Ixia。Ixion 看上鄰國公主 Dia，答應贈與岳父 Deioneus 豐厚聘金，但婚後遲遲不理，國王 Deioneus 於是偷走 Ixion 的母馬作為報復，Ixion 隱忍不悅假意宴請 Deioneus，卻將岳父推入火坑燒死，此等劣跡人神共憤，Ixion 被視為史上第一位殘殺親族之人。然而天神 Zeus 卻赦免其罪，將 Ixion 接引至 Olympus 並同桌進食，Ixion 非但不感恩圖報，甚至愛上天后 Hera，Zeus 知其圖謀不軌，將一朵白雲化作 Hera 模樣與 Ixion 交歡（參見 *nephelus*），生下半人半馬 Centaurus，其後代人馬族子嗣稱為 Ixionidae。Zeus 隨後命信使 Hermes 將 Ixion 綁在永遠旋轉的熾熱鐵輪上，作為懲罰。

本屬由德國昆蟲學家 Jacob Hübner（1761-1826）於 1819 年命名，模式種 *I. pyrene* (Linnaeus, 1764)。

pyrene

希臘語「熱心的、燃燒般的、火」，希臘神話概有三位女性名為 Pyrene：

一、大英雄 Heracles（羅馬神話 Hercules）在執行第十項任務（偷取巨人 Geryon 牛群）之前，受到國王 Bebrycius（Bebryx）熱情款待，無奈 Heracles 酒後亂性，侵犯公主 Pyrene。公主因而懷孕產下一蛇，深恐父王責備而躲入森林，當她向樹林傾吐故事時不慎分心，遭野獸撕成碎片。Heracles 自 Geryon 凱歸得知此事後非常傷心自責，溫柔葬下公主遺體，並用土石堆砌，終而成為一座高聳的山脈。Heracles 悲痛哭喊公主的名字，山巔為之震盪，淒涼的回音繚繞山谷達數世紀之久，世人稱此山為 Pyrenees（庇里牛斯山）。

二、Hyginus 版本之希臘神話中 Argos 國王 Danaus 的 50 位女兒之一，或作 Pirene，奉父命殺死夫婿 Dolichus，參見 *Danaus*、*hypermnestra*。

三、亦稱 Pelopia，與戰神 Ares 生下 Cycnus。

本種由 Carl Linnaeus（1707-1778）於 1764 年命名，描述：「翅面大部分為黃色：前翅翅頂黑色，中間橙黃色，後翅有雲狀斑點。」本種雄蝶前翅背面具有鮮明橘色斑塊，本種小名兼具字義（火）、特徵（橘斑）與神話等多重含意之趣味。

insignis

由拉丁語前綴 in「…之中、…之內、…之上、內部的、關於」和 signis「符號、象徵、徽章、神奇之事」所組成，本義為「顯著的特徵（標記）」，引伸為「顯著的、特別的、非凡的、卓越的」之意。本亞種由英國昆蟲學家、蜘蛛學家暨鳥類學家 Arthur Gardiner Butler（1844-1925，參見 *butleri*）於 1879 年命名，文中描述：「近似 *balice*，體型較大，色澤較淡。前翅背面橘斑頗大，翅面顏色較深。」應是命名原由，模式標本（雄蝶）由 William Campbell（甘為霖，1841-1921）採集自 Tai-wan-foo（臺灣府）。清光緒元年（1875 年）於臺灣設二府八縣四廳，其中臺灣府轄臺灣縣、嘉義縣、鳳山縣、彰化縣、澎湖廳、恆春縣、卑南廳、埔裏社廳。

Campbell 為蘇格蘭長老會傳教士，1871 年 12 月 10 日抵臺，足跡遍及北中南各地與澎湖，1891 年於臺南創立全臺第一所盲人學校「訓瞽堂」，除例假返英外，在臺宣教前後長達 45 年又 2 個月，1917 年退休返國。Campbell 亦是學養極佳之博物學者，對植物尤有興趣，曾於 1876 年將 297 種臺灣植物、1891 年將 600 餘種臺灣東部產植物標本寄贈大英博物館，亦曾發表 20 餘篇有關臺灣歷史（荷據時期）、社會、自然、文物、原住民等文章。Campbell 可能是第一位遊訪日月潭之歐洲人，他於 1873 年命名此湖為 Candidus，以紀念荷蘭來臺牧師 George Candidius（干治士，1597-1647）。

♂

♀

纖粉蝶

Leptosia nina niobe

(Wallace, 1866)

TL: Formosa

Leptosia

由希臘語 leptos「纖細、嬌小、柔弱」和拉丁語物種分類（屬）後綴 ia 所組成。

nina

許多語言皆有此字，如古希臘語「花」、西班牙語「小女孩」、斯拉夫語「夢、夢想家」、希伯來語「上帝的恩典、上帝的賞賜」、非洲 Swahili 語「母親」、南美洲 Quechua 語「火」；亦是人名的簡寫，如 Annina、Antonina、Giannina、Giovannina、Katharina、

Marina 等。另 Nina 可視為 Ninus 之陰性詞，傳說古代君王 Ninus 建立 Assyria（亞述）首都 Minus 城（一說此城即 Nineveh），Nineveh（尼尼微）語源一說來自古代美索不達米亞地區 Akkadian 語「守護女神」Nina 之名。

本種由丹麥動物學家 Johan Christian Fabricius（1745-1808）於 1793 年命名，模式標本採集自印度。

niobe

希臘神話 Phrygia 國王 Tantalus 之女 Niobe（Pelops 之妹，參見 *laius*），和 Thebes 國王 Amphion 育有七子七女，但她憑藉顯赫身世自大傲慢、出言不遜，嘲諷天神 Zeus 愛妾 Leto 只生一雙兒女，禁止人民膜拜 Leto。女神 Leto 惱怒之餘遂命其子太陽神 Apollon、其女月神 Artemis 用箭射殺 Niobe 所有子女，獨留王后活口，國王 Amphion 因悲痛自殺。Niobe 遭此巨變後傷心欲絕，回到出身地 Sipylus 山遁隱，身體逐漸僵硬變成一塊岩石，汩汩流出不絕的清泉，像是無盡悔恨的淚水。化學元素鉭（Ta, Tantalum）與鈮（Nb, Niobium）之命名均與此故事有關。

本亞種由英國著名生物地理學之父與博物學家 Alfred Russel Wallace（1823-1913）於 1866 年命名，模式標本由英國外交官暨博物學家 Robert Swinhoe（1836-1877，參見 *swinhoei*）採集自臺灣，文獻中描述 Swinhoe 的觀察：「可在小樹林或步道遮陰處發現此蝶，緩慢地像是閃躲東西低飛著。」

緣點白粉蝶

Pieris canidia

(Linnaeus, 1768)

Pieris

希臘神話一說天神 Zeus 和記憶女神 Mnemosyne 生有 9 位 Muse 女神，善於舞蹈、音樂、文學，通稱為文藝女神，因住在 Olympus 山附近之 Pieria（或作 Pieris），故別稱 Pierides 或 Pieris，即單數型 Pieris 表 Muse，複數型 Pierides（僅為複數型）表 Muses。

本屬為粉蝶科（Pieridae）之模式屬。另 *Pieris* 亦是杜鵑花科馬醉木屬屬名，臺灣僅有一種 *P. taiwanensis* Hayata, 1911 臺灣馬醉木。

canidia

女子名與古羅馬共和政體晚期氏族名（nomen，參見 *attilia*），可能源自拉丁語 canus「灰白的、灰色的、白色的」（多指髮色）。

一、古羅馬奧古斯都大帝（Augustus, 63 BC-14 AD）時期著名詩人 Quintus Horatius Flaccus（65 BC-8 BC，簡稱 Horace）愛戀 Neapolis 城中名妓 Gratidia 但遭拒絕，Horace 惱怒之餘在詩集（*Satire* 1. 8, *Epodes* 5 and 17）中將她醜化為經常施展備受道德爭議的魔法儀式之灰髮老婦 Canidia，成為宗教與政權的負面象徵，當時奧古斯都大帝推行倫理淨化運動，任何聲稱具有魔法能力之人皆被視為一種道德的威脅，進而受到懲罰或驅逐，Horace 將 Canidia 醜化為煉製毒藥的猙獰女巫，作為提倡道德的反面人物，詩集中兩人多有對抗，其微妙關係成為學者喜愛研討的主題。

二、氏族名 Canidia 之陽性詞為 Canidius，知名人物為西元前 40 年補選執政官（Consul Suffectus）的 Publius Canidius Crassus（？-30 BC），曾是 Marcus Antonius（Antony, 83 BC-30 BC）陣營大將，協助征服 Armenia 並脅迫 Iberia 同盟。西元前 31 年 Antonius 與 Gaius Octavius（Augustus, 63 BC-14 AD）於 Actium 會戰時，Canidius 建議應以陸戰而非海戰決勝，但未獲採納以致喪失先機與優勢，Antonius 兵敗逃至埃及，Canidius 則被 Octavius 問罪處死。

白粉蝶

Pieris rapae crucivora

Boisduval, 1836

rapae

拉丁語 rapum「蕪菁」之陰性複數詞 rapa 字尾加字母 e 成為名詞所有格，「蕪菁的」。本種由 Carl Linnaeus（1707-1778）於 1758 年以其幼蟲食草命名，而十字花科之蕓薹屬（*Brassica*）和蕪菁（*Brassica rapa*）均由 Linnaeus 於 1753 年命名。常見蔬菜如甘藍（包含其變種：抱子甘藍、球莖甘藍、芥蘭、包心菜、花椰菜）、白菜、大頭菜（即蕪菁）和油菜，均屬蕓薹屬。參見 *cardui*。

crucivora

由 Cruciferae 之字首 cruci 與拉丁語後綴 vora「吃的、吞食的、暴食的、狼吞虎嚥的」所組成，意為「以十字花科為食」。十字花科（Brassicaceae）舊稱 Cruciferae，係指其 4 片花瓣形成十字型花冠而言。本亞種由法國鱗翅目學家、植物學家暨醫生 Jean Baptiste Boisduval（1799-1879）於 1836 年命名，文中描述：「幼蟲群聚在園中甘藍（*Brassica*）和其他衆多十字花科植物，亦見於金蓮花（*Tropaeolum majus*、*T. minus*）和山柑（les capriers）之上。」是為命名原由。

鋸粉蝶

Prioneris thestylis formosana

Fruhstorfer, 1903

TL: Takau

Prioneris

♂

♀

由希臘語前綴 prion「鋸子」和 Pieris（白粉蝶屬）之字尾 eris 所組成，「鋸齒狀的白粉蝶屬」之意。英國著名生物地理學之父與博物學家 Alfred Russel Wallace（1823-1913）於 1867 年發表一篇長達 116 頁〈On the Pieridae of the Indian and Australian Regions〉論文時命名此屬，產自印度之模式種 *P. thestylis* (Doubleday, 1842) 原列 *Pieris* 屬，因前翅前緣脈（Costa）厚實且具有鋸齒狀結構而另立新屬，報告中注明：「與 *Pieris* 屬並無明顯相似之處，體型較大者，其（雄蝶）非常特殊的齒狀前緣脈肉眼可見」。並強調 *Prioneris* 雖遍布印度全境，但不會越過一條他於 1859

年劃定：起於菲律賓群島東部，經 Celebes（Sulawesi）島以西，通過 Baly（Bali）島與 Lombock 島之間的假想線。英國生物學家 Thomas Henry Huxley（1825-1895）於 1868 年稱此假想線為 Wallace Line，以此區分亞洲與澳洲的生物相。

thestylis

古希臘著名田園詩開創者 Theocritus（c. 315 BC-c. 250 BC）所著《Idylls》（牧歌集）第二篇中的年輕女僕之名。該篇描述一位女魔法師 Simaetha 遭負心情郎 Delphis 拋棄（參見 *eudamippus*），向月神 Artemis 傾訴心語並舉行秘密儀式，施下火焰魔咒希望能喚回 Delphis 心意，女僕 Thestylis 則靜默傾聽，從旁協助儀式進行。《Idylls》共 30 篇，描寫農村樸實生活和男女細膩情感，真誠優雅，成為一種影響深遠的純文學體裁，例如古羅馬詩人 Virgil（70 BC-19 BC）《Eclogae》（牧歌集）即是，《Eclogae》第二篇詩中亦有一位女孩 Thestylis，為頭頂烈日揮汗收割的農民，調配由大蒜和百里香混合的芬香藥汁。

本種由英國昆蟲學家暨鳥類學家 Edward Doubleday（1811-1849）於 1842 年命名。

formosana

「臺灣的」，由地名 Formosa「福爾摩沙、臺灣」加拉丁語陰性後綴 ana「…的、與…有關的」（通常表達身分、所有權或來源等關係）所組成，並刪減重複字母 a。又拉丁語 formosa 為 formosus「美麗的、英俊的、有美感的」之陰性詞。本亞種模式標本雨季型雄蝶 1 隻於 1902 年 9 月 20 日採集自 Takau（高雄），原始文獻中注明：「雌蝶明顯不同。」

♂

♀

飛龍白粉蝶
Talbotia naganum karumii
Left ♂ Right ♀

♀

飛龍白粉蝶

Talbotia naganum karumii

(Ikeda, 1937)

TL: 蘇澳郡白米

Talbotia

由姓氏 Talbot 加拉丁語物種分類（屬）後綴 ia 所組成，本屬由法國昆蟲學家 Georges Bernardi（1922-1999）於 1958 年命名，係紀念英國昆蟲學家 George Talbot（1882-1952）。模式種 *T. naganum* (Moore, 1884)。

Talbot 於第一次大戰期間，研究戰壕熱與斑疹傷寒之傳染與防治，戰後專注於蝶類研究，曾發表 150 篇論文，部分研討粉蝶科屬分類問題。而專著《Monograph of *Delias*》（豔粉蝶屬特論）重新審視粉蝶

Left ♂ Right ♀ (mate-refusal posture)

科數個小屬之劃分，為其主要成就。

naganum

本種由英國昆蟲學家 Frederic Moore（1830-1907，參見 *moorei*）於 1884 年命名，模式標本採集自印度東北部與緬甸西北部一帶，時為英屬印度 Assam 省之 Naga Hills，當地為原住民 Naga 族領地，故本種小名由 Naga 加拉丁語中性後綴 num 所組成。

Naga 族崇拜龍、蛇，龍城（Nagapura）之名今仍存於各地。梵語 naga 具「眼鏡蛇、如蛇一般的、屬於大象的、與蛇或蛇神有關的」等多義，亦是著名神祇或神族，史詩巨著《摩訶婆羅多》（Mahabharata）視其為「迫害萬物」之化身。印度教則尊為大自然神靈，為山泉、井水與河流的保護者，能造雨滋潤肥沃土壤，亦能氾濫或乾旱成災。佛教譯為「那伽」，具「龍、象、不來」等三義；孔雀經稱佛為那伽，由佛不更來生死之故（《玄應音義》卷二十三）；另為佛教護法神天龍八部之龍衆（參見 *Horaga*、*Mahathala*、*asura*、*cinnara*）。

karumii

「輕海的」，人名以子音字母結尾，字尾加 ii，將主格轉換為屬格（所有格），成為人名之所有格形式。本亞種由池田成實（Narumi Ikeda, 1911-1991）於 1937 年發表，正模標本（Holotype）雄蝶 1 隻、配模標本（Allotopotype）雌蝶 1 隻、副模標本（Paratopotype）雄蝶 4 隻，由時任臺北州蘇澳公學校之日本教師輕海軍馬（石川縣人），於 1936 年 8 月 13 日採集自蘇澳郡白米（Hakubei，今白米甕）之白米川（白米河）上游約 4 公里、海拔約百公尺處，為著名蜜柑產區。池田成實於文中注明謹以此名向輕海軍馬致上最深謝意。

索引

蝶種索引

Abisara burnii etymander (Fruhstorfer, 1908) 白點褐蜆蝶 92
Abraximorpha davidii ermasis Fruhstorfer, 1914 白弄蝶 26
Abrota ganga formosana Fruhstorfer, 1908 瑙蛺蝶 258
Acraea issoria formosana (Fruhstorfer, 1914) 苧麻珍蝶 260
Acytolepis puspa myla (Fruhstorfer, 1909) 靛色琉灰蝶 94
Aeromachus bandaishanus Murayama & Shimonoya, 1968 萬大弧弄蝶 29
Aeromachus inachus formosana Matsumura, 1931 弧弄蝶 30
Amblopala avidiena y-fasciata (Sonan, 1929) 尖灰蝶 96
Ampittia dioscorides etura (Mabille, 1891) 小黃星弄蝶 32
Ampittia virgata myakei Matsumura, 1910 黃星弄蝶 34
Ancema ctesia cakravasti (Fruhstorfer, 1909) 鈿灰蝶 98
Antigius attilia obsoletus (Takeuchi, 1929) 折線灰蝶 100
Aporia agathon moltrechti (Oberthür, 1909) 流星絹粉蝶 502
Aporia genestieri insularis (Shirôzu, 1959) 白絹粉蝶 505
Appias albina semperi Moore, 1905 尖粉蝶 507
Appias indra aristoxemus Fruhstorfer, 1908 雲紋尖粉蝶 509
Appias lyncida eleonora (Boisduval, 1836) 異色尖粉蝶 511
Appias olferna peducaea Fruhstorfer, 1910 鑲邊尖粉蝶 513
Appias paulina minato (Fruhstorfer, 1898) 黃尖粉蝶 514
Araragi enthea morisonensis (M. Inoue, 1942) 墨點灰蝶 102
Argynnis paphia formosicola Matsumura, 1926 綠豹蛺蝶 262
Argyreus hyperbius (Linnaeus, 1763) 斐豹蛺蝶 264
Arhopala bazalus turbata (Butler, 1881) 燕尾紫灰蝶 105

Arhopala birmana asakurae (Matsumura, 1910) 小紫灰蝶 106
Arhopala ganesa formosana Kato, 1930 蔚青紫灰蝶 107
Arhopala japonica (Murray, 1875) 日本紫灰蝶 108
Arhopala paramuta horishana Matsumura, 1910 暗色紫灰蝶 109
Ariadne ariadne pallidior Fruhstorfer, 1899 波蛺蝶 266
Artipe eryx horiella (Matsumura, 1929) 綠灰蝶 111
Athyma asura baelia (Fruhstorfer, 1908) 白圈帶蛺蝶 268
Athyma cama zoroastres (Butler, 1877) 雙色帶蛺蝶 270
Athyma fortuna kodahirai (Sonan, 1938) 幻紫帶蛺蝶 272
Athyma jina sauteri (Fruhstorfer, 1912) 寬帶蛺蝶 274
Athyma opalina hirayamai (Matsumura, 1935) 流帶蛺蝶 276
Athyma perius (Linnaeus, 1758) 玄珠帶蛺蝶 278
Athyma selenophora laela (Fruhstorfer, 1908) 異紋帶蛺蝶 279
Atrophaneura horishana (Matsumura, 1910) 曙鳳蝶 454
Badamia exclamationis (Fabricius, 1775) 長翅弄蝶 36
Borbo cinnara (Wallace, 1866) 禾弄蝶 37
Burara jaina formosana (Fruhstorfer, 1911) 橙翅傘弄蝶 39
Byasa alcinous mansonensis (Fruhstorfer, 1901) 麝鳳蝶 455
Byasa impediens febanus (Fruhstorfer, 1908) 長尾麝鳳蝶 457
Byasa polyeuctes termessus (Fruhstorfer, 1908) 多姿麝鳳蝶 459
Calinaga buddha formosana Fruhstorfer, 1908 絹蛺蝶 280
Callenya melaena shonen (Esaki, 1932) 寬邊琉灰蝶 113
Caltoris cahira austeni (Moore, 1883) 黯弄蝶 41
Catapaecilma major moltrechti (Wileman, 1908) 三尾灰蝶 116
Catochrysops panormus exiguus (Distant, 1886) 青珈波灰蝶 118
Catopsilia pomona (Fabricius, 1775) 遷粉蝶 516
Catopsilia pyranthe (Linnaeus, 1758) 細波遷粉蝶 518
Celaenorrhinus maculosus taiwanus Matsumura, 1919 大流星弄蝶 43

Celaenorrhinus major Hsu, 1990 臺灣流星弄蝶 45
Celastrina lavendularis himilcon (Fruhstorfer, 1909) 細邊琉灰蝶 120
Celastrina oreas arisana (Matsumura, 1910) 大紫琉灰蝶 122
Celastrina sugitanii shirozui Hsu, 1987 杉谷琉灰蝶 123
Cepora iudith olga (Eschscholtz, 1821) 黃裙脈粉蝶 519
Cepora nadina eunama (Fruhstorfer, 1903) 淡褐脈粉蝶 521
Cepora nerissa cibyra (Fruhstorfer, 1910) 黑脈粉蝶 523
Chilades laius koshunensis Matsumura, 1919 綺灰蝶 125
Chilades pandava peripatria Hsu, 1989 蘇鐵綺灰蝶 127
Chilasa agestor matsumurae (Fruhstorfer, 1909) 斑鳳蝶 461
Chilasa epycides melanoleucus (Ney, 1911) 黃星斑鳳蝶 463
Chitoria chrysolora (Fruhstorfer, 1908) 金鎧蛺蝶 282
Chitoria ulupi arakii Naritomi, 1959 武鎧蛺蝶 284
Choaspes benjaminii formosanus (Fruhstorfer, 1911) 綠弄蝶 46
Choaspes xanthopogon chrysopterus Hsu, 1988 褐翅綠弄蝶 48
Chrysozephyrus ataxus lingi Okano & Okura, 1969 白芒翠灰蝶 129
Chrysozephyrus disparatus pseudotaiwanus (Howarth, 1957) 小翠灰蝶 132
Chrysozephyrus esakii (Sonan, 1940) 碧翠灰蝶 134
Chrysozephyrus kabrua niitakanus (Kano, 1928) 黃閃翠灰蝶 136
Chrysozephyrus mushaellus (Matsumura, 1938) 霧社翠灰蝶 138
Chrysozephyrus rarasanus (Matsumura, 1939) 拉拉山翠灰蝶 139
Chrysozephyrus splendidulus Murayama & Shimonoya, 1965 單線翠灰蝶 140
Chrysozephyrus yuchingkinus Murayama & Shimonoya, 1960 清金翠灰蝶 141
Colias erate formosana Shirôz, 1955 紋黃蝶 525
Cordelia comes wilemaniella (Matsumura, 1929) 珂灰蝶 142

Cupha erymanthis (Drury, 1773) 黃襟蛺蝶 286
Curetis acuta formosana Fruhstorfer, 1908 銀灰蝶 144
Curetis brunnea Wileman, 1909 臺灣銀灰蝶 146
Cyrestis thyodamas formosana Fruhstorfer, 1898 網絲蛺蝶 287
Daimio tethys moori (Mabille, 1876) 玉帶弄蝶 50
Danaus chrysippus (Linnaeus, 1758) 金斑蝶 289
Danaus genutia (Cramer, 1779) 虎斑蝶 291
Delias berinda wilemani Jordan, 1925 黃裙豔粉蝶 527
Delias hyparete luzonensis C. Felder & R. Felder, 1862 白豔粉蝶 529
Delias pasithoe curasena Fruhstorfer, 1908 豔粉蝶 530
Deudorix epijarbas menesicles Fruhstorfer, [1912] 玳灰蝶 147
Deudorix rapaloides (Naritomi, 1941) 淡黑玳灰蝶 150
Deudorix repercussa sankakuhonis (Matsumura, 1938) 茶翅玳灰蝶 151
Dichorragia nesimachus formosanus Fruhstorfer, 1909 流星蛺蝶 292
Discophora sondaica tulliana Stichel, 1905 方環蝶 294
Dodona eugenes formosana Matsumura, 1919 銀紋尾蜆蝶北臺灣亞種 153
Elymnias hypermnestra hainana Moore, 1878 藍紋鋸眼蝶 296
Erionota torus Evans, 1941 蕉弄蝶 52
Euaspa milionia formosana Nomura, 1931 鋩灰蝶 155
Euchrysops cnejus (Fabricius, 1798) 奇波灰蝶 157
Euploea eunice hobsoni (Butler, 1877) 圓翅紫斑蝶 299
Euploea mulciber barsine Fruhstorfer, 1904 異紋紫斑蝶 301
Euploea sylvester swinhoei Wallace & Moore, 1866 雙標紫斑蝶 303
Euploea tulliolus koxinga Fruhstorfer, 1908 小紫斑蝶 305
Eurema andersoni godana (Fruhstorfer, 1910) 淡色黃蝶 531
Eurema blanda arsakia (Fruhstorfer, 1910) 亮色黃蝶 533
Eurema brigitta hainana (Moore, 1878) 星黃蝶 534

Eurema hecabe (Linnaeus, 1758) 黃蝶 535
Eurema laeta punctissima (Matsumura, 1909) 角翅黃蝶 536
Euthalia formosana Fruhstorfer, 1908 臺灣翠蛺蝶 306
Euthalia insulae Hall, 1930 窄帶翠蛺蝶 307
Euthalia irrubescens fulguralis (Matsumura, 1909) 紅玉翠蛺蝶 308
Euthalia kosempona (Fruhstorfer, 1908) 甲仙翠蛺蝶 309
Everes argiades hellotia (Ménétriés, 1857) 燕藍灰蝶 159
Faunis eumeus (Drury, 1773) 串珠環蝶 310
Fixsenia watarii (Matsumura, 1927) 渡氏烏灰蝶 162
Freyeria putli formosanus (Matsumura, 1919) 東方晶灰蝶 164
Gonepteryx amintha formosana (Fruhstorfer, 1908) 圓翅鉤粉蝶 537
Gonepteryx taiwana Paravicini, 1913 臺灣鉤粉蝶 539
Graphium agamemnon (Linnaeus, 1758) 翠斑青鳳蝶 465
Graphium cloanthus kuge (Fruhstorfer, 1908) 寬帶青鳳蝶 466
Graphium doson postianus (Fruhstorfer, 1902) 木蘭青鳳蝶 467
Graphium sarpedon connectens (Fruhstorfer, 1906) 青鳳蝶 469
Halpe gamma Evans, 1937 昏列弄蝶 53
Hasora anura taiwana Hsu, Tsukiyama & Chiba, 2005 無尾絨弄蝶 54
Hasora badra (Moore, 1858) 鐵色絨弄蝶 56
Hasora taminatus vairacana Fruhstorfer, 1911 圓翅絨弄蝶 57
Hebomoia glaucippe formosana Fruhstorfer, 1908 橙端粉蝶 540
Helcyra plesseni (Fruhstorfer, 1913) 普氏白蛺蝶 312
Helcyra superba takamukui Matsumura, 1919 白蛺蝶 314
Heliophorus ila matsumurae (Fruhstorfer, 1908) 紫日灰蝶 166
Hestina assimilis formosana (Moore, 1895) 紅斑脈蛺蝶 316
Horaga albimacula triumphalis Murayama & Shibatani, 1943 小鑽灰蝶 168
Horaga onyx moltrechti (Matsumura, 1919) 鑽灰蝶 170

Horaga rarasana Sonan, 1936 拉拉山鑽灰蝶 171
Hypolimnas bolina kezia (Butler, 1877) 幻蛺蝶 318
Hypolimnas misippus (Linnaeus, 1764) 雌擬幻蛺蝶 320
Hypolycaena kina inari (Wileman, 1908) 蘭灰蝶 172
Idea leuconoe clara (Butler, 1867) 大白斑蝶 321
Ideopsis similis (Linnaeus, 1758) 旖斑蝶 323
Iratsume orsedice suzukii (Sonan, 1940) 珠灰蝶 174
Isoteinon lamprospilus formosanus Fruhstorfer, 1910 白斑弄蝶 58
Ixias pyrene insignis Butler, 1879 異粉蝶 542
Jamides alecto dromicus Fruhstorfer, 1910 淡青雅波灰蝶 176
Jamides bochus formosanus Fruhstorfer, 1909 雅波灰蝶 178
Jamides celeno (Cramer, 1775) 白雅波灰蝶 180
Japonica patungkoanui Murayama, 1956 臺灣焰灰蝶 181
Junonia almana (Linnaeus, 1758) 眼蛺蝶 324
Junonia atlites (Linnaeus, 1763) 波紋眼蛺蝶 325
Junonia iphita (Cramer, 1779) 黯眼蛺蝶 326
Junonia lemonias aenaria (Fruhstorfer, 1912) 鱗紋眼蛺蝶 328
Junonia orithya (Linnaeus, 1758) 青眼蛺蝶 329
Kallima inachus formosana Fruhstorfer, 1912 枯葉蝶 330
Kaniska canace drilon (Fruhstorfer, 1908) 琉璃蛺蝶 332
Lampides boeticus (Linnaeus, 1767) 豆波灰蝶 183
Leptosia nina niobe (Wallace, 1866) 纖粉蝶 545
Leptotes plinius (Fabricius, 1793) 細灰蝶 184
Lethe butleri periscelis (Fruhstorfer, 1908) 巴氏黛眼蝶 334
Lethe chandica ratnacri Fruhstorfer, 1908 曲紋黛眼蝶 336
Lethe christophi hanako Fruhstorfer, 1908 柯氏黛眼蝶 338
Lethe europa pavida Fruhstorfer, 1908 長紋黛眼蝶 339
Lethe insana formosana Fruhstorfer, 1908 深山黛眼蝶 340

索引

Lethe mataja Fruhstorfer, 1908 臺灣黛眼蝶　342
Lethe rohria daemoniaca Fruhstorfer, 1908 波紋黛眼蝶　343
Lethe verma cintamani Fruhstorfer, 1909 玉帶黛眼蝶　345
Leucantigius atayalicus (Shirôzu & Murayama, 1943) 瓏灰蝶　186
Libythea lepita formosana Fruhstorfer, 1908 東方喙蝶　346
Limenitis sulpitia tricula (Fruhstorfer, 1908) 殘眉線蛺蝶　348
Lobocla bifasciata kodairai Sonan, 1936 雙帶弄蝶　60
Mahathala ameria hainani Bethune-Baker, 1903 凹翅紫灰蝶　188
Megisba malaya sikkima Moore, 1884 黑星灰蝶　190
Melanitis leda (Linnaeus, 1758) 暮眼蝶　350
Melanitis phedima polishana Fruhstorfer, 1908 森林暮眼蝶　351
Mycalesis francisca formosana Fruhstorfer, 1908 眉眼蝶　353
Mycalesis gotama nanda Fruhstorfer, 1908 稻眉眼蝶　355
Mycalesis perseus blasius (Fabricius, 1798) 曲斑眉眼蝶　357
Mycalesis sangaica mara Fruhstorfer, 1908 淺色眉眼蝶　359
Mycalesis suaveolens kagina Fruhstorfer, 1908 罕眉眼蝶　361
Mycalesis zonata Matsumura, 1909 切翅眉眼蝶　362
Nacaduba kurava therasia Fruhstorfer, 1916 大娜波灰蝶　192
Nacaduba pactolus hainani Bethune-Baker, 1914 暗色娜波灰蝶　194
Neope armandii lacticolora (Fruhstorfer, 1908) 白斑蔭眼蝶　363
Neope bremeri taiwana Matsumura, 1919 布氏蔭眼蝶　365
Neope muirheadii nagasawae Matsumura, 1919 褐翅蔭眼蝶　367
Neope pulaha didia Fruhstorfer, 1909 黃斑蔭眼蝶　369
Neopithecops zalmora (Butler, [1870]) 黑點灰蝶　196
Neozephyrus taiwanus (Wileman, 1908) 臺灣榿翠灰蝶　197
Neptis hesione podarces Nire, 1920 蓮花環蛺蝶　371
Neptis hylas luculenta (Fruhstorfer, 1907) 豆環蛺蝶　374
Neptis ilos nirei Nomura, 1935 奇環蛺蝶　375

Neptis nata lutatia Fruhstorfer, 1913 細帶環蛺蝶　377
Neptis philyroides sonani Murayama, 1941 鑲紋環蛺蝶　379
Neptis pryeri jucundita Fruhstorfer, 1908 黑星環蛺蝶　382
Neptis reducta Fruhstorfer, 1908 無邊環蛺蝶　384
Neptis sankara shirakiana Matsumura, 1929 眉紋環蛺蝶　385
Neptis sappho formosana Fruhstorfer, 1908 小環蛺蝶　387
Neptis soma tayalina Murayama & Shimonoya, 1968 斷線環蛺蝶　389
Neptis sylvana esakii Nomura, 1935 深山環蛺蝶　391
Neptis taiwana Fruhstorfer, 1908 蓬萊環蛺蝶　393
Notocrypta curvifascia (C. Felder & R. Felder, 1862) 袖弄蝶　62
Nymphalis xanthomelas formosana (Matsumura, 1925) 緋蛺蝶　394
Ochlodes bouddha yuchingkinus Murayama & Shimonoya, 1963 菩提赭弄蝶　64
Ochlodes niitakanus (Sonan, 1936) 臺灣赭弄蝶　66
Orthomiella rantaizana Wileman, 1910 巒大鋸灰蝶　199
Pachliopta aristolochiae interposita (Fruhstorfer, 1904) 紅珠鳳蝶　471
Palaeonympha opalina macrophthalmia Fruhstorfer, 1911 古眼蝶　396
Pantoporia hordonia rihodona (Moore, 1878) 金環蛺蝶　398
Papilio bianor thrasymedes Fruhstorfer, 1909 翠鳳蝶　473
Papilio castor formosanus Rothschild, 1896 無尾白紋鳳蝶　475
Papilio demoleus Linnaeus, 1758 花鳳蝶　477
Papilio dialis tatsuta Murayama, 1970 穹翠鳳蝶　478
Papilio helenus fortunius Fruhstorfer, 1908 白紋鳳蝶　480
Papilio hermosanus Rebel, 1906 臺灣琉璃翠鳳蝶　481
Papilio hopponis Matsumura, 1907 雙環翠鳳蝶　482
Papilio (*Pterourus*) *maraho* (Shiraki & Sonan, 1934) 臺灣寬尾鳳蝶　483
Papilio memnon heronus Fruhstorfer, 1902 大鳳蝶　485

Papilio nephelus chaonulus Fruhstorfer, 1902 大白紋鳳蝶 487
Papilio paris nakaharai Shirozu, 1960 琉璃翠鳳蝶 489
Papilio polytes Linnaeus, 1758 玉帶鳳蝶 491
Papilio protenor Cramer, 1775 黑鳳蝶 492
Papilio thaiwanus Rothschild, 1898 臺灣鳳蝶 493
Papilio xuthus Linnaeus, 1767 柑橘鳳蝶 494
Parantica aglea maghaba (Fruhstorfer, 1909) 絹斑蝶 400
Parantica sita niphonica (Moore, 1883) 大絹斑蝶 402
Parantica swinhoei (Moore, 1883) 斯氏絹斑蝶 404
Parasarpa dudu jinamitra (Fruhstorfer, 1908) 紫俳蛺蝶 405
Parnara guttata (Bremer & Grey, 1853) 稻弄蝶 67
Pazala eurous asakurae (Matsumura, 1908) 劍鳳蝶 495
Pazala mullah chungianus (Murayama, 1961) 黑尾劍鳳蝶 497
Pelopidas agna (Moore, 1866) 尖翅褐弄蝶 68
Penthema formosanum (Rothschild, 1898) 臺灣斑眼蝶 407
Phalanta phalantha (Drury, 1773) 琺蛺蝶 409
Phengaris atroguttata formosana (Matsumura, 1926) 青雀斑灰蝶 201
Phengaris daitozana Wileman, 1908 白雀斑灰蝶 203
Pieris canidia (Linnaeus, 1768) 緣點白粉蝶 547
Pieris rapae crucivora Boisduval, 1836 白粉蝶 549
Pithecops corvus cornix Cowan, 1965 黑丸灰蝶 204
Pithecops fulgens urai Bethune-Baker, 1913 藍丸灰蝶 206
Polygonia c-album asakurai Nakahara, 1920 突尾鉤蛺蝶 411
Polygonia c-aureum lunulata Esaki & Nakahara, 1924 黃鉤蛺蝶 413
Polytremis eltola tappana (Matsumura, 1919) 碎紋孔弄蝶 69
Polytremis kiraizana (Sonan, 1938) 奇萊孔弄蝶 71
Polytremis lubricans kuyaniana (Matsumura, 1919) 黃紋孔弄蝶 72
Polytremis zina taiwana Murayama, 1981 長紋孔弄蝶 74

Polyura eudamippus formosana (Rothschild, 1899) 雙尾蛺蝶 414
Polyura narcaea meghaduta (Fruhstorfer, 1908) 小雙尾蛺蝶 416
Potanthus confucius angustatus (Matsumura, 1910) 黃斑弄蝶 75
Potanthus motzui Hsu, Li, & Li, 1990 墨子黃斑弄蝶 77
Prioneris thestylis formosana Fruhstorfer, 1903 鋸粉蝶 550
Prosotas dubiosa asbolodes Hsu & Yen, 2006 密紋波灰蝶 207
Prosotas nora formosana (Fruhstorfer, 1916) 波灰蝶 209
Rapala caerulea liliacea Nire, 1920 堇彩燕灰蝶 210
Rapala nissa hirayamana Matsumura, 1926 霓彩燕灰蝶 212
Rapala takasagonis Matsumura, 1929 高砂燕灰蝶 213
Rapala varuna formosana Fruhstorfer, [1912] 燕灰蝶 215
Ravenna nivea (Nire, 1920) 朗灰蝶 216
Sasakia charonda formosana Shirôzu, 1963 大紫蛺蝶 417
Satarupa formosibia Strand, 1927 臺灣颯弄蝶 78
Satyrium austrinum (Murayama, 1943) 南方灑灰蝶 218
Satyrium eximium mushanum (Matsumura, 1929) 秀灑灰蝶 220
Satyrium formosanum (Matsumura, 1910) 臺灣灑灰蝶 221
Satyrium inouei (Shirôzu, 1959) 井上灑灰蝶 222
Satyrium tanakai (Shirôzu, 1943) 田中灑灰蝶 223
Sephisa chandra androdamas Fruhstorfer, 1908 燦蛺蝶 420
Sephisa daimio Matsumura, 1910 臺灣燦蛺蝶 422
Seseria formosana (Fruhstorfer, 1909) 臺灣瑟弄蝶 80
Shijimia moorei (Leech, 1889) 森灰蝶 224
Sibataniozephyrus kuafui Hsu & Lin, 1994 夸父璀灰蝶 226
Sinthusa chandrana kuyaniana (Matsumura, 1919) 閃灰蝶 228
Spalgis epeus dilama (Moore, 1878) 熙灰蝶 230
Spindasis kuyaniana (Matsumura, 1919) 蓬萊虎灰蝶 232
Spindasis lohita formosana (Moore, 1877) 虎灰蝶 233

Spindasis syama (Horsfield, 1829) 三斑虎灰蝶　234
Stichophthalma howqua formosana Fruhstorfer, 1908 箭環蝶　423
Suastus gremius (Fabricius, 1798) 黑星弄蝶　82
Symbrenthia hypselis scatinia Fruhstorfer, 1908 花豹盛蛺蝶　425
Symbrenthia lilaea formosanus Fruhstorfer, 1908 散紋盛蛺蝶　427
Symbrenthia lilaea lucina M. J. Bascombe, G. Johnston & F. S. Bascombe, 1999 散紋盛蛺蝶華南亞種　428
Tagiades cohaerens Mabille, 1914 白裙弄蝶　83
Tajuria caeruleae Nire, 1920 褐翅青灰蝶　235
Tajuria diaeus karenkonis Matsumura, 1929 白腹青灰蝶　236
Tajuria illurgis tattaka (Araki, 1949) 漣紋青灰蝶　238
Talbotia naganum karumii (Ikeda, 1937) 飛龍白粉蝶　553
Taraka hamada thalaba Fruhstorfer, 1922 蚜灰蝶　239
Telicota bambusae horisha Evans, 1934 竹橙斑弄蝶　85
Telicota ohara formosana Fruhstorfer, 1911 寬邊橙斑弄蝶　87
Teratozephyrus arisanus (Wileman, 1909) 阿里山鐵灰蝶　241
Teratozephyrus elatus Hsu & Lu, 2005 高山鐵灰蝶　242
Teratozephyrus yugaii (Kano, 1928) 臺灣鐵灰蝶　243
Thoressa horishana (Matsumura, 1910) 臺灣脈弄蝶　88
Timelaea albescens formosana Fruhstorfer, 1908 白裳貓蛺蝶　429
Tirumala limniace (Cramer, 1775) 淡紋青斑蝶　431
Tirumala septentrionis (Butler, 1874) 小紋青斑蝶　433
Tongeia filicaudis mushanus (Tanikawa, 1940) 密點玄灰蝶　244
Tongeia hainani (Bethune-Baker, 1914) 臺灣玄灰蝶　246
Troides aeacus formosanus (Rothschild, 1899) 黃裳鳳蝶　498
Troides magellanus sonani Matsumura, 1931 珠光裳鳳蝶　499
Udara albocaerulea (Moore, 1879) 白斑嫵琉灰蝶　247
Udara dilecta (Moore, 1879) 嫵琉灰蝶　248

Udaspes folus (Cramer, 1775) 薑弄蝶　89
Ussuriana michaelis takarana (Araki & Hirayama, 1941) 赭灰蝶　249
Vanessa cardui (Linnaeus, 1758) 小紅蛺蝶　434
Vanessa indica (Herbst, 1794) 大紅蛺蝶　436
Wagimo insularis Shirôzu, 1957 臺灣線灰蝶　251
Ypthima akragas Fruhstorfer, 1911 白帶波眼蝶　437
Ypthima angustipennis Takahashi, 2000 狹翅波眼蝶　439
Ypthima baldus zodina Fruhstorfer, 1911 小波眼蝶　440
Ypthima esakii Shirôzu, 1960 江崎波眼蝶　442
Ypthima formosana Fruhstorfer, 1908 寶島波眼蝶　443
Ypthima multistriata Butler, 1883 密紋波眼蝶　444
Ypthima praenubila kanonis Matsumura, 1929 巨波眼蝶北臺灣亞種　445
Ypthima tappana Matsumura, 1909 達邦波眼蝶　446
Zizeeria karsandra (Moore, 1865) 莧藍灰蝶　252
Zizeeria maha okinawana (Matsumura, 1929) 藍灰蝶　254
Zizina otis riukuensis (Matsumura, 1929) 折列藍灰蝶　255
Zizula hylax (Fabricius, 1775) 迷你藍灰蝶　256
Zophoessa dura neoclides (Fruhstorfer, 1909) 大幽眼蝶　447
Zophoessa niitakana (Matsumura, 1906) 玉山幽眼蝶　449
Zophoessa siderea kanoi (Esaki & Nomura, 1937) 圓翅幽眼蝶　450

學名索引

屬名

Abisara 92
Abraximorpha 26
Abrota 258
Acraea 260
Acytolepis 94
Aeromachus 29
Amblopala 96
Ampittia 32
Ancema 98
Antigius 100, 186
Aporia 502
Appias 507
Araragi 102
Argynnis 262
Argyreus 264
Arhopala 105
Ariadne 266
Artipe 111
Athyma 268
Atrophaneura 454
Badamia 36
Borbo 37
Burara 39
Byasa 455
Calinaga 280
Callenya 113
Caltoris 41
Catapaecilma 116
Catochrysops 118
Catopsilia 516
Celaenorrhinus 43
Celastrina 120
Cepora 519
Chilades 125
Chilasa 461
Chitoria 282
Choaspes 46
Chrysozephyrus 129
Colias 525
Cordelia 142
Cupha 286
Curetis 144
Cyrestis 287
Daimio 50
Danaus 289
Delias 527
Deudorix 147
Dichorragia 292
Discophora 294
Dodona 153
Elymnias 296
Erionota 52
Euaspa 155
Euchrysops 157
Euploea 299
Eurema 531
Euthalia 306
Everes 159
Faunis 310
Fixsenia 162
Freyeria 164
Gonepteryx 537
Graphium 465
Halpe 53
Hasora 54
Hebomoia 540
Helcyra 312
Heliophorus 166
Hestina 316
Horaga 168
Hypolimnas 318

Hypolycaena 172
Idea 321
Ideopsis 323
Iratsume 174
Isoteinon 58
Ixias 542
Jamides 176
Japonica 181
Junonia 324
Kallima 330
Kaniska 332
Lampides 183
Leptosia 545
Leptotes 184
Lethe 334
Leucantigius 186
Libythea 346
Limenitis 348
Lobocla 60
Mahathala 188
Megisba 190
Melanitis 350
Mycalesis 353
Nacaduba 192
Neope 363
Neopithecops 196
Neozephyrus 197
Neptis 371
Notocrypta 62
Nymphalis 394
Ochlodes 64
Orthomiella 199
Pachliopta 471
Palaeonympha 396
Pantoporia 398
Papilio 473
Parantica 400
Parasarpa 405
Parnara 67
Pazala 495
Pelopidas 68
Penthema 407
Phalanta 409
Phengaris 201
Pieris 547
Pithecops 204
Polygonia 411
Polytremis 69
Polyura 414
Potanthus 75
Prioneris 550
Prosotas 207
(*Pterourus*) 483
Rapala 210
Ravenna 216
Sasakia 417
Satarupa 78
Satyrium 218
Sephisa 420
Seseria 80
Shijimia 224
Sibataniozephyrus 226
Sinthusa 228
Spalgis 230
Spindasis 232
Stichophthalma 423
Suastus 82
Symbrenthia 425
Tagiades 83
Tajuria 235
Talbotia 553
Taraka 239
Telicota 85
Teratozephyrus 241
Thoressa 88
Timelaea 429
Tirumala 431
Tongeia 244
Troides 498
Udara 247
Udaspes 89
Ussuriana 249
Vanessa 434

Wagimo 251
Ypthima 437
Zizeeria 252
Zizina 255
Zizula 256
Zophoessa 447

種小名與亞種名

acuta 145
aeacus 498
aenaria 328
agamemnon 465
agathon 502
agestor 462
aglea 401
agna 68
akragas 438
albescens 430
albimacula 168
albina 507
albocaerulea 247
alcinous 456
alecto 177
almana 324
ameria 189
amintha 537
andersoni 531
androdamas 421
angustatus 75
angustipennis 439
anura 54
arakii 285
argiades 160
ariadne 267
arisana 122
arisanus 241
aristolochiae 472
aristoxemus 510
armandii 363
arsakia 533
asakurae 106, 496
asakurai 412
asbolodes 207
assimilis 317
asura 268
ataxus 130
atayalicus 186
atlites 325
atroguttata 202
attilia 100
austeni 42
austrinum 219
avidiena 96
badra 56
baelia 269
baldus 440
bambusae 85
bandaishanus 29
barsine 301
bazalus 105
benjaminii 47
berinda 527
bianor 473
bifasciata 60
birmana 106
blanda 533
blasius 358
bochus 178
boeticus 183
bolina 318
bouddha 64
bremeri 365
brigitta 534
brunnea 146
buddha 281
burnii 92
butleri 334
c-album 411
c-aureum 413
caerulea 210
caeruleae 235
cahira 42
cakravasti 98
cama 270

索引

canace 333
canidia 548
cardui 435
castor 475
celeno 180
chandica 336
chandra 420
chandrana 229
chaonulus 488
charonda 417
christophi 338
chrysippus 290
chrysolora 282
chrysopterus 48
chungianus 497
cibyra 524
cinnara 38
cintamani 345
clara 322
cloanthus 466
cnejus 158
cohaerens 84
comes 142
confucius 75
connectens 470
cornix 205
corvus 204
crucivora 549
ctesia 98
curasena 530
curvifascia 63
daemoniaca 343
daimio 422
daitozana 203
davidii 27
demoleus 477
diaeus 236
dialis 478
didia 370
dilama 231
dilecta 248
dioscorides 32
disparatus 132
doson 467
drilon 333
dromicus 177
dubiosa 207
dudu 405
dura 447
elatus 242
eleonora 512
eltola 70
enthea 103
epeus 230
epijarbas 148
epycides 463
erate 525
ermasis 28
erymanthis 286
eryx 111
esakii 134, 392, 442
etura 33
etymander 93
eudamippus 414
eugenes 154
eumeus 311
eunama 522
eunice 299
europa 339
eurous 495
exclamationis 36
exiguus 119
eximium 220
febanus 458
filicaudis 244
folus 89
formosana 31, 40, 80, 87, 107, 145, 154, 156, 202, 209, 215, 233, 258, 261, 281, 288, 306, 317, 331, 341, 347, 354, 388, 395, 414, 418, 424, 430, 443, 525, 538,

541, 551
formosanum 221, 408
formosanus 47, 59, 165, 179, 293, 427, 476, 498
formosibia 79
formosicola 263
fortuna 272
fortunius 480
francisca 353
fulgens 206
fulguralis 308
gamma 53
ganesa 107
ganga 258
genestieri 505
genutia 291
glaucippe 540
godana 532
gotama 355
gremius 82
guttata 67
hainana 298, 534
hainani 189, 195, 246
hamada 239
hanako 338
hecabe 535
helenus 480
hellotia 161
hermosanus 481
heronus 486
hesione 372
himilcon 121
hirayamai 277
hirayamana 212
hobsoni 300
hopponis 482
hordonia 398
horiella 112
horisha 86
horishana 88, 110, 452
howqua 423
hylas 374
hylax 256
hyparete 529
hyperbius 264
hypermnestra 297
hypselis 426
ila 166
illurgis 238
ilos 375
impediens 457
inachus 30, 330
inari 173
indica 436
indra 509
inouei 222
insana 340
insignis 544
insulae 307
insularis 251, 505
interposita 472
iphita 326
irrubescens 308
issoria 260
iudith 519
jaina 40
japonica 108
jina 274
jinamitra 405
jucundita 383
kabrua 136
kagina 361
kanoi 450
kanonis 445
karenkonis 236
karsandra 253
karumii 554
kezia 319
kina 173
kiraizana 71
kodahirai 272
kodairai 61

kosempona 309
koshunensis 126
koxinga 305
kuafui 226
kuge 466
kurava 192
kuyaniana 72, 229, 232
lacticolora 364
laela 279
laeta 536
laius 126
lamprospilus 59
lavendularis 121
leda 350
lemonias 328
lepita 347
leuconoe 321
lilaea 427
liliacea 210
limniace 432
lingi 130
lohita 233
lubricans 72
lucina 428
luculenta 374
lunulata 413
lutatia 377
luzonensis 529
lyncida 511
macrophthalmia 397
maculosus 44
magellanus 499
maghaba 401
maha 254
major 45, 117
malaya 190
mansonensis 456
mara 360
maraho 483
mataja 342
matsumurae 167, 462
meghaduta 416
melaena 113
melanoleucus 463
memnon 485
menesicles 148
michaelis 249
milionia 156
minato 515
misippus 320
moltrechti 117, 170, 503
moorei 225
moori 51
morisonensis 103
motzui 77
muirheadii 367
mulciber 301
mullah 497
multistriata 444
mushaellus 138
mushanum 220
mushanus 244
myakei 35
myla 95
nadina 521
naganum 554
nagasawae 368
nakaharai 490
nanda 355
narcaea 416
nata 377
neoclides 447
nephelus 487
nerissa 523
nesimachus 292
niitakana 449
niitakanus 66, 137
nina 545
niobe 546
niphonica 403
nirei 376
nissa 212

nivea 217
nora 209
obsoletus 101
ohara 87
okinawana 254
olferna 513
olga 520
onyx 170
opalina 276, 397
oreas 122
orithya 329
orsedice 174
otis 255
pactolus 194
pallidior 267
pandava 127
panormus 119
paphia 263
paramuta 109
paris 489
pasithoe 530
patungkoanui 151
paulina 514
pavida 339
peducaea 513
peripatria 128
periscelis 335
perius 278
perseus 357
phalantha 409
phedima 351
philyroides 379
plesseni 313
plinius 184
podarces 372
polishana 352
polyeuctes 459
polytes 491
pomona 517
postianus 468
praenubila 445
protenor 492
pryeri 382
pseudotaiwanus 133
pulaha 369
punctissima 536
puspa 94
putli 165
pyranthe 518
pyrene 543
rantaizana 200
rapae 549
rapaloides 150
rarasana 171
rarasanus 139
ratnacri 336
reducta 384
repercussa 151
rihodona 398
riukuensis 255
rohria 343
sangaica 359
sankakuhonis 152
sankara 385
sappho 387
sarpedon 469
sauteri 275
scatinia 426
selenophora 279
semperi 508
septentrionis 433
shirakiana 385
shirozui 124
shonen 114
siderea 450
sikkima 191
similis 323
sita 402
soma 389
sonani 380, 500
sondaica 295
splendidulus 140
suaveolens 361
sugitanii 123

sulpitia 349
superba 314
suzukii 175
swinhoei 303, 404
syama 234
sylvana 391
sylvester 303
taiwana 55, 74, 365, 393, 539
taiwanus 44, 198
takamukui 314
takarana 249
takasagonis 213
taminatus 57
tanakai 223
tappana 70, 446
tatsuta 478
tattaka 238
tayalina 390
termessus 460
tethys 51
thaiwanus 493
thalaba 240
therasia 193
thestylis 551
thrasymedes 474
thyodamas 287
torus 52
tricula 349
triumphalis 168-169
tulliana 295
tulliolus 305
turbata 105
ulupi 284
urai 206
vairacana 57
varuna 215
verma 345
virgata 34
watarii 163
wilemani 528
wilemaniella 143
xanthomelas 394
xanthopogon 48
xuthus 494
y-fasciata 97
yuchingkinus 65, 141
yugaii 243
zalmora 196
zina 74
zodina 441
zonata 362
zoroastres 270

人名索引

Aeschylus (c. 525/524 BC-c. 456/455 BC) 264, 293

Agathon (c. 448 BC-c. 400 BC) 503

Agrippina (15-59) 514

Alcibiades (c. 450 BC-404 BC) 503

Alexander the Great (356 BC-323 BC) 68, 82, 92, 161, 209, 356, 460, 486, 498, 533

Aliénor (1122/24-1204) 512

Alphéraky, Sergei Nikolaevich (1850-1918) 497

Anderson, John (1833-1900) 532

Antigonus (382 BC-301 BC) 209

Antigonus III Doson (263 BC-221 BC) 467

d'Anville, Jean Baptiste Bourguignon (1697-1782) 82

Archimedes (c. 287 BC-c. 212 BC) 531

Aristophanes (c. 446 BC-c. 386 BC) 503

Aristotle (384 BC-322 BC) 417, 459, 494, 502, 510

Aristoxenus (4th C. BC) 510

Arrian (c. 86/89-c. after 146/160) 93

Arsaces I (Arsak, ?-246/211 BC) 533

Aspasia (c. 470 BC-400 BC) 155

Atkinson, William Stephen (1820-1876) 70, 86, 173

Avienus (4th C.) 121

Band, Edward (萬榮華 , 1886-1971) 104

Barsine (c. 363 BC-309 BC) 302

Bernardi, Georges (1922-1999) 553

Bethune-Baker, George Thomas (1857-1944)　189, 195, 206, 246
Bias of Priene (6th C. BC)　455
Billberg, Gustaf Johan (1772-1844)　286
Bingham, Charles Thomas (1848-1908)　447
Blanchard, Émile (1819-1900)　538
Boisduval, Jean Baptiste (1799-1879)　105, 111, 118, 294-295, 488, 507, 512, 549
Bremer, Otto Vasilievich (1812-1873)　60, 67, 365
Butler, Arthur Gardiner (1844-1925)　116, 157, 196, 271, 300, 319, 322, **335**, 360, 382, 396, 433, 444, 544
Caligula (12-41)　514
Campbell, William (甘為霖 , 1841-1921)　104, 544
Candidius, George (干治士 , 1597-1647)　544
Cantor, Theodore Edward (1809-1860)　355
Chapman, Thomas Algernon (1842-1921)　252, 255-256
Christoph, Hugo Theodor (1831-1894)　338
Chrysippus (c. 279 BC-c. 206 BC)　290
Chrysoloras, Manuel (c. 1355-1415)　283
Claudius (10 BC-54 AD)　514
Collinson, Richard (1811-1883)　103
Courvoisier, Ludwig Georg (1843-1918)　164
Croesus (595 BC-c. 546 BC)　194
David, Armand (譚衛道 , 1826-1900)　**27**, 64, 364, 538
Delessert, Jules Paul Benjamin (1773-1847)　47
Demosthenes (384 BC-322 BC)　459, 486
Diaeus (?-146 BC)　236
Diotima (5th C. BC)　503
Distant, William Lucas (1845-1922)　119, 196

Doherty, William (1857-1901) 114, 206, 239, 285
Doubleday, Edward (1811-1849) 230, 407, 414, 447, 551
Druce, Herbert (1846-1913) 239
Drury, Dru (1724-1803) 311, 410
Duponchel, Philogène Auguste Joseph (1774-1846) 24
Eliot, John Nevill (?-2003) 98, 113
Elwes, Henry John (1846-1922) 206
Epicurus (341 BC-270 BC) 448
Epycides (3rd C. BC) 463
von Eschscholtz, Johann Friedrich (1793-1831) 520
Esper, Eugen Johann Christoph (1842-1810) 395
Eumenes (c. 362 BC-316 BC) 209
Evans, William Harry (1876-1956) 74, 79
Fabricius, Johan Christian (1745-1808) 255, 263, 321, 343, 350, 371, 410, 434, 440, 472, 524, 546
Felder, Cajetan (1814-1894) 44, 58, 63, 75, 172, 312, 365, 367, 423, 468, 499
Felder, Rudolf (1842-1871) 44, 58, 63, 75, 172, 365, 367, 423, 468, 499
Feletheus (Febanus, ?-487) 458
Fenton, Montague Arthur (1850-1937) 251, 335
Fixsen, Johann Heinrich (C. Fixsen, 1825-1899) 162, 220
Freyer, Christian Friedrich (1794-1885) 164
Fruhstorfer, Hans (1866-1922) 275
Gaius Julius Caesar (100 BC-44 BC) 507
Gaius Julius Hyginus (c. 64 BC-17 AD) 292
Gaius Lutatius Catulus 378
Gaius Marius (157 BC-86 BC) 178
Gaius Octavius (Augustus, 63 BC-14 AD ; Reign : 27 BC-14 AD) 548

Gaius Plinius Caecilius Secundus (Pliny the Younger, 61-c. 113) 185
Gaius Plinius Secundus (Pliny the Elder, 23-79) 93, 121, 170, 184, 190, 328, 514
Gaius Verres (c. 120 BC-43 BC) 513
Genestier, Annet (1858-1937) 505
Godart, Jean-Baptiste (1775-1825) 426
Godwin-Austen, Henry Haversham (1834-1923) 42
Gordon, David MacDougal (?-1848) 103
Grey, William (1827-1896) 60, 67
Grose-Smith, Henley (1833-1911) 308
Guérin-Méneville, Félix Édouard (1799-1874) 47
Hannibal Barca (247-183/181 BC) 463
Hartert, Ernst Johann Otto (1859-1933) 285
Hemming, Arthur Francis (1893-1964) 94
Hesiod (8th-7th C. BC) 334, 425
Herbst, Johann Friedrich Wilhelm (1743-1807) 436
Herrich-Schäffer, Gottlieb August Wilhelm (1799-1874) 72
Hewitson, William Chapman (1806-1878) 70, 86, 105, 173, 189, 231, 418
Hieronymus of Syracuse (231-214 BC) 463
Hippocrates (c. 460 BC-c. 370 BC) 296
Hippocrates (3rd C. BC) 463
Hitchcock, Edward (1793-1864) 312
Hobson, Herbert Elgar (1844-1922) 271, 300, 319, 444
Hocking, John Hocking (1834-1903) 456
Homer 95, 98, 111, 144, 268, 311, 351, 372, 387, 456, 477, 491, 535
Horsfield, Thomas (1773-1859) 94, 190, 204, 215, 225, 233-234, 266, 323, 409

Howarth, Thomas Graham (1916-2015) 132-133
Hübner, Jacob (1761-1826) 43, 57, 311, 318, 353, 398, 411, 425, 502, 516, 540, 543
Huxley, Thomas Henry (1825-1895) 551
Saint Isidore of Seville (c. 560-636) 353
Jinamitra (9th C.) 406
Jonas, Frederick Maurice (1851-1924) 102, 408, 414, 476
Jordan, Karl (1861-1959) 506, 528
Kaempfer, Engelbert (1651-1716) 403
Kirby, William (1759-1850) 23
Kollar, Vincenz (1797-1860) 48, 254, 276, 279, 340, 345, 385, 403
Kricheldorff, Franz (1853/54-1924) 314, 338
La Touche, John David Digues (1861-1935) 498
Latreille, Pierre André (1762-1833) 23-24
Leach, William Elford (1791-1836) 537
Leech, John Henry (1862-1900) 34, 96, 122, 142, 151, 225, 314, 334, 338, 445, 495
Lees, David C. 483
Linnaeus, Carl (1707-1778) 183, 267, 290, 296, 298, 317, 320, 323-325, 328, 411, 413, 435, 471, 473, 529, 535, 541, 543, 549
Livius Andronicus (c. 284 BC-c. 204 BC) 98
Lucas, Hippolyte (1814-1899) 429, 521
Lucius Cornelius Sulla Felix (Sulla, c. 138 BC-78 BC) 178
Lucius Mummius Achaicus (2nd C. BC) 236
Mabille, Paul (1835-1923) 27, 33, 51-52, 64, 69, 84
Magalhães, Fernão de (Ferdinand Magellan, c. 1480-1521) 499
Mannert, Konrad (1756-1834) 82
Marcus Antonius (Antony, 83 BC-30 BC) 548

Marcus Didius Severus Julianus (133/137-193) 370
Marcus Porcius Cato (Cato the Elder, 234 BC-149 BC) 189
Marcus Tullius Cicero (106 BC-43 BC) 189, 295, 426, 507, 513
Marques, José Martinho 368
Marshall, George Frederick Leycester (1843-1934) 447, 450
Martin, Ludwig (1858-1924) 167
Matheson, James (1796-1878) 104
Martial (38-41-102-104) 349
Memnon (380 BC-333 BC) 486
Milne, William (米憐 , 1785-1822) 104
Milner, Thomas 368
Mithridates I (c. 195 BC-132 BC) 533
Moore, Frederic (1830-1907) 225
Moltrecht, Arnold (1873-1952) 117, 170, 203, 503
Morrison, Robert (馬禮遜 , 1782-1834) 104
Muirhead, William (慕維廉 , 1822-1900) 367
Murray, Richard Paget (1842-1908) 50, 108
Nanda, Mahapadma (c. 400 BC-c. 329 BC) 356
Saint Nearchus (?-259) 459
Ney jun., Felix 463
de Nicéville, Charles Lionel Augustus (1852-1901) 54, 62, 92, 167, 169, 199, 361
Oberthür, Charles (1845-1924) 249, 363, 391, 430, 503, 505
Odoacer (433-493) 458
Paravicini, Ludwig (c. 1868-1937) 539
Paulina (1st C.) 515
Paulina, Lollia (15-49) 514
Pausanias (c. 110-180) 318

Pedanius Dioscorides (c. 40-c. 90) 32, 319
Peducaeus 513
Pelopidas (c. 410 BC-364 BC) 68
Pericles (c. 495 BC-429 BC) 148
Pertinax (126-193) 370
Plato (428/427, 424/423 BC-348/347 BC) 387, 503
von Plessen, Baron Gustav 313
Plutarch (c. 46-c. 120) 68, 153, 158, 467
Polybius (c. 200 BC-c. 118 BC) 93
Saint Polyeuctus (?-259) 459
Pratt, Antwerp Edgar (1852-1924) 142, 151, 225, 314, 334, 338
Pryer, Henry James Stovin (1850-1888) 108, 239, 383
Pryer, William Burgess (1843-1899) 233, 244, 382
Publius Canidius Crassus (?-30 BC) 548
Publius Cornelius Scipio Africanus (236 BC-183 BC) 238
Publius Ovidius Naso (Ovid, 43 BC-17/18 AD) 51, 97, 112, 194, 256, 322, 324, 328, 333-334, 339, 351, 473, 492, 507, 517
Publius Papinius Statius (c. 45-c. 96) 288
Publius Vergilius Maro (Virgil, 70 BC-19 BC) 97, 148, 177, 256, 334, 466, 477, 551
Quintus Curtius Rufus 82
Quintus Horatius Flaccus (Horace, 65 BC-8 BC) 96, 548
Raleigh, Walter (c. 1554-1618) 196
Ralpacan (802-838) 406
Rafinesque-Schmaltz, Constantine Samuel (1783-1840) 349
Reakirt, Tryon (1844-after 1871) 454, 471
Rebel, Hans (1861-1940) 481
Ricci, Matteo (1552-1610) 75

索引

von Röhr, Julius Philipp Benjamin (1737-1793) 343

Rothschild, Walter (1868-1937) 408, 457, 493, 498

Sappho (c. 630 BC-c. 570 BC) 349, 387

Sauter, Hans (1871-1943) 28, 84, 193, 195, 246, **275**, 314, 539

Scopoli, Giovanni Antonio (1723-1788) 264, 465

Scudder, Samuel Hubbard (1837-1911) 64, 184, 218

Seleucus I Nicator (c. 358 BC-281 BC) 533

Semper, Karl Gottfried (Carl, 1832-1893) 508

Semper, Georg (1837-1909) 207, 508

Semper, Otto (1830-1907) 508

Sextus Peducaeus (c. 1st C. BC) 513

Shakespeare, William (1564-1616) 142, 158, 523

Socrates (470/469 BC-399 BC) 155, 503

Solon (c. 638 BC-c. 558 BC) 387

Sophocles (c. 497/6 BC-406/5 BC) 126

Southey, Robert (1774-1843) 240

Staudinger, Otto (1830-1900) 379

Stichel, Hans (1862-1936) 295

Stoll, Caspar (1725/1730-1791) 398, 534

Strabo (64/63 BC-c. AD 24) 82, 296, 524

Strand, Embrik (1876-1947) 79

Strangford, Percy Sydney-Smythe (1825-1869) 103

Sulpicia (1st C.) 349

Swainson, William John (1789-1855) 24

Swift, Jonathan (1667-1745) 434

Swinhoe, Charles (1838-1923) 39, 41, 225, 513

Swinhoe, Robert (1836-1877) 38, 103, 231, 298, **303**, 404, 534, 546

Themistocles (c. 524 BC-459 BC) 447

Theocritus (c. 315 BC-c. 250 BC) 414, 551
Theodericus (454-526) 458
Theophrastus (c. 371-c. 287 BC) 120
Tiberius (42 BC-37 AD) 515
Talbot, George (1882-1952) 553
Tonge, Alfred Ernest (1869-1939) 244
Toxopeus, Lambertus Johannes (1894-1951) 94, 247
Tullius, Servius (575 BC-535 BC Reign) 295
Tutt, James William (1858-1911) 120, 162, 181, 244, 249
Tytler, Harry Christopher (1867-1939) 136
Vanhomrigh, Esther (c. 1688-1723) 434
Vives, Juan Luis (1493-1540) 305
Wallace, Alfred Russel (1823-1913) 38, 295, 304, 451, 546, 550
Walker, Francis (1809-1874) 363
Ward, Christopher (1836-1900) 479
Wenham, John George (1820-1895) 230
Westwood, John Obadiah (1805-1893) 231, 405, 424, 476, 488
Wilde, Oscar (1854-1900) 216
Wileman, Alfred Ernest (1860-1929) 117, 143, 146, 173, 198, 200, 505, **528**
Wood-Mason, James (1846-1893) 168, 361
Yule, Henry (1820-1889) 441

王生鏗 65, 141
余木生 (1903-1974) 65, 141, 412
余清金 (Ching-Kin Yu, 1926-2012) **65**, 141, 418, 479
吳立偉 483
呂至堅 242, 483

李東旭 77
李春霖 77
沈葆楨 (1820-1879) 250
林明瑤 226
倪贊元 181
徐堉峰 (Yu-Feng Hsu, 1963-) 45, 49, 55, 77, 124, 128, 207, 226, 242, 483
徐繼畬 (1795-1873) 368
梁發 (1789-1855) 104
陳文龍 (1931-2008) 439
陳維壽 (Wensou Chung, 1931-) 65, 479, 497, 506
楊平世 483
劉良璧 86, 352
顏聖紘 483

三宅恒方 (Tsunekata Miyake, 1880-1921) 35
三輪勇四郎 (Yoshiro Miwa, 1903-1999) 31, 115, 263
下野谷豐一 (Toyokazu Shimonoya) 65, 140-141, 479
千葉秀幸 (Hideyuki Chiba) 55
大國督 (Tadashi Okuni, c. 1884-1957) 143, 220, 236, 500
大蔵丈三郎 (Jôzaburô Ôkura) 130
山本英穗 (Hideho Yamamoto) 129, 217
川副昭人 (Akito Kawazoé, 1927-2014) 113
中原和郎 (Waro Nakahara, 1896-1976) 150, 412, 479, 490
井上正亮 (Masasuke Inoue) 104, **222**, 506
仁禮景雄 (Kageo Nire, 1884-1926) 210, 217, 223, 235, 372, 376
内田登一 (Togea Uchida, 1898-1974) 31, 115, 263
加藤正世 (Masayo Kato, 1898-1967) 107

古平勝三　61, 134, 272
平山修次郎 (Shūjiro Hirayama, 1887-1954)　138-139, 152, 212, 249, 277, 380
永澤定一 (Teiichi Nagasawa)　35, 154, **368**, 449
田中龍三　223
白水隆 (Takashi Shirôzu, 1917-2004)　**124**, 129, 135, 186-187, 217, 222-223, 313, 392, 442, 490, 506
伊能嘉矩 (Kanori Ino, 1867-1925)　71
伊藤修四郎 (Syusiro Ito)　100, 102, 197, 223, 251
多田綱輔 (Tsunasuke Tada)　35, **368**
安松京三 (Keizô Yasumatsu, 1908-1983)　506
成富安信 (Yasunobu Naritomi)　150, 285
有賀諄幸　171
有賀醇孝　134
江崎悌三 (Teiso Esaki, 1899-1957)　114, **134**, **392**
池田成實 (Narumi Ikeda, 1911-1991)　381, 490, 554
竹内吉藏 (Kichizo Takeuchi, 1892-1968)　101
佐佐木忠次郎 (Chujiro Sasaki, 1857-1938)　417
志津基太郎　35
杉谷岩彦 (Iwahiko Sugitani, 1888-1971)　100, 115, **123**, 442
村山修一 (Shu-Iti Murayama)　65, 74, 133, 140-141, 181, 187, 219, 238, 380, 479, 497
谷河多嘉夫　244
和泉泰吉 (1917-1974)　171
岡野磨瑳郎 (Masao Okano, 1923-1999)　130
松村松年 (Shōnen Matsumura, 1872-1960)　**167**, 462
河野廣道 (Hiromichi Kôno, 1905-1963)　31, 115, 263
柴谷篤弘 (Atuhiro Sibatani, 1920-2011)　100, 102, 197, 226, 241, 251

素木得一 (Tokuichi Shiraki, 1882-1970)　66, 135, 308, 381, **386**, 392, 483-484
能因法師 (988-1050/1058)　479
荒木三郎 (Saburo Araki)　238, 249, **285**
高島鞆之助 (Takashima Tomonosuke, 1844-1916)　449
高椋悌吉 (Teikichi Takamuku, 1875-1930)　254-255, **314**, 496
高橋真弓 (Mayumí Takáhashi)　439
野村健一 (Kenichi Nomura, 1914-1993)　134-135, 156, 376, 381, 392, 451
鹿野忠雄 (Tadao Kano, 1906-1945)　137, 243, 376, 445, **451**
朝倉喜代松 (Kiyomatsu Asakura)　106, 112, 314, **412**, 496
渡正監 (S. Watari)　163
渡邊龜作 (Kamesaku Watanabe, 1868-1907)　482, 506
猪又敏男 (Toshio Inomata)　226
粟野傳之丞　35
楚南仁博 (Jinhaku Sonan, 1892-1984)　66, 97, 134, 143, 171, 175, 220, 236, **380**, 483, 500
鈴木正夫 (Masao Suzuki)　175
鈴木利一　484
輕海軍馬　554
築山洋 (Hiroshi Tsukiyama)　55

Académie française (1843). *Complément du dictionnaire de l'Académie française*

Académie française (1881). *Complément du dictionnaire de l'Académie française* [6th ed.].

Anderson, J. L. (2011). *Enter a samurai: Kawakami Otojiro and Japanese theatre in the west* (Vol. 1). Tucson, Arizona: Wheatmark.

Anthon, C. (1841). *A classical dictionary: containing an account of the principal proper names mentioned in ancient authors and intended to elucidate all the important points connected with geography, history, biography, mythology, and fine arts of the Greeks and Romans. Together with an account of coins, weights, and measures, with tabular values of the same*. New York: Harper & Brothers.

Bailey, B. (1999). List of Latin & Greek roots. *Bulletin of the Malacological Society of London. 32*, 6-7.

Band, E. (1948). *Working His purpose out: the history of the English Presbyterian Mission, 1847-1947*. Republic of China: Taipei: Cheng Wen Pub. Co., 1972 reprint.

Barker, A. (1984). *Greek musical writings: volume 1, the musician and his art*. New York: Cambridge University Press.

Bell, J. (1790). *Bell's new pantheon or historical dictionary of the gods, demi gods, heroes and fabulous personages of antiquity* (Vol. 1-2).

Benfey, T. (1866). *A Sanskrit-English dictionary; with references to the best editions of Sanskrit authors and etymologies and comparisons of cognate words, chiefly in Greek, Latin, Gothic, and Anglo-Saxon*. London, England: Longmans and Green Company.

Borror, D. J. (1960). *Dictionary of word roots and combining forms*. California: Mayfield Publishing Company.

Brown, R. W. (1954). *Composition of scientific words*.

Bucher, J. (1899). *A Kannada-English school-dictionary: chiefly based on the labours of the Rev. Dr. F. Kittel*. Bangalore: Basel Mission Book & Tract Depository.

Buddhadatta Mah thera, A. P. (1958). *Concise Pāli-English dictionary* [2nd ed.].

Butler, S. (1830). *A sketch of modern and ancient geography for the use of schools.*

Campbell, W. (1895). Correspondence, Mount Morrision, Formosa. *The Chinese Recorder and Missionary Journal, 26*(7), 333-334.

Chase, G. D. (1897). The origin of Roman praenomina. *Harvard Studies in Classical Philology, 8*, 103-184.

Chiu, S.-C., Chou, L.-Y. & Chou, K.-C. (1984). *A checklist of Ichneumonidae (Hymenoptera) of Taiwan.* Republic of China: Taiwan Agricultural Research Institute. Only "Appendix of the Locality Records," pp. 53-55 seen.

Chompré, P., Millin, A.-L. (1801). *Dictionnaire portatif de la fable: pour l'intelligence des poètes, des tableaux, statues, pierres gravées, médailles, et autres monumens relatifs à la mythologie* (Tome 1-2). Paris, France: de l'Impremerie de Crapelet.

Clough, B. (1892). *A Sinhalese-English dictionary.* Colombo: Wesleyan Mission Press, Kollupitiya.

Coleman, C. (1832). *The mythology of the Hindus with notices of the various mountain and island tribes inhabiting the two peninsulas of India and the neighbouring islands, and an appendix comprising the minor avatars and the mythological and religious terms, &c, &c of the Hindus.*

Coulter, C. R., & Turner, P. (2000). *An encyclopedia of ancient deities.* Jefferson, North Carolina: McFarland.

Curtis, T. (Ed.). (1837). *The London encyclopaedia* (Vol. 7). London, England: Thomas Tegg & Son.

Davidson, J. W. (1903). *The island of Formosa, past and present. History, people, resources, and commercial prospects. Tea, camphor, sugar, gold, coal, sulphur, economical plants, and other productions.*

Dymock, J., & Dymock, T. (1833). *Bibliotheca classica.* London, England: Longman, Rees, Orme, Brown, Green & Longman.

Eitel, E. J., & Takakuwa, K. (1904). *Hand-book of Chinese Buddhism, being a Sanskrit-Chinese dictionary with vocabularies of Buddhist terms in Pali, Singhalese, Siamese, Burmese, Tibetan, Mongolian and Japanese* [2nd ed.]. Tokyo: Sanshusha.

Emmet, A. M. (1991). *The scientific names of the British Lepidoptera: Their history and meaning.* Harley Books.

Faber, G. S. (1803). *A Dissertation on the Mysteries of the Cabiri* (Vol. 1).

Fernández-Rubio, F. (2001a). Etimología de algunos géneros de Noctuidae (Lepidoptera). *Boletín de la Sociedad Entomológica Aragonesa, 1*, 7-22.

Fernández-Rubio, F., Íñigo Torre, A., & Fernández y Fernández-Arroyo, A. J. (2001b). Las lenguas clásicas en los ropalóceros (Lepidoptera) del Paleártico occidental. *Boletín de la Sociedad Entomológica Aragonesa, 28*, 151-157.

Fernández-Rubio, F., Íñigo Torre, A., & Fernández y Fernández-Arroyo, A. J. (2001c). Las lenguas clásicas en los géneros de los ropalóceros (Lepidoptera). *Boletín de la Sociedad Entomológica Aragonesa, 29*, 111-116.

Fruhstorfer, H., (1913). Neue indo-australische Rhopaloceren. *Entomologische Rundschau, 30*(16), 92.

Furness, H. H. (Ed.). (1888). *A new variorum edition of Shakespeare, Vol. VII, The Merchant of Venice*. Philadelphia, Pennsylvania: J. B. Lippincott.

Gledhill, D. (2008). *The Names of Plants* [4th ed.]. New York: Cambridge University Press.

Gordh, G., & Headrick, D. H. (2001). *A dictionary of entomology* [2nd ed.]. New York: CABI Publishing.

Griffis, W. E., (1894). *The Mikado's Empire* [7th ed.]. New York: Harper & Brothers.

Groves, J. (1830). *A Greek and English dictionary*. Boston: Hilliard, Gray, Little, and Wilkins.

Heller, J. L. (1983). *Studies in Linnaean Method and Nomenclature*.

Hemming, F. (1967).*The generic names of the butterflies and their type-species (Lepidoptera: Rhopalocera)*. Bulletin of the British Museum (Natural History). Entomology. Supplement 9.

Herbert, J. D. (1825). An account of a tour made to lay down the course and levels of the River Setlej or Satúdrá, as far as traceable within the limits of the British authority, performed in 1819. *Asiatic researches, 15*, 339-428.

Holwell, W. (1793). *A mythological, etymological, and historical dictionary; extracted from the Analysis of Ancient Mythology*.

Hsu, Y. - F., (1989). Systematic position and description of Chilades peripatria sp. nov. (Lepdoptera: Lycaenidae). *Bulletin of the Institute of Zoology, Academia Sinica, 28*(1): 55-62.

Ihrig, R. M. (1916). *The semantic development of words for "walk, run" in the Germanic languages*. Chicago, Illinois: University of Chicago press.

Jacobi, E. A. (1854). *Dictionnaire mythologique universel ou Biographie mythique*.

Janssen, A. (1980). Entomologie en Etymologie. *Phegea, 8*(2), 37-45.

Jason, O. E., (1899). Obituary: William Burgess Pryer. *The Entomologist, 32*, 52.

Jobling, J. A. (2010). *Helm dictionary of scientific bird names*. London, England:

Christopher Helm.

John Mair, A. M. (1817). *An introduction to Latin syntax.*

Jones, C., & Ryan, J. D. (2007). *Encyclopedia of Hinduism*. New York: Facts On File.

Jordan, M. (2004). *Dictionary of Gods and Goddesses* [2nd ed.]. Oxford, England: Oneworld.

Kaempfer, E. (1727). *The history of Japan* (F. G. Scheuchzer Trans.). London: College of Physicians.

Kennett, B. (1746). *Romae antiquae notitia: or the antiquities of Rome.*

Kirby, W. (1815). Strepsiptera, a New Order of Insects proposed; and the Characters of the Order, with those of its Genera, laid down. *The Transactions of the Linnean Society of London, 11*, 86-123, pls. 8-9. [read March 19, 1811].

Kittel, F. (1894). *A Kannada-English dictionary*. Bangalore: Basel Mission Book & Tract Depository.

Klostermaier, K. K. (1998). *A concise encyclopedia of Hinduism*. Oxford, England: Oneworld.

Larcher, M. (1786). *Histoire d'Hérodote, traduite du Grec, avec des remarques historiques & critiques, un essai sur la chronologie d'Hérodote & une table géographique.*

Lemprière, J. (1832). *Lemprière's classical dictionary for schools and academies.* Boston, Massachusetts: Carter, Hendee & Co.

Lemprière, J., Da Ponte, L., & Ogilby, J. D. (1838). *Bibliotheca classica: or, a dictionary of all the principal names and terms relating to the geography, topography, history, literature, and mythology of antiquity and of the ancients.* New York: W. E. Dean, Printer & Publisher

Lemprière, J. (1853). *Lempriere's classical dictionary, containing a full account of all the proper names mentioned in ancient authors, with tables of coins, weights, and measures, in use among the Greeks and Romans: to which is prefixed, a chronological table*. London, England: H. G. Bohn.

Liddell, H. G., Scott, R. (1883). *A Greek-English lexicon*. New York: Harper & Brothers.

Lightman, M., & Lightman, B. (2007). *A to Z of ancient Greek and Roman women.* New York: Facts On File.

Lindow, J. (2001). *Norse mythology: a guide to the gods, heroes, rituals, and beliefs*. Oxford University Press.

Lloyd, L. (1586). *The pilgrimage of princes*. London.

Macgillivray, D. (Ed.). (1907). *A century of protestant missions in China (1807-1907)*. New York: American Track Society.

McDunnough, J. (1916). Chasing Butterflies for Money. *Popular Science Monthly, 88*(6), 872-875.

Merriam-Webster (2002). *A dictionary of prefixes, suffixes, and combining forms from Webster's Third New International Dictionary, unabridged.*

Moran, M. (2003). *Antique trader oriental antiques & art: an identification and price guide* [2nd ed.]. Iola, Wisconsin: Krause.

Morell, T., (1841). *An abridgement of Ainsworth's Latin dictionary, designed for the use of schools*. London: William Clowes and Sons.

Nicolson, Dan H. (1974). Orthography of names and epithets: Latinization of personal names. *Taxon, 23*(4), 549-561.

Percy, S., & Percy, R. (1822). *The Percy anecdotes: original and select, anecdotes of crime & punishment.*

Quattrocchi, U. (2012). *CRC world dictionary of medicinal and poisonous plants: common names, scientific names, eponyms, synonyms, and etymology* (5 Volume Set). Florida: CRC Press.

Racheli, T., & Cotton, A. M. (2009). *Guide to the butterflies of the Palearctic Region. Papilionidae part 1, subfamily Papilioninae, tribes Leptocircini, Teinopalpini*. Italy: Milano.

Rafinesque, C. S., (1836). *Flora Telluriana.*

Rapson, E. J. (1914). *Ancient India, from the earliest times to the first century, A. D.*

Rhys Davids, T. W., & Stede, W. (Eds.). (1923). *Pali-English dictionary* [Part IV (Cit-No)]. London, England: Pali Text Society.

Riddle, J. E. (1844). *A complete Latin-English dictionary; for the use of colleges and schools*. London, England: Longman, Brown, Green & Longman.

van Rijckevorsel, P. (2003). (005-055) Orthography and Its Standardization. *Taxon, 52*(2), 377-384.

van Rijckevorsel, P. (2004). (089-179) Orthography and Its Standardization - II. *Taxon, 53*(2), 577-591.

Roman, L., & Roman, M. (2010). *Encyclopedia of Greek and Roman mythology.* New York: Facts On File.

Russell, R. V. (1916). *The tribes and castes of the central provinces of India.*

Scudder, S. H. (1882). *Nomenclator zoologicus: an alphabetical list of all generic names that have been employed by naturalists for recent and fossil animals from the earliest times to the close of the year 1879*. Washington: Smithsonian Institution.

Sheard, K. M. (2001). *Llewellyn's complete book of names for pagans, witches, wiccans, druids, heathens, mages, shamans & independent thinkers of all sorts*. Minnesota: Llewellyn.

Sheehan, M. J. (2008). *Word parts dictionary: standard and reverse listings of prefixes, suffixes, roots and combining forms* [2nd ed.]. North Carolina: McFarland & Company.

Slaughter, M. S. (1907). Horace, an Appreciation. *The Classical Journal, 3*, 45-57.

Smith, E. C. (2003). *American Surnames*. Maryland: Genealogical Publishing Co. (Original work published 1969)

Smith, W. (Ed.). (1870a). *Dictionary of Greek and Roman geography* (Vols. 1-2). Boston, Massachusetts: Little, Brown and Company.

Smith, W. (Ed.). (1870b). *Dictionary of Greek and Roman biography and mythology* (Vols. 1-3). Boston, Massachusetts: Little, Brown and Company.

Smith, W. (Ed.). (1882). *Dictionary of Greek and Roman antiquities*. New York: Harper & Brothers.

Sodoffsky, W. (1837). *Etymologische Untersuchungen ueber die Gattungsnamen der Schmetterlinge*.

Soothill, W. E. & Hodous, L. (Compiled). (1937). *A dictionary of Chinese buddhist terms: with Sanskrit and English equivalents and a Sanskrit-Pali index*. London.

Spuler, A. (1908). *Die Schmetterlinge Europas*.

Thomson, J. (1826). *Etymons of English words*. London, England: Oliver & Boyd.

Valpy, F. E. J. (1828). *An etymological dictionary of the Latin language*.

Wilford, F. (1811). An essay on the sacred isles in the west, with other essays connected with that work. *Asiatic researches, 10*, 27-157.

Winning, W. B. (1838). *A manual of comparative philology: in which the affinity of the Indo-European languages is illustrated and applied to the primeval history of Europe, Italy, and Rome*.

Wood, F. A. (1901). Etymology. *Modern Language Notes, 16*(5), 153-156.

Wood, F. A. (1919). *Greek and Latin etymologies. In classical philology* (Vol. 14). Chicago, Illinois: University of Chicago Press.

Wylie, A. (1867). *Memorials of protestant missionaries to the Chinese*. Shanghai, China: American Presbyterian Mission Press.

尹章義（1989）。臺灣開發史研究。臺北市：聯經出版。

朱耀沂（2005）。臺灣昆蟲學史話（1684-1945）。臺北市：玉山社。
朱耀沂（2008）。動物命名的故事。臺北市：商周。
吳永華（1996）。被遺忘的日本台灣動物學者。臺中市：晨星。
吳永華（2006）。埤亞南越嶺警備道宜蘭段初探。宜蘭文獻雜誌，75/76，135-155。
吳永華（2014）。桃色之夢：太平山百年自然發現史。宜蘭縣羅東鎮：農委會林務局羅東林區管理處。
吳妍儀（譯）（2014）。哲學的 40 堂公開課（原作者：N. Warburton）。臺北市：漫遊者。（原著出版 ：2011）
呂至堅、陳建仁（2014）。蝴蝶生活史圖鑑。臺中市：晨星。
呂健忠（譯）（2008）。變形記（原作者：Publius Ovidius Naso, Metamorphoses）。臺北市：書林。
呂健忠（譯注）（2011）。情慾幽林：西洋上古情慾文學選集。臺北市：秀威資訊。
呂凱文（2006）。當佛教遇見耆那教—初期佛教聖典中的宗教競爭與詮釋效應。中華佛學學報，19，179-207。
肖寒（2010）。荷马史诗与柏拉图《斐多》篇灵魂观的差异。北京语言大学人文学院研究生学刊 2010 年冬季卷（ 第 6 期），158-163。
林弘宣、許雅琦、陳珮馨譯（2009）。素描福爾摩沙：甘為霖台灣筆記（原作者：William Campbell）。北市：前衛。
邱正略（2012）。霧社事件對埔里街的影響。臺灣文獻，63(1)，145-187。
邱瑞珍、周樑鎰、周根清（1984）。臺灣姬蜂名錄（膜翅目：姬蜂科）。臺中縣：臺灣農業試驗所。
邹振环（2000）。慕维廉与中文版西方地理学百科全书《地理全志》。复旦学报（社会科学版），3，51-59。
席代岳（譯）（2009）。希臘羅馬英豪列傳（原作者：Plutarch）（1-3 冊）。臺北市：聯經。
徐堉峰（2013a）。臺灣蝴蝶圖鑑．上【弄蝶、鳳蝶、粉蝶】。臺中市：晨星。
徐堉峰（2013b）。臺灣蝴蝶圖鑑．中【灰蝶】。臺中市：晨星。
徐堉峰（2013c）。臺灣蝴蝶圖鑑．下【蛺蝶】。臺中市：晨星。
高賢治（2005）。大臺北古契字三集。臺北市：臺北市文獻委員會。
國立編譯館（主編）（2000）。教育大辭書（第八冊）。臺北市：文景。
康樂（1996）。轉輪王觀念與中國中古的佛教政治。中央研究院歷史語言研究所集刊，67:1，109-143。
康樂。天子與轉輪王：中國中古「王權觀」演變的一些個案。載於林富士

（主編）（2010），中國史新論：宗教史分冊（頁 200-201）。臺北市：中央研究院、聯經。

許壽裳（著）、黃英哲（編）（2010）。許壽裳臺灣時代文集。台北市：國立臺灣大學出版中心。

郭善基、尹祚楝（編著）（1996）。認識植物拉丁學名。臺北市：渡假。

陸傳傑（2014）。被誤解的台灣老地名：從古地圖洞悉台灣地名的前世今生。新北市：遠足文化。

傅佩榮（1998）。柏拉圖。臺北市：東大圖書。

費德廉、羅效德（編譯）（2006。看見十九世紀台灣：十四位西方旅行者的福爾摩沙故事（Curious investigations: 19th-century American and European impressions of Taiwan）。臺北市：大雁文化、如果出版。

馮承鈞（譯）（1966）。帖木兒帝國（原作者：布哇）（1-2 冊）。臺北市：臺灣商務印書館。

黃英哲（2016）。漂泊與越境：兩岸文化人的移動。台北市：國立臺灣大學出版中心。

慈怡（主編）（1988）。佛光大辭典（1-6 冊）。高雄市：佛光。

劉道捷、拾已安（譯）（2012）。看得到的世界史（原作者：MacGregor, N. A History of the World in 100 Objects）（下冊）。臺北市：大是文化。

劉澤民（2013）。南投縣仁愛鄉「立鷹」山名探源。臺灣文獻別冊，46，31-47。

歐素瑛（2007）。素木得一與臺灣昆蟲學的奠基。國史館學術集刊，14，133-180。

大國督、楚南仁博（1920）。紅頭嶼產蝶類に就いて。臺灣博物學會會報，10(50)，1-25。

平嶋義宏（1999）。新版蝶の学名：その語源と解説。日本福岡県福岡市：九州大学出版会。

平嶋義宏（2012）。学名論：学名の研究とその作り方。日本神奈川県秦野市：東海大学出版 。

白水隆（1960）。原色台湾蝶類大図鑑。日本大阪府大阪市：保育社。

長谷川仁（Hasegawa, H.）（1967）。明治以降物故昆虫学関係者経歴資料集：日本の昆虫学を育てた人々（Materials on the lives and contributions of the deceased Japanese entomologists since the Meiji Era）。昆蟲（Kontyû），35(3) Supplement。

横田きよ子（2009）。日本における「台湾」の呼称の変遷について：主に近世を対称として。（The Changing Designations of "Taiwan": The Changes in the Early Modern Japan）。海港都市研究，4，163-183。

國家圖書館出版品預行編目（CIP）資料

臺灣蝴蝶拉丁學名考釋 / 李興漢著 . -- 初版 . --
新北市：斑馬線 , 2018.05
面； 公分
ISBN 978-986-96060-5-9（平裝）

1. 蝴蝶 2. 動物圖鑑 3. 臺灣

387.793025 107005199

臺灣蝴蝶拉丁學名考釋

The Etymology of Scientific Names of Formosa Butterflies

作　　者：李興漢
攝　　影：李興漢、李思霖
主　　編：施榮華
封面繪圖：謝　芙

發 行 人：張仰賢
社　　長：許　赫
總　　監：林群盛
主　　編：施榮華
出 版 者：斑馬線文庫有限公司
法律顧問：林仟雯律師

斑馬線文庫
通訊地址：235 新北市中和景平路 268 號七樓之一
連絡電話：886-922-542-983
信　　箱：zcpu0701@gmail.com

製版印刷：龍虎電腦排版股份有限公司
出版日期：2018 年 5 月
I S B N：978-986-96060-5-9
定　　價：980 元

封面字體使用教育部之國字隸書體